能源与环境出版工程
（第二期）

总主编　翁史烈

"十三五"国家重点图书出版规划项目
低碳环保动力工程技术系列

# 绿色火电技术

# Green Thermal Power Technology

尹华强　江得厚　陶邦彦　潘卫国　编著

U0295918

支持单位：

上海电力大学
北京能源与环境学会
中国动力工程学会

上海交通大学出版社
SHANGHAI JIAO TONG UNIVERSITY PRESS

**内容提要**

本书为"低碳环保动力工程技术系列"之一。主要内容包括燃煤发电厂烟气净化处理技术,脱硫、脱硝、除汞协同脱污处理等应用新技术,烟气脱碳固化技术与 CCSU 工程示范的研发成果及其工程实践经验;电厂水平衡、梯级利用原理以及废污水"零排放"技术;废弃资源高效清洁转换技术,先进的城市生活垃圾发电和核电厂核废料的处理技术。

本书的读者对象为从事能源与生态环保的实践者、高校师生和科研院校的研究人员。

**图书在版编目(CIP)数据**

绿色火电技术/尹华强等编著. —上海:上海交通大学出版社,2019

能源与环境出版工程

ISBN 978 - 7 - 313 - 21851 - 3

Ⅰ.①绿…  Ⅱ.①尹…  Ⅲ.①火电厂—无污染技术  Ⅳ.①TM621

中国版本图书馆 CIP 数据核字(2019)第 227561 号

**绿色火电技术**

编　　著:尹华强　江得厚　陶邦彦　潘卫国

出版发行:上海交通大学出版社　　　　　　　　地　　址:上海市番禺路 951 号

邮政编码:200030　　　　　　　　　　　　　　电　　话:021 - 64071208

印　　制:常熟市文化印刷有限公司　　　　　　经　　销:全国新华书店

开　　本:710mm×1000mm　1/16　　　　　　印　　张:16.5

字　　数:315 千字

版　　次:2019 年 11 月第 1 版　　　　　　　　印　　次:2019 年 11 月第 1 次印刷

书　　号:ISBN 978 - 7 - 313 - 21851 - 3

定　　价:68.00 元

版权所有　侵权必究

告读者:如发现本书有印装质量问题请与印刷厂质量科联系

联系电话:0512-52219025

# 能源与环境出版工程
# 丛书学术指导委员会

**主　任**

杜祥琬（中国工程院原副院长、中国工程院院士）

**委　员**（以姓氏笔画为序）

苏万华（天津大学教授、中国工程院院士）

岑可法（浙江大学教授、中国工程院院士）

郑　平（上海交通大学教授、中国科学院院士）

饶芳权（上海交通大学教授、中国工程院院士）

闻雪友（中国船舶工业集团公司 703 研究所研究员、中国工程院院士）

秦裕琨（哈尔滨工业大学教授、中国工程院院士）

倪维斗（清华大学原副校长、教授、中国工程院院士）

徐建中（中国科学院工程热物理研究所研究员、中国科学院院士）

陶文铨（西安交通大学教授、中国科学院院士）

蔡睿贤（中国科学院工程热物理研究所研究员、中国科学院院士）

# 能源与环境出版工程
# 丛书编委会

**总主编**

翁史烈（上海交通大学原校长、教授、中国工程院院士）

**执行总主编**

黄　震（上海交通大学副校长、教授）

**编　　委**（以姓氏笔画为序）

马重芳（北京工业大学环境与能源工程学院院长、教授）

马紫峰（上海交通大学电化学与能源技术研究所教授）

王如竹（上海交通大学制冷与低温工程研究所所长、教授）

王辅臣（华东理工大学资源与环境工程学院教授）

何雅玲（西安交通大学教授、中国科学院院士）

沈文忠（上海交通大学凝聚态物理研究所副所长、教授）

张希良（清华大学能源环境经济研究所所长、教授）

骆仲泱（浙江大学能源工程学系系主任、教授）

顾　璠（东南大学能源与环境学院教授）

贾金平（上海交通大学环境科学与工程学院教授）

徐明厚（华中科技大学煤燃烧国家重点实验室主任、教授）

盛宏至（中国科学院力学研究所研究员）

章俊良（上海交通大学燃料电池研究所所长、教授）

程　旭（上海交通大学核科学与工程学院院长、教授）

# 低碳环保动力工程
# 技术系列编委会

**主任委员**

潘卫国

**副主任委员**

张树林　陶邦彦　吴　江　尹华强　张秀龙　冯丽萍

**委　　员**

江得厚　俞谷颖　牟志才　万思本　刘　孜

陈子安　陈鸽飞　吴来贵　房靖华　孙　宏

**丛书主编**

陶邦彦

**丛书主审**

高京生

**编审人员**（按姓氏笔画排序）

丁红蕾　王文欢　王程遥　仇中柱　尹华强　冯丽萍

任洪波　刘小峰　刘　孜　刘建全　刘建峰　刘勇军

刘晓丽　闫　霆　江得厚　孙　宏　牟志才　李庆伟

李江荣　李更新　李　彦　李　新　杨涌文　豆斌林

吴　江　吴来贵　吴　明　何　平　应雨龙　宋宝增

张秀龙　张　涛　张　鹏　陈子安　房靖华　胡丹梅

俞谷颖　施亦龙　姜未汀　徐宏建　高京生　郭瑞堂

唐军英　陶邦彦　黄　峰　崔金福　蔡文刚　潘卫国

戴　军

**协助编辑人员**

黄春迎　佘晓利　秦　岭　郭德宇　黄　阳　蒯子函

秦　阳　徐建恒　张中伟

# 总　序

　　能源是经济社会发展的基础,同时也是影响经济社会发展的主要因素。为了满足经济社会发展的需要,进入 21 世纪以来,短短 10 余年间(2002—2017 年),全世界一次能源总消费从 96 亿吨油当量增加到 135 亿吨油当量,能源资源供需矛盾和生态环境恶化问题日益突显,世界能源版图也发生了重大变化。

　　在此期间,改革开放政策的实施极大地解放了我国的社会生产力,我国国内生产总值从 10 万亿元人民币猛增到 82 万亿元人民币,一跃成为仅次于美国的世界第二大经济体,经济社会发展取得了举世瞩目的成绩!

　　为了支持经济社会的高速发展,我国能源生产和消费也有惊人的进步和变化,此期间全世界一次能源的消费增量 38.3 亿吨油当量中竟有 51.3% 发生在中国! 经济发展面临着能源供应和环境保护的双重巨大压力。

　　目前,为了人类社会的可持续发展,世界能源发展已进入新一轮战略调整期,发达国家和新兴国家纷纷制定能源发展战略。战略重点在于:提高化石能源开采和利用率;大力开发可再生能源;最大限度地减少有害物质和温室气体排放,从而实现能源生产和消费的高效、低碳、清洁发展。对高速发展中的我国而言,能源问题的求解直接关系到现代化建设进程,能源已成为中国可持续发展的关键! 因此,我们更有必要以加快转变能源发展方式为主线,以增强自主创新能力为着力点,深化能源体制改革、完善能源市场、加强能源科技的研发,努力建设绿色、低碳、高效、安全的能源大系统。

　　在国家重视和政策激励之下,我国能源领域的新概念、新技术、新成果不断涌现;上海交通大学出版社出版的江泽民学长的著作《中国能源问题研究》(2008 年)更是从战略的高度为我国指出了能源可持续的健康发展之路。为了"对接国家能源可持续发展战略,构建适应世界能源科学技术发展趋势的能源科研交流平台",我们策划、组织编写了这套"能源与环境出版工程"丛书,其目的在于:

一是系统总结几十年来机械动力中能源利用和环境保护的新技术和新成果;

二是引进、翻译一些关于"能源与环境"研究领域前沿的书籍,为我国能源与环境领域的技术攻关提供智力参考;

三是优化能源与环境专业教材,为高水平技术人员的培养提供一套系统、全面的教科书或教学参考书,满足人才培养对教材的迫切需求;

四是构建一个适应世界能源科学技术发展趋势的能源科研交流平台。

该学术丛书以能源和环境的关系为主线,重点围绕机械过程中的能源转换和利用过程以及这些过程中产生的环境污染治理问题,主要涵盖能源与动力、生物质能、燃料电池、太阳能、风能、智能电网、能源材料、能源经济、大气污染与气候变化等专业方向,汇集能源与环境领域的关键性技术和成果,注重理论与实践的结合,注重经典性与前瞻性的结合。图书分为译著、专著、教材和工具书等几个模块,其内容包括能源与环境领域的专家最先进的理论方法和技术成果,也包括能源与环境工程一线的理论和实践。如钟芳源等撰写的《燃气轮机设计》是经典性与前瞻性相统一的工程力作;黄震等撰写的《机动车可吸入颗粒物排放与城市大气污染》和王如竹等撰写的《绿色建筑能源系统》是依托国家重大科研项目的新成果和新技术。

为确保这套"能源与环境出版工程"丛书具有高品质和重大的社会价值,出版社邀请了杜祥琬院士、黄震教授、王如竹教授等专家,组建了学术指导委员会和编委会,并召开了多次编撰研讨会,商谈丛书框架,精选书目,落实作者。

该学术丛书在策划之初,就受到了国际科技出版集团 Springer 和国际学术出版集团 John Wiley & Sons 的关注,与我们签订了合作出版框架协议。经过严格的同行评审,截至 2018 年初,丛书中已有 9 本输出至 Springer,1 本输出至 John Wiley & Sons。这些著作的成功输出体现了图书较高的学术水平和良好的品质。

　　"能源与环境出版工程"从 2013 年底开始陆续出版，并受到业界广泛关注，取得了良好的社会效益。从 2014 年起，丛书已连续 5 年入选了上海市文教结合"高校服务国家重大战略出版工程"项目。还有些图书获得国家级项目支持，如《现代燃气轮机装置》《除湿剂超声波再生技术》（英文版）、《痕量金属的环境行为》（英文版）等。另外，在图书获奖方面，也取得了一定成绩，如《机动车可吸入颗粒物排放与城市大气污染》获"第四届中国大学出版社优秀学术专著二等奖"；《除湿剂超声波再生技术》（英文版）获中国出版协会颁发的"2014 年度输出版优秀图书奖"。2016 年初，"能源与环境出版工程"（第二期）入选了"十三五"国家重点图书出版规划项目。

　　希望这套书的出版能够有益于能源与环境领域人才的培养，有益于能源与环境领域的技术创新，为我国能源与环境的科研成果提供一个展示的平台，引领国内外前沿学术交流和创新并推动平台的国际化发展！

翁史烈

2018 年 9 月

# 序　一

在新时代阳光的沐浴下，我国经历了改革开放 40 多年的风风雨雨，又迎来了新中国成立 70 周年华诞。本丛书从环保动力的角度反映了我国新老动力科技工作者不忘初心，为实现中华民族的伟大复兴，矢志不渝、艰苦奋斗的精神。科技工作者不断解放思想、破除迷信、学习先进，亲身见证并记录了自主知识产权的创新业绩；通过不断积累和总结前人的实践经验和技术成果，一步一个脚印地推动了我国能源革命和高质量国产化、清洁发电动力装备的发展，表现出对科学和中华文化的自信。

科学技术的大发展历来都是与社会大变革联系在一起的。我国体制上的供给侧改革给能源、环保、装备产业转型带来巨大的发展机遇，使各产业从手工作坊式生产走向工业化革命，从机械化转向自动化，从智能化走向大数据、云计算的信息化时代。在历史的舞台上，不断上演着与时俱进的创新技术的剧情。

我国虽然地大物博，但人均资源却十分短缺。直面当前节能减排的现状，转变思维方式尤为重要。我国可采能源远远跟不上社会经济发展的需要，大量消费煤炭给环境容量和治理污染带来巨大的压力；大量进口油气有能源安全的巨大风险；大量使用化石燃料面临不可持续发展的困境。

高效率、节能减排的超临界发电技术有着自身发展的规律。发展光伏、光热发电，风电以及低温能源是当今能源转型的主要方向。在电力供给侧，发展分布式能源有利于节能提效，充分利用现有的低温能源、工业余热、城市垃圾资源（包括当地的风能、屋顶太阳能、生物质能的再生资源）等。建立有效的区域能源体系和微电网是能源高效利用、地区低碳循环经济发展的必然趋势。此外，第四代核能的研发和未来的核聚变技术将是中长期能源的发展目标。

　　我国能源利用技术和产品的发展长期以来受体制和经费的约束,产、学、研、用严重脱节,以至于真正付之于实际应用的技术事倍功半。如今企业成为承担科技项目的主体,强调技术落地、开花、结果,在有序的竞争中兴百家争鸣之风气,推动着各自技术的不断升级换代,促进我国企事业的同步改革。

　　本丛书主要为能源与环保的生产实践者、青年学者、科研院校的研究人员、教师和研究生以及对此感兴趣的读者提供了解多学科、多种技术交集的视野,以改变传统重理论教育、偏学术论文而疏于应用的倾向,使读者了解更多的边缘学科专业知识和新技术的发展信息,取得举一反三、触类旁通的学习和运用效果。同时,也期待行业专家、工匠们为之大显身手,化知识为社会产品和财富,指点能源与环保,同予评说!

2019 年 2 月

# 序　二

　　能源是人类生存和发展的基础。随着经济的快速发展,化石能源消耗量持续增加,人类正面临着日益严重的能源短缺和环境破坏问题,全球气候变暖成为国际关注的焦点。据国际能源署分析,到 2030 年世界能源需求将增长 60%。目前,作为一次能源主要构成的化石能源,由于其不可再生,将在不久的将来被开采殆尽。在此背景下,发展低碳环保技术以实现能源的清洁高效利用对保障能源安全、促进环境保护、减少温室气体排放、实现国民经济可持续发展具有重要的现实意义。

　　为了实现能源的健康、有序和可持续发展,国家战略布局中已经明确了各类能源发展的总体目标。一方面,与发达国家相比,我国的能源利用效率整体仍处在较低的水平,单位产值能耗比发达国家高 4～7 倍,单位面积建筑能耗为气候条件相近发达国家的 3 倍左右。因此,我国在节能方面的潜力巨大,节能减排是当前我国经济和社会发展中一项极为紧迫的任务。为缓解能源瓶颈的制约,促进经济社会可持续发展,一方面,近年来我国相继出台了一系列相关的政策及法规,大力推动能源的高效利用,促进国民经济向节能集约型发展。另一方面,国家大力推动太阳能、风能等可再生能源的利用,与之相关的产业亦得到了迅速的发展。在这样的行业背景下,很高兴看到"低碳环保动力工程技术"丛书的问世。这套丛书不仅对清洁能源利用和分布式能源技术进行了详细的介绍,而且指出绿色环保、清洁、高效、灵活是火电技术今后发展的必由之路。丛书是校企合作成果的结晶,由中国动力工程学会环保装备与技术专业委员会、上海电力大学和上海发电设备成套设计研究院合作编写。丛书共有四册,其内容涵盖传统的燃煤发电技术、清洁能源发电技术及一些高效智能化的能源利用系统,具体包括先进的煤电节能技术、燃煤电站污染物的脱除、太阳能光伏/光热、风力发电技术、生物质利用技术、储能技术、燃料电池、核能技术以及分布式能源系统等。

　　本丛书有如下特色：内容跨度较大，有广度、有深度，各章节自成体系、相互独立，在结构上条理清晰、脉络分明。

　　相信本套丛书的出版定会推动低碳环保动力工程相关技术在我国的应用与发展，为经济和社会的可持续发展起到积极的作用，故而乐意为之序。

2019 年 5 月

# 前　　言

火力发电是我国和世界上许多国家的主要发电方式。火电绿色发展是世界大趋势,也是我国电力工业从高速增长向高质量发展转变的大方向。近年来我国对火电绿色发展进行了探索,绿色火电技术应运而生,并创造了火电绿色发展的中国奇迹。

为进一步推动绿色火电技术进步,服务火电绿色发展,中国动力工程学会与四川大学、上海电力大学合作,由尹华强和陶邦彦总体策划编写了《绿色火电技术》一书。全书共分6章,其中第1章由尹华强、刘勇军、李江荣和刘晓丽等撰写,主要介绍了火力发电的发展现状及趋势;第2章由江德厚和李新等撰写,主要介绍燃煤烟气的除尘技术;第3章由尹华强、江德厚、郭瑞堂和丁红蕾等撰写,主要介绍了燃煤烟气的脱硫、脱硝、除汞与超低排放技术;第4章由尹华强、李新、郭瑞堂和唐军英等撰写,主要介绍了二氧化碳减排与利用技术;第5章由陶邦彦、刘勇军和徐宏建撰写,主要介绍了火电厂节水与废污水处理技术;第6章由陶邦彦、孙宏和蔡文刚撰写,主要介绍了生活垃圾清洁发电技术。全书由尹华强负责统稿。由于编者时间和水平所限,书中存在的缺点和错误,恳请专家和读者予以批评指正。

我们期待本书的出版发行能为实现火电的绿色发展提供有益的借鉴和参考,在探索和建立我国绿色火电体系的进程中作出应有的贡献。

# 目　　录

# 第1章　火力发电与绿色发展

当今世界正在发生一场改变人类命运的新能源革命、科技革命和产业革命。绿色、低碳是这场革命的主要方向。

建立在煤炭、石油、天然气等化石燃料基础上的电力能源体系自19世纪电力革命以来极大地推动了人类社会的进步,但大规模使用化石燃料带来的环境污染、生态破坏、气候变化等问题已成为人类社会可持续发展的严峻挑战[1-3]。

火力发电通过燃烧燃料将化学能转化为热能和电能,是我国和世界上许多国家主要的发电方式。煤电在我国电力供应结构中约占三分之二,是保障电力供应的主力电源。以煤电为主的火力发电过程污染物种类繁多且碳排放量较大,因而推动清洁高效可持续的绿色火电技术进步和产业转型势在必行。

## 1.1　概述

火力发电是通过燃烧燃料(煤、石油制品、天然气及生物质等)将化学能转化为电能和热能。绿色发展是火力发电的发展方向。

### 1.1.1　火力发电

火电厂按照使用的燃料不同,主要可分为几种基本类型,如表1-1所示。

**表1-1　火电厂基本类型[4]**

| 火电厂类型 | 燃料 | 燃烧系统 | 主要污染物 |
|---|---|---|---|
| 燃煤电厂 | 煤与煤矸石 | 储煤场、输煤系统、磨煤设备、锅炉、除尘设施、脱硫设施、脱硝设施、烟筒、输灰系统 | $SO_2$、烟尘、$NO_x$、汞及工业废水、炉渣、粉煤灰 |
| 燃气电厂 | 天然气或燃气 | 锅炉产生蒸汽带动发电机发电;或燃气在燃气轮机中直接燃烧做功发电;燃气电厂基本不产生烟尘、$SO_2$ 和固体废物,主要产生 $NO_x$ 和工业废水以及噪声影响,气处理工艺与燃煤电厂类似 | 与燃煤电厂相比,燃气、燃油电厂无灰渣产生,主要污染物为 $SO_2$、$NO_x$ 和工业废水、噪声等 |

(续表)

| 火电厂类型 | 燃料 | 燃烧系统 | 主要污染物 |
|---|---|---|---|
| 燃油电厂 | 轻油、重油、原油 | 发电流程与燃气电厂流程类同;其处理技术与燃煤电厂相似 | $SO_x$ 和 $NO_x$ |
| 燃水煤浆电厂 | 水煤浆 | 发电流程与燃气电厂流程相同 | 与燃煤电厂类似,相应污染物的产生量略小于粉煤炉电厂 |

火电厂的主要生产系统包括燃辅料储运备料系统(包括装卸、储运、传输、备料等系统)、锅炉(燃烧系统、汽水系统)及发电系统、电气系统、循环冷却系统、辅助系统等[4-5]。

火电厂的工艺原理是:燃料在锅炉中燃烧,将其热量释放出来,传给锅炉中的水,化学能转变成热能,产生高温、高压蒸汽;蒸汽通过汽轮机又将热能转化为旋转动力,驱动发电机输出电能[4]。火力发电过程中的排放物对环境带来污染,火电厂环境要素如表1-2所示。

表1-2　火电厂环境要素[4]

| 项目 | | 特征污染物 |
|---|---|---|
| 废气 | 无组织排放 | 煤炭、石灰石装卸、输送、贮存、上料过程产生无组织扬尘<br>原煤、石灰石破碎、筛分、输送、入仓过程产生扬尘<br>粉煤灰、炉渣、脱硫石膏再收集贮存、输送过程中产生扬尘<br>燃油燃气罐区、氨水罐区、脱硝系统(氨逃逸)、酸罐区、管道装卸遗撒、跑冒滴漏产生 VOC[①]、酸雾、氨气 |
| | 有组织排放 | 原煤、石灰石破碎设施、筛分设施、煤仓、石灰石和粉煤灰仓的排气口产生有组织粉尘排放<br>烟囱排放口排放锅炉产生的(经除尘、脱硝、脱硫)烟气,含气态的硫化物($SO_2$、$H_2S$、$SO_3$、$H_2SO_4$ 蒸气等)、氮氧化物($NO$、$NH_3$、$NO_2$ 等)、汞(氧化态汞和颗粒态汞)、碳氢化合物($CH_4$、$C_2H_4$ 等)和卤素化合物($HF$、$HCl$ 等) |
| 废水 | | 地面及设备冲洗水、冲渣废水、灰场(灰池)排水、湿法输灰等废水:含悬浮物(SS)、无机盐、重金属<br>补给水、凝结水处理再生废水:含酸碱、悬浮物、TDS[②] 等<br>脱硫废水:含酸碱、悬浮物、重金属、盐类等<br>锅炉化学清洗废水:含酸碱、悬浮物、石油类、重金属、$F^-$ 等<br>生活污水、机修废水:含石油类、氨氮、总氮、总磷等 |
| 固体废物 | | 一般固体废物:除尘的灰尘,锅炉的粉煤灰、炉渣,废弃脱硫石膏,脱硫废水污泥,脱盐废水污泥,污水站污泥,脱硫石膏<br>危险废物:主要来自脱硝废催化剂(氧化钛、五氧化二钒、三氧化钨等重金属作为骨架和催化元素)、机修车间废弃油、废棉纱等 |
| 噪声 | | 锅炉排汽的高频噪声、设备运转时的空气动力噪声、机械振动噪声以及电工设备的低频电磁噪声等 |

① VOC 是指挥发性有机物(volatile organic compounds);
② TDS 是指总溶解固体(total dissolved solids)。

### 1.1.2　国内外火电发展现状

在世界发电构成中,火电历来占有较大的比例。20 世纪 90 年代以来一直保持在 60% 以上。自 1875 年巴黎北火车站建成世界上第一座火电厂并为附近照明供电开始,世界电力工业逐渐向高参数、大容量方向发展。根据国际能源署(IEA)的报道,2018 年全球发电量再创新高,同比上年增长了 2.6%,总量达到了 26 672 TW·h。中国发电量全球第一,约为 6 800 TW·h,同比增长 6.8%,占全球发电总量的 25.49%。美国发电量位居第二,约为 4 180 TW·h,同比增长 3.6%,占全球发电总量的 15.66%,也约为同期中国发电总量的 61.47%。

2018 年全球火力发电占比约为 66%,核电占比约为 10%,水力发电占比约为 15.8%,风电占比约为 5.5%,太阳能发电占比约为 2.3%,其他可再生能源发电占比约为 0.4%。火力发电中,燃煤发电量为 10 116 TW·h,约为总发电量的 37.93%,燃气发电占比约为 23%,燃油发电占比仅约为 3%。可见,火力发电尤其是其中的煤炭发电仍是全球最主要的发电类型[6]。

据中国电力企业联合会发布的《2018—2019 年度全国电力供需形势分析预测报告》统计,截至 2018 年底,中国发电装机容量为 1.9 TW,同比增长 6.5%。分类型看,水电装机为 0.35 TW,火电装机为 1.14 TW,核电装机约为 0.45 GW,风电装机为 0.18 TW,太阳能发电装机为 0.17 TW。火电装机中,燃煤发电装机为 1.01 TW,占总装机容量的比重为 53.0%,比上年降低 2.2 个百分点;燃气发电装机约为 0.83 GW,同比增长 10.0%。中国发电装机及其水电、火电、风电、太阳能发电装机规模均居世界首位[7]。

2018 年,中国火力发电量约为 4 979.47 TW·h,占比为 73.32%;水力发电约为 1 102.75 TW·h,占比约为 16.24%;风力发电约为 325.32 TW·h,占比 4.79%;核能发电量约为 294.36 TW·h(同比增长 18.7%),约为同期全国发电总量的 4.33%;太阳能光伏发电全年约为 89.45 TW·h,占比约为 1.32%。可见,火力发电仍是中国主要的发电方式,给应对气候变化带来了很大压力。

### 1.1.3　国内外火电绿色发展趋势[8-9]

自工业革命开始以来,煤炭作为全球主要能源长达几百年,即使在石油取代煤炭成为世界主要能源之后,煤炭仍然在全球基础能源中占重要比例。

近年来,随着温室气体排放带来的气候变化问题成为全球议题,新兴经济体的工业化进程开启和加速,全球的资源供给和环境承载压力日益突出,在能源需求总体增长的同时,世界开始向低碳未来转型,能源结构正在发生变化,高效清洁的低碳燃料的增速将超过碳密集型燃料。特别是随着《巴黎协定》已经对煤炭发出警告,各国的煤炭清洁高效利用迫在眉睫。

在欧洲,欧盟领导严格执行削减温室气体排放协议,逐步淘汰煤炭使用和燃煤电厂。

2014年10月,欧盟领导人同意,到2030年,将比照1990年水平削减40%的温室气体排放。这一行动伴随着强有力的公众活动,将逐步取消煤炭和煤炭投资,进而取消对以煤炭为燃料的煤电机组发电的政策和资金资助,并对其碳排放进行严格限制,乃至逐步淘汰燃煤电厂。

2015年9月,法国宣布将不再向不具有碳捕获与储存(CCS)技术的海外燃煤电厂提供金融支持;金融机构法国巴黎银行、法国兴业银行以及法国农业信贷银行也在其2015年决议中宣布将不再向煤炭开采投资。

2015年11月,英国能源大臣安布尔·拉德宣布,英国将在2025年前逐步淘汰煤炭使用。2010—2015年,英国没有新的燃煤发电厂投产。在这一段时间内大约有12.5GW的燃煤发电装机规划被取消。2016年3月,苏格兰最后一座燃煤发电厂正式关闭。

芬兰已经承诺在2020年淘汰燃煤电厂。

美国多举措脱离煤炭和逐步减少燃煤发电厂。2016年1月,美国内政部长萨莉·朱厄尔宣布,美国决定暂停实施新的联邦土地煤炭开采租赁。此举旨在加强美国对化石能源的管理和利用,推动美国朝着清洁能源经济的方向发展。2016年3月,美国能源信息署公布了该国当年的电网增加计划,其中燃煤发电厂的增加计划为零。也就是说,2016年美国没有新增燃煤电厂的计划。

另外,经合组织(OECD)已减少燃煤发电厂政府资助,限制对燃煤电厂技术出口的补贴,部分银行停止对燃煤发电厂的融资支持,经合组织成员国对煤炭行业和燃煤发电厂的融资将会在4年内进一步收紧。

2015年11月,经合组织成员国达成历史性协议,将严格控制对出口燃煤电厂技术的补贴。根据协议,鉴于燃煤电厂带来大量导致全球气温上升的主要排放物,34个经合组织成员国将限制对燃煤电厂技术出口的补贴。

2019年1月底,德国增长、转型和就业委员会(简称煤炭委员会)正式通过决议,宣布德国最迟将于2038年以前彻底放弃燃煤发电。作为工业大国的德国,其能源政策的这一重大改革在世界能源和环境领域引起了广泛关注。

就我国来说,当前日益增大的环保压力使我国加快了环境治理步伐。根据国家环境保护部2011年7月发布的《火电厂大气污染物排放标准》,各大发电集团积极响应新的国家环保政策,积极承担社会责任。

为此,各火电厂进一步大幅度削减燃煤电厂污染物排放总量,主动提出将燃煤电厂污染物排放标准向"燃气轮机排放标准"看齐,即二氧化硫($SO_2$)、氮氧化物($NO_x$)

及烟尘三项排放限值分别为 35 mg/Nm³①、50 mg/Nm³ 和 5 mg/Nm³。通常在业内将此限值定义为燃煤锅炉"超净排放"标准。

由于不同国家国情各异,基于环境保护的前提条件和基础不同而颁布的国家排放标准也不尽相同,主要有三方面不同:标准修订频次、针对重点和修订依据。我国火电厂现行排放标准远高于主要发达国家。

以我国和日本为例:我国在重点地区执行大气污染特别排放限值,二氧化硫、氮氧化物及烟尘的排放浓度分别为 50 mg/Nm³、100 mg/Nm³ 和 20 mg/Nm³;日本对二氧化硫的排放实行 $K$ 值控制,在 120 个特别地区以及其他非特别地区中,$K$ 值在 3.0～17.5 范围内分成 16 个级别,相当于 172～33 575 mg/Nm³。

而从中美两国电力污染物排放绩效看,各类污染物排放绩效随年份呈下降趋势。我国排放标准修订频次高,限值更严格,排放绩效下降幅度更大,随着新建和在役机组环保设施逐步改造完成,排放绩效下降幅度变小。若要进一步降低排放绩效,需实施更加高效的超净排放协同控制技术。

从全球来看,到 2040 年燃煤电厂仍处于上升趋势。国际能源署 2015 年也做出了类似的判断:未来 25 年,与世界其他地区的趋势相反,在亚洲这个经济增长最快的地区,煤炭在发电中的比重预计将从目前不到三分之一增长到 50% 左右。新兴经济体如印度、越南等正处于快速发展的重工业化阶段,其高耗能经济结构离不开煤炭这种廉价能源。根据世界煤炭工业协会(WCA)的数据,目前全球有 510 座燃煤电站在建,有 1 874 座燃煤电站正在计划中,合计有 2 384 座。其中,中国、印度、印度尼西亚合计占 71%,再加上菲律宾、越南、土耳其和巴基斯坦,合计占 81%。

此外,发达经济体美国、英国等欧美国家已进入后工业化时代,其经济发展对高能耗的重工业依赖逐步减少,加之电力生产向绿色清洁方向转变,因此发达经济体以煤炭作为燃料的煤电市场都呈下降趋势。在煤电机组发电相关政策上以减少项目资助、设定排放限制、淘汰使用为主基调。具体到国家,我国发展趋向慢慢持平,印度在增长,很多亚洲国家会继续增长,而欧洲国家可能波动平稳发展。

## 1.2　中国火电绿色发展的探索

改革开放 40 年,中国经济和社会各项事业劈波斩浪,实现了从起飞、转型到跨越式的非凡巨变。我国电力工业作为重要基础产业,硕果累累。煤电作为中国电力工业体系的"顶梁柱",不仅自立自强地走出一条波澜壮阔的进取之路,更以安全稳定的

---

① Nm³ 是指气体在标准状态(normal condition)下的用立方米表示的体积。标准状态是指 0℃、1 个标准大气压(101 325 Pa)的状态。

供给支撑国民经济高速增长。但同时成为污染源大户,对环境造成了很大影响,如火电厂运行中向大气排放的硫氧化物、氮氧化物、烟尘,排出的废水、灰渣和产生的噪声[10-14]。

鉴于煤炭在我国一次能源结构中的主导地位,决定了电力生产中以煤电为主的格局在未来几十年内不会发生大的变化。当今日益严格的环保标准,对煤电建设提出更高的性能要求:高效,清洁,运行的经济性、可靠性和灵活性。我国《电力发展"十三五"规划》将"清洁低碳、绿色发展,智能高效、创新发展"列为应坚持的基本原则,绿色、创新是"十三五"期间电力行业主旋律。以绿色为理念,以创新为动力,推动电力行业发展转型升级和提质增效是我国电力企业持续发展的重要任务。

### 1.2.1　我国火电发展现状

我国"富煤、缺油、少气"的能源结构决定了在能源消费结构中煤炭将长期占据核心地位。我国电力结构中,利用燃煤发电一直是我国电源的主力,煤电发电高于世界平均水平1倍。

改革开放以来,我国电力行业迅猛发展。1978—2018年的40年间,我国电力装机容量及发电量分别从 $5.71×10^7$ kW 和 $2.57×10^{11}$ kW·h 提高至 $1.9×10^9$ kW 和 $7.0×10^{12}$ kW·h,分别提高了约32倍和26倍,发电装机和发电量位居世界第一。在规模快速扩大的同时,电力结构也开始发生显著变化。从"十一五"开始,风电、太阳能等新能源发电快速发展。2005—2018年的13年间,风电及太阳能发电装机容量及发电量分别从 $1.06×10^6$ kW 和 $1.64×10^9$ kW·h 提高至 $3.59×10^8$ kW 和 $5.44×10^{11}$ kW·h,分别提高了339倍和330倍[15-16]。

我国自1990年火电装机容量突破 $10^8$ kW 装机容量后,基本以每年超过 $5×10^7$ kW 装机容量持续增长,2007年和2015年火电装机容量分别突破 $5×10^8$ kW 和 $1×10^9$ kW,2016年超过美国位居世界第一位,其中,山东、江苏、内蒙古等7省(区)火电装机容量超过 $5×10^7$ kW。1981—2000年、2001—2010年和2011—2017年我国火电发电量分别累计增长了 $8.7×10^{11}$ kW·h、$2.22×10^{12}$ kW·h 和 $8.6×10^{11}$ kW·h。2017年火电发电量达到 $4.69×10^{12}$ kW·h,占总发电量的72.2%(见图1-1)。

历经长期快速发展以及电力能源结构调整,当前我国火电行业进入优化提升阶段。近5年,全国火电装机容量、火电发电量在电力结构中的比重分别降低了约8.0%和4.0%。煤电在我国总的发电装机与发电量中的比重近年来逐步下降,但煤电的主体地位没有改变,2018年我国煤电装机占比为53%,煤电发电量占比为63.7%[15]。受资源禀赋影响,煤电仍然是我国未来一段时期的基础支撑性电源,统筹推进煤电超低排放和节能改造工作,推动煤电等传统能源的清洁化利用势在必行。

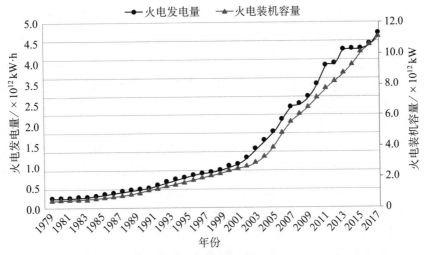

**图 1-1　1980—2017 年我国火电行业生产情况**[17]

　　中电传媒电力传媒数据研发中心跟踪数据显示,2018 年火电行业总装机容量约为 1 144 GW,同比增长 5.1%,增速与上年持平,全国新增煤电装机为 2004 年以来的最低水平,火电装机容量得到进一步控制。新增装机容量主要集中在陕西、安徽和江苏,增长幅度达到 7.93 GW、3.6 GW 和 3.19 GW,其余省份增长幅度较小。全国火电设备平均利用小时数为 4 361 h,同比提高 143 h,受到全社会用电量高速增长拉动,整体而言上涨幅度较为明显,表明了我国火电产业结构调整步伐加快,为火电行业走清洁高效的发展之路吹响号角[18]。

### 1.2.2　我国火电发展主要环境问题

　　近年来,随着社会经济的飞速发展以及科学技术的日新月异,我国火电逐渐兴起并蓬勃发展,创造不可估量的社会效益以及经济效益的同时,也带来环境污染、生态破坏、气候变化等问题。

　1) 环境污染

　　在火电燃煤电厂排放的烟气中含有大量硫氧化物、氮氧化物、汞、颗粒物等物质[19]。在煤炭燃烧过程中,硫元素通常以二氧化硫的形式排放,氮元素通常以一氧化氮($NO$)的形式排放,进入大气后,通过气相反应,二氧化硫会转变成硫酸($H_2SO_4$),一氧化氮会转变成硝酸($HNO_3$),最终形成酸雨。酸雨侵蚀城市、农村建筑和农田,并且会对人体健康造成危害。通过煤炭燃烧和大气中二次反应生成的颗粒物都会严重危害公共健康,被人体吸入后可能导致多种呼吸道疾病。

绝大多数火电燃煤电厂排放的废水 pH 值超过 7[20]，排放的废水里除了混杂各种废物外还含有过量的氟、砷等化学元素。如果火电燃煤电厂不对废水进行科学妥善处理，直接将其排入周围水域，长此以往会导致该水域水体净化能力不断下降，水资源产生各种污染，水域中各种生物会逐渐灭亡，进而影响水域周围居民的健康。

此外，如果火电燃煤电厂将灰渣长期置于地面不处理，灰渣中的重金属和有毒元素会浸入地下水造成水体污染，而且灰渣粉尘会污染当地大气环境。

2）生态破坏

由燃煤形成的酸雨会浸透到土壤中，引起土壤中一些天然矿物质的分解。分解的元素既包含对植物有益的元素如镁和钙，也包含对植物有害的元素如汞和铝。酸雨会造成森林大面积的死亡，尤其是在那些土壤的化学成分无法对酸雨带来的酸化效应进行中和的区域。铝元素流入湖泊和河流后，会对鱼类产生极大危害。在美国新英格兰地区附近的一些河流中最早发现酸雨造成鱼类死亡的现象[21]。

在煤炭燃烧过程中，汞以多种形式排放到大气中：颗粒态汞、氧化汞或元素态汞。颗粒态汞和氧化汞可通过降水或地表接触的干沉降形式有效地去除，污染范围是地方性的或区域性的。元素态汞则更持久，在大气中的存留时间比较长，一般为一年或更久，因此某个区域的汞排放可能影响到全球范围。元素态汞在大气中经过长距离的迁移，再沉降到地面，元素态汞会转变为化合态汞，如甲基汞。甲基汞是一种神经毒素，可以在生物体中富集，不仅会通过含汞食物富集而危害人体健康，而且会大范围地危害环境健康。

3）气候变化

煤是高碳燃料，在燃烧过程中会排放大量的温室气体二氧化碳（$CO_2$）。煤炭燃烧排放的 $CO_2$ 在全球工业 $CO_2$ 总排放量的比例从 1973 年的 34.9% 上升至 2004 年的 40%。1973—2004 年间，全球工业 $CO_2$ 排放总量增加了 95%，而煤炭消耗量的增加是造成 $CO_2$ 排放增加的主要原因[1]。目前，探明的全球可利用煤炭储量的总能量估计是 $2.92 \times 10^6$ kg。全球当前的能量消耗速度约为 5 232 kg/a，意味着现有的煤炭资源在未来 500 年内能满足人类的能源需求[1]。煤炭燃烧所排放的 $CO_2$ 量约占化石燃料排放的 $CO_2$ 总量的 40%，预计今后煤炭燃烧排放的 $CO_2$ 量仍会增加。

我国是世界上主要的能源消费国，也是主要的煤炭消费国，$CO_2$ 排放量巨大，呈逐年增长态势。我国 2009 年碳排放总量达 $6.88 \times 10^9$ t，约占世界碳排放总量的 23.7%，相比 1990 年增长 206.5%，已成为全球最大的碳排放国家。2015 年之前 $CO_2$ 排放量的年均增长率为 5.4%，预计 2015—2030 年期间年均增长率为 3.3%，2030 年 $CO_2$ 排放量将达到 $1.14 \times 10^{10}$ t。

可以通过控制化石燃料的使用，并逐渐转向低碳排放能源以及大规模发展可再生能源等手段，实现温室气体的减排。利用新一代高效清洁用能技术，可降低对化石能源的依赖,特别是与能源技术相结合的技术,如煤气化联合循环发电(IGCC)技术将是未来重要的发展方向。

总而言之,现代化火电工程在建设发展的过程中,存在的问题并不仅仅局限于以上几点,在实际的建设过程中,同样还存在一些未知或者是潜在的问题等待认识,需要实现火电绿色发展。

### 1.2.3　我国火电向绿色发展

火电行业是我国环境治理的先导行业、重点行业。在持续多年环保各项政策措施的实施引领下,生态环保推动火电行业高质量发展的良好形态已基本形成,行业节能减排绩效、绿色发展水平整体已进入世界先进行列[10,17]。

政策法规、技术标准、环境治理等在火电行业持续发力,加速推动了火电行业提升绿色技术研发能力、环境治污设施投入及企业环境守法意识,带动火电行业整体向节能低碳、绿色环保方向发展。

1) 密集出台法规标准、技术要求

2012 年,我国火电行业烟尘、二氧化硫、氮氧化物排放标准全面加严,达到或超过国际最严水平线,其中对 12 个重点区域执行特别排放限值,进一步严格控制污染物排放浓度。"十三五"以来,我国提出燃煤机组超低排放限值,加快推动火电企业清洁技术改造升级(见表 1 - 3)。随着国家《大气污染防治行动计划》《煤电节能减排升级与改造行动计划(2014—2020 年)》等一系列行动计划的密集出台,提出了 2017 年火电行业 $PM_{10}$ 排放强度比 2012 年下降 30% 以上,2020 年新建燃煤发电机组供电煤耗低于 300 g/kW·h,污染物排放接近燃气机组排放水平等更高绿色绩效目标。同时期原环保部针对火电烟气治理发布了《火电厂烟气治理设施运行管理技术规范》《火电厂除尘工程技术规范》等多项技术规范(见表 1 - 4)。

表 1 - 3　燃煤发电排放标准国际对标[17]

| 国家/地区 | 烟尘/(mg/Nm³) | SO₂/(mg/Nm³) | NOₓ/(mg/Nm³) |
|---|---|---|---|
| 中国(GB 13223—2011) | 30 | 200 | 100 |
| 重点区域特别排放限值 | 20 | 50 | 100 |
| 燃煤机组超低排放限值 | 10 | 35 | 50 |
| 中国(GB 13223—2003) | 50 | 400 | 450 |
| 美国 | 50 | 184 | 135 |
| 欧盟 | 50 | 200 | 200 |

表 1-4 我国火电行业的技术导则[17]

| 序号 | 标准号 | 标准名称 | 发布时间 |
|------|--------|----------|----------|
| 1 | HJ 2301—2017 | 火电厂污染防治可行技术指南 | 2017 |
| 2 | HJ 2046—2014 | 火电厂烟气脱硫工程技术规范　海水法 | 2014 |
| 3 | HJ 2040—2014 | 火电厂烟气治理设施运行管理技术规范 | 2014 |
| 4 | HJ 2039—2014 | 火电厂除尘工程技术规范 | 2014 |
| 5 | HJ 2001—2010 | 火电厂烟气脱硫工程技术规范　氨法 | 2010 |
| 6 | HJ 563—2010 | 火电厂烟气脱硝工程技术规范　选择性非催化还原法 | 2010 |
| 7 | HJ 562—2010 | 火电厂烟气脱硝工程技术规范　选择性催化还原法 | 2010 |
| 8 | 环发〔2010〕10 号 | 火电厂氮氧化物防治技术政策 | 2010 |
| 9 | HJ/T 179—2005 | 火电厂烟气脱硫工程技术规范　石灰石/石灰——石膏法 | 2005 |
| 10 | HJ/T 178—2005 | 火电厂烟气脱硫工程技术规范　烟气循环流化床法 | 2005 |

2) 实施淘汰落后产能等政策

2005 年以来,国家对火电行业产能过剩、重复建设及落后产能淘汰等开展了整治工作。2017 年,国家发改委等部委联合发布的《关于推进供给侧结构性改革防范化解煤电产能过剩风险的意见》,提出"十三五"期间停建和缓建煤电产能 150 GW,淘汰落后产能 20 GW 以上。通过强化环评审批,国家明确提出不予批准城市建成区、地级及以上城市规划区除热电联产以外的燃煤发电项目、大气污染防治重点控制区除"上大压小"和热电联产以外的燃煤发电项目,进一步遏制火电行业产能重复建设、提升行业整体竞争能力。随着国家从严淘汰落后产能,"上大压小"政策的持续实施,倒逼火电行业有序发展[10]。

3) 建立环境补贴等环境经济政策机制

2007 年与 2014 年,国家相继出台《燃煤发电机组脱硫电价及脱硫设施运行管理办法(试行)》《燃煤发电机组环保电价及环保设施运行监管办法》,明确环保脱硫、脱硝、除尘的电价补贴政策。其中,燃煤发电企业脱硝电价补偿标准由 0.8 分/千瓦时提高至 1.0 分/千瓦时;脱硫补贴为 1.5 分/千瓦时,除尘补贴为 0.2 分/千瓦时(见表1-5)。2015 年底,国务院出台《全面实施燃煤电厂超低排放和节能改造工作方案》,提出对 2016 年 1 月 1 日前已经并网运行的现役机组,对其统购上网电量补贴加价 1 分/千瓦时,其后并网运行的新建机组补贴加价 0.5 分/千瓦时,有效提升了火电企业超低排放技改的积极性与改造速度。

4) 加严环境监测、监管执法

2014 年,《燃煤发电机组环保电价及环保设施运行管理办法》印发实施,提出了燃

表 1 - 5 　2008—2015 年燃煤发电补贴[17]

| 年份 | 发电量/ $10^{12}$ kW·h | 环保电价补贴/亿元 | | | |
|------|------|------|------|------|------|
| | | 脱硫 | 脱硝 | 除尘 | 总计 |
| 2008 | 2.79 | 418.5 | 279 | 55.8 | 753.3 |
| 2009 | 2.98 | 447.0 | 298 | 59.6 | 804.6 |
| 2010 | 3.33 | 499.5 | 333 | 66.6 | 899.1 |
| 2011 | 3.83 | 574.5 | 383 | 76.6 | 1 034.1 |
| 2012 | 3.89 | 583.5 | 389 | 77.8 | 1 050.3 |
| 2013 | 4.25 | 637.5 | 425 | 85.0 | 1 147.5 |
| 2014 | 4.27 | 640.5 | 427 | 85.4 | 1 152.9 |
| 2015 | 4.28 | 642.0 | 428 | 85.6 | 1 155.6 |
| 2016 | 4.40 | 660.0 | 440 | 88.0 | 1 188.0 |

煤发电机组必须按环保规定安装脱硫、脱硝和除尘环保设施,发电企业必须安装运行烟气排放连续监测系统并与环保部门和电网企业联网,对达不到国家和地方规定的污染物排放限值的发电企业,没收环保电价款,并视超标情况处以 5 倍以下罚款。强化环保设施监管,要求燃煤电厂把环保设施纳入企业发电主设备管理系统统一管理,对烟气自动监控系统(CEMS)和分布式控制系统(DCS)数据弄虚作假的行为予以严惩,进一步提升了火电企业在线监测、监管水平。加大监督执法力度,对偷排、漏排企业的惩治力度持续提升,有力地推动了火电行业形成公平竞争环境。

改革开放 40 年来,我国煤电系统脱胎换骨,规模上属于世界最大,技术上达到世界先进水平。主要体现在如下五个方面。

(1)煤电设备更新换代,能效水平世界先进。我国煤电超超临界机组在单机容量、蒸汽参数、机组效率、供电煤耗等方面均达到世界先进水平。百万千瓦级超超临界空冷机组、示范电站 60 万千瓦超临界循环流化床机组已经达到世界领先水平。在役机组广泛通过汽轮机通流改造、烟气余热深度利用改造、优化辅机改造、机组运行方式优化等,使机组的技术水平不断提高[17]。改革开放初期,我国只有少数 $2 \times 10^5$ kW 机组,而目前已形成以 $3 \times 10^5$ kW、$6 \times 10^5$ kW 和 $1 \times 10^6$ kW 的大型国产发电机组为主力机组的发电系统。2018 年全国 $6 \times 10^3$ kW 及以上火电机组供电煤耗 308 g/kW·h,比 1978 年的 471 g/kW·h 下降了 163 g/kW·h。单位发电量耗水量由 2000 年的 4.1 kg/kW·h 降至 2017 年的 1.25 kg/kW·h,降幅近 70%[15]。与世界主要煤电国家相比,在不考虑负荷因素影响下,我国煤电效率与日本基本持平,总体上优于德国和美国。

（2）煤电大气污染物排放控制水平世界先进。1979—2017 年,我国火电行业依次开展了以烟尘减排,烟气脱硫、脱硝为主的污染物减排治理。煤电烟尘排放量由 1978 年的约 $6×10^6$ t,降至 2017 年的 $2.6×10^5$ t 左右,下降了近 96%;二氧化硫排放量由 2006 年的峰值 $1.35×10^7$ t,降至 2017 年的 $1.2×10^6$ t 左右,比峰值下降了 91%;氮氧化物排放量由 2011 年的峰值 $1×10^7$ t 左右,降至 2017 年的 $1.14×10^6$ t 左右,比峰值下降了近 89%。2000—2017 年,全国单位火电发电量二氧化硫、氮氧化物(比 2005 年)和烟尘排放量分别下降了 98%、91% 和 95%(见图 1-2)。

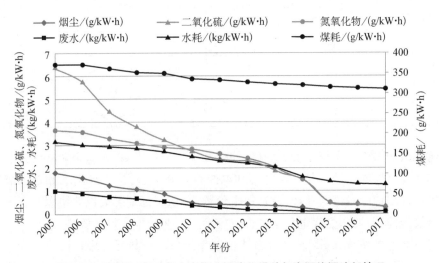

图 1-2　2005—2017 年火电行业污染物排放与资源能源消耗情况

我国的火电结构仍以燃煤发电为主(见图 1-3)。我国单位发电量污染物排放强

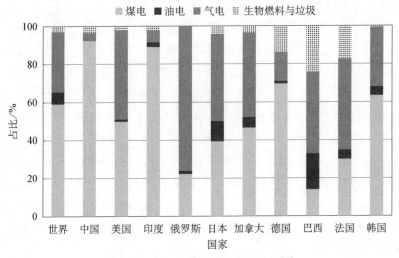

图 1-3　世界部分国家发电量构成[22]

度和排放总量均显著下降。2018 年与 1978 年相比，我国单位发电量煤电烟尘、二氧化硫和氮氧化物排放量分别由约 26 g/kW·h、10 g/kW·h 和 3.6 g/kW·h，下降到 0.06 g/kW·h、0.26 g/kW·h 和 0.25 g/kW·h[15]。与其他国家相比，我国单位火电发电量的二氧化硫、氮氧化物排放量仅略低于日本，明显好于美国、德国等发达国家，单位火电发电量烟尘排放量与美国、加拿大、法国持平，与英国、德国仍有一定差距，总体已经进入世界领先水平（见表 1-6）。

表 1-6　中国火电行业资源环境绩效国际对标情况

| 国家 | 年份 | 污染物排放强度/(g/kW·h) | | |
|---|---|---|---|---|
| | | 烟尘 | SO₂ | NOₓ |
| 中国 | 2018 | 0.06 | 0.26 | 0.25 |
| 美国 | 2014 | 0.07 | 0.99 | 0.53 |
| 加拿大 | 2014 | 0.06 | 1.97 | 1.25 |
| 日本 | 2014 | — | 0.23 | 0.30 |
| 英国 | 2014 | 0.03 | 0.59 | 1.07 |
| 法国 | 2014 | 0.07 | 0.90 | 1.25 |
| 德国 | 2014 | 0.03 | 0.50 | 0.76 |

电力行业碳排放强度明显下降。据初步分析，1978 年生产 1 kW·h 电能，火电碳排放强度与全电力碳排放强度分别约为 1 312 g/kW·h（以二氧化碳计）和 1 083 g/kW·h，2017 年降低到 843 g/kW·h 和 598 g/kW·h，分别降低了 35.7% 和 44.8%[10]。

基于更加严格的法规标准，我国火电行业脱硫、脱硝、除尘等清洁技术改造提速，积极引进及自主创新多种脱硫、脱硝工艺技术，火电大气污染治理技术已达到世界先进水平，部分技术处于世界领先水平。截至 2017 年底，我国除尘设施中电除尘器占 69%，平均除尘效率达 99.9% 以上。我国已投运煤电烟气脱硫机组容量超过 9.4×10⁸ kW，占全国煤电机组总装机容量的 95.8%，我国已投运火电厂烟气脱硝机组容量为 1.02×10⁹ kW，占全国火电机组总装机容量的 98.4%；累计完成燃煤电厂超低排放改造为 7×10⁸ kW，占全国煤电机组总装机容量比重超过 70%[23]。全国火电机组平均供电煤耗由 392 g/kW·h 下降至 309 g/kW·h，下降了 21%。

（3）火电厂废水治理和控制技术走在世界前列。20 世纪 80 年代初期开始解决一些燃煤电厂没有建设灰场、灰渣经水力除灰后排放到江河湖海的历史问题，经过十几年的努力，到 1995 年底原电力部直属电厂全部停止向江河排灰。同时，燃煤电厂逐步普遍采用废水回收利用、梯级利用、改造水力输灰为气力输灰、提高循环水浓缩倍率等方式减少排水量。2000 年火电行业废水排放量为 $1.53×10^9$ t,2005 年达到顶峰约 $2.02×10^9$ t,2017 年降至 $2.7×10^8$ t,较峰值下降了 $86.6\%$。火电行业单位发电量废水排放量由 2000 年的 $1.38$ kg/kW·h 降至 2017 年的 $0.06$ kg/kW·h,降低 $95.7\%$。我国在火电厂用水优化设计、循环水高浓缩倍率水处理技术、超滤反渗透的应用边界拓展、高盐浓缩性废水处理等方面已经走在世界前列[24-25]。

(4)燃煤电厂固体废物综合利用领域不断拓宽。燃煤电厂固体废物主要为粉煤灰与脱硫石膏。我国粉煤灰已广泛应用于水泥、加气混凝土、陶粒、砂浆等生产建筑材料,路面基层、水泥混凝土路面等生产筑路材料,回填矿坑、农业利用,以及提取漂珠等高附加值利用等方面。"十一五"以来,随着电煤消费量的提高和脱硫装置的普遍应用,脱硫石膏产量不断增加,综合利用途径也不断拓宽,现已广泛应用于水泥缓凝剂、石膏建材、改良土壤、回填路基材料等。2017 年,全国燃煤电厂产生粉煤灰约 $5.1×10^8$ t,综合利用率约为 $72\%$;产生脱硫石膏约 $7.55×10^7$ t,综合利用率约为 $75\%$。

(5)发电成本得到严格控制[26-27]。我国终端消费电价由政府定价,且存在复杂的工商业用电补贴及居民用电等交叉补贴,以及从电量中收取附加税、费的情况,难以从终端消费电价水平上分析发电成本情况。另外,煤电上网电价采取了体现区域特点的以成本为基础的标杆电价方法,但煤电总成本主要由建设投资和运行成本构成,在总成本中燃料成本已达 $70\%$ 左右,煤炭价格在波动中,近年来持续处在高位,难以体现出发电行业自身控制成本的贡献。从单位千瓦煤电造价水平的变化以及发电企业劳动生产率的变化,可以基本反映出煤电成本控制情况。按可变价格计算(不考虑通货膨胀因素),20 世纪 90 年代单机 $3×10^5$ kW 机组的千瓦造价约为 5 000 元人民币,而今单机百万千瓦超超临界机组的造价约为 4 000 元人民币;电厂人均劳动生产率提高百倍左右。煤电标杆电价从全国大部分地区来看为每度人民币 $0.26\sim0.45$ 元,显著低于气电、核电、可再生能源上网电价。煤电是支撑我国经济社会发展低成本用电的主体。

# 1.3　绿色火电技术与展望

为了满足经济和社会发展的需求,以火力发电为主的电力装机容量迅速增长。随着各国对火力发电节能减排要求的提高、火电环保标准的逐步严格,火电污染物排放总量受生态环境和政策的制约日益突出。火力发电正在由传统火电向高效节能、环保和谐的可持续绿色火电方向转型,清洁高效可持续的绿色火电技术正在形成。

## 1.3.1　绿色火电技术

绿色火电的根本目标是要实现火电的科学发展与和谐发展。绿色煤电技术主要涉及以下几个关键技术：生物质发电技术、洁净煤发电技术、节水与废水处理利用技术、超低排放与多污染物协同控制技术、综合治理与利用技术。

1) 生物质发电技术

生物质发电是利用生物质所具有的生物质能进行发电，是可再生能源发电的一种，包括直接燃烧发电技术、生物质气化发电技术、沼气发电技术、垃圾发电技术等。

(1) 直接燃烧发电技术　该技术是将生物质在锅炉中直接燃烧，生产蒸汽带动蒸汽轮机及发电机发电。生物质直接燃烧发电的关键技术包括生物质原料预处理、锅炉防腐、锅炉的燃料适应性及燃料效率、蒸汽轮机效率等技术。

(2) 生物质气化发电技术　该技术是指生物质在气化炉中转化为气体燃料，经净化后直接进入燃气机中燃烧发电或者直接进入燃料电池发电。气化发电的关键技术之一是燃气净化，气化出来的燃气都含有一定的杂质，包括灰分、焦炭和焦油等，需经过净化系统把杂质除去，以保证发电设备的正常运行。

(3) 沼气发电技术　该技术是利用工农业或城镇生活中的大量有机废弃物经厌氧发酵处理产生的沼气驱动发电机组发电。用于沼气发电的设备主要为内燃机，一般由柴油机组或者天然气机组改造而成。

(4) 垃圾发电技术　该技术包括垃圾焚烧发电和垃圾气化发电，其不仅可以解决垃圾处理的问题，同时还可以回收利用垃圾中的能量，节约资源，垃圾焚烧发电是利用垃圾在焚烧炉中燃烧放出的热量将水加热获得过热蒸汽，推动汽轮机带动发电机发电。垃圾焚烧技术主要有层状燃烧技术、流化床燃烧技术、旋转燃烧技术等。发展起来的气化熔融焚烧技术包括垃圾在 $450\sim640℃$ 下的气化和含炭灰渣在 $1\,300℃$ 以上的熔融燃烧两个过程，垃圾处理彻底，过程洁净，并可以回收部分资源，被认为是最具有前景的垃圾发电技术。

2) 洁净煤发电技术

洁净煤发电技术就是尽最大的可能高效、清洁利用煤炭资源进行发电的相关技术。该技术的主要特点是：提高煤的转化效率，降低燃煤污染物的排放。目前，在提高机组发电效率上主要有两个方向，一个是在传统煤粉锅炉的基础上通过采用高蒸汽参数提高发电效率，如超超临界发电(UCS)技术；另一个是利用联合循环提高发电效率，如整体煤气化联合循环、增压流化床燃煤联合循环(PCFB)等。在降低燃煤污染物上也有两个方向，一个是以煤气化技术为核心，对煤气净化后进行清洁利用；另一是利用高效的烟气净化系统脱除[如湿法烟气脱硫装置(FGD)和选择性催化还原技术等]或回收污染物。

(1) 超超临界发电技术　该技术从热力学的角度上讲其本质还是超临界技术，只是日本人将蒸汽压力在 26 MPa 以上的机组均划分为超超临界机组，由此得名。超超临界发电技术的经济性、可靠性及环境友好性都比较成熟，成了各国大型发电机组的优先选择。我国已是全球超超临界机组最多的国家,数量远超其他国家的总和,建设速度前所未有,且仍将高速发展。

(2)整体煤气化联合循环技术　该技术是将煤气化技术、煤气净化技术与高效的联合循环发电技术相结合,在获得高循环发电效率的同时,又解决了燃煤污染排放控制的问题,是极具潜力的洁净煤发电技术,具有高效、低污染、节水、综合利用好等优点。

(3)增压流化床燃煤联合循环技术　该技术是将增压流化床燃烧技术与高效的燃气蒸汽联合循环相结合发展起来的一项洁净煤发电技术。

(4)烟气净化技术　燃煤电厂排放烟气的污染物脱除包括 $SO_2$、$NO_x$、烟尘和汞（Hg）等。目前,脱除 $SO_2$ 最普遍使用的是石灰石湿法脱硫技术,其他有半干法和干法脱硫技术;脱除 $NO_x$ 最多采用的是低氮燃烧技术、选择性非催化还原技术(selective non-catalytic reduction,SNCR)和选择性催化还原技术(selective catalytic reduction,SCR);除尘技术包括袋式除尘、湿式电除尘、低低温电除尘技术等;烟气脱汞技术主要有以活性炭为代表的吸附法和以 SCR 为代表的化学氧化法。

3) 节水与废水处理利用技术

在中国,火电厂作为耗水大户,其用水量约占工业用水量的 $30\%\sim40\%$,仅次于农业用水量。火电厂节约用水、提高水的重复利用率、减少废水排放的意义重大。随着废水排放标准的日益严格及各地不断提高的水资源费征收标准,火电厂深度节水及零排放成为国内外关注的热点。火电厂节水技术按途径不同可以分为"开源"和"节流"两类,"开源"是指利用常规水源之外的水源作为补充水,"节流"是指减少耗水量。只有这两方面并举,才能得到比较好的节水效果。

冷凝烟气中的水蒸气成为节水开源的热点,主要技术包括冷凝烟气水蒸气法、煤中取水法、冷却塔节水法等。废水处理利用技术主要包括反渗透技术、蒸发结晶技术、烟道蒸发工艺等。

4) 超低排放与多污染物协同控制技术

《火电厂大气污染物排放标准》(GB 13223—2011)中的重点地区燃煤发电锅炉特别排放限值是目前世界上最严格的排放标准,2014 年 9 月 12 日发布的《煤电节能减排升级与改造行动计划(2014—2020 年)》,提出了更高的排放限值要求,即烟尘为 $10\ mg/Nm^3$,$SO_2$ 为 $35\ mg/Nm^3$,$NO_x$ 为 $50\ mg/Nm^3$,与包括美国在内的其他国家的煤电机组排放标准限值相比,均是超低。要实现燃煤机组超低排放,只用一种环保技术很难达到要求,或者必须付出非常高的代价才能实现,因此,烟气多污染物协同控制技术是燃煤电厂烟气污染物控制技术的发展趋势。

烟气多污染物协同控制技术是在充分考虑燃煤电厂现有烟气污染物脱除设备性能的基础上,引入一体化协同脱除的理念建成的。具体表现为综合考虑除尘系统、脱硝系统和脱硫系统之间的协同关系,在每个装置脱除其主要目标污染物的同时协同脱除其他污染物。

该技术的最大优势在于强调设备间的协同效应,充分提高设备主、辅污染物的脱除能力,在满足烟气污染物治理的同时,实现经济、稳定运行。

5）综合治理与利用技术

通过污染综合治理与资源能源综合利用结合,将火电生产过程产生的灰渣、废气、废水、余热等副产物与其他生产过程有机整合形成生态产业链,使资源得到最佳配置,废物得到有效利用,环境污染降到最低水平,实现最佳环境经济效益。例如,将烟气中二氧化碳作为一种资源,在低能耗、低成本条件下,转化、联产出高附加值化工产品等的碳捕获、利用与储存(carbon capture, utilization and storage, CCUS)技术。

## 1.3.2　绿色火电技术展望

当前,我国火电行业污染治理投入和排放控制水平处于世界领先。但火电行业仍面临电力体制改革、火电产能过剩、散煤向火电集中利用程度低、能源扶持政策向非化石能源倾斜、污染物及碳排放新增压力大、超低排放技改成本高、污染治理"一刀切"等问题。这些问题的解决对清洁高效可持续发展的绿色火电技术提出了新的要求,展示了新的发展机遇。

《2019 年政府工作报告》(以下简称《报告》)不仅是在新时代我国能源系统发展道路上留下振奋人心的成绩单,更是新中国成立 70 周年和决胜全面建成小康社会关键之年的施政总纲。《报告》二十余次提到能源电力行业,多次提到环保,对深化电力市场化改革、一般工商业平均电价再降低 10%、生态环境进一步改善、加快火电行业超低排放改造、打赢蓝天保卫战 3 年行动计划等各个方面提出的明确目标,无疑对火电行业清洁高效发展提出了更高的要求。

日前,发改委《产业结构调整指导目录》(2019 年版,征求意见稿)将单机 $6 \times 10^5$ kW 及以上超超临界机组建设,单机 $3 \times 10^5$ kW 及以上采用流化床锅炉并利用煤矸石、中煤、煤泥等发电,燃煤发电机组超低排放技术,燃煤发电机组多污染物协同治理,火力发电非烟气脱硝催化剂再生及低温催化剂开发生产,垃圾焚烧发电成套设备,火力发电机组灵活性改造等产业列入鼓励类产业。

因此在火电行业高质量发展的深化阶段,电力行业环保政策需要结合污染防治攻坚的行业治理要求,瞄准差异化、精细化、现代化治理方向,继续以绿色环保对策加快推动火电行业高质量发展,并为其他重点行业绿色发展提供先行经验[10,15,21-23]。

1）调整煤炭消费结构,解决煤炭污染问题

煤炭转换为电力是煤炭清洁高效利用的主要方式,也是解决当前散煤燃烧对大气环境污染的重要路径。与国际比较,我国煤电比重接近 50%,世界平均占比为

56%，美国、德国、加拿大和英国的占比分别为 91%、80%、78% 和 73%，我国仍有较大的提升空间。需要下更大的决心，大量压减散烧煤、工业锅炉用煤和民用煤，降低煤炭在终端分散利用比例。重点是按"企业为主、政府推动、居民可承受"原则，通过开展以居民采暖、企业生产的散煤替代、燃煤锅炉取缔，充分发挥市场机制与作用，管制散煤运销环节，逐步取缔农村散煤的销售点。同时进一步加快淘汰、关停小火电机组，将散煤集中至大电厂中，降低煤炭在终端分散利用比例，提高电煤在煤炭消费中的比重和大电厂的产能利用。继续优化煤电、气电的占比，协调煤电与可再生能源的关系，为火电行业绿色发展做好基础工作。

2) 推进清洁、低碳、煤电技术的发展

一方面，煤电继续以高效超超临界技术和更低的污染排放技术为主攻方向，以二次再热超超临界燃煤技术，超超临界机组的高低位错落布置技术，650℃蒸汽参数甚至更高温度参数的机组技术，以污染物联合、系统治理技术为主要研发示范重点；另一方面，根据煤电作用定位发生变化以及"走出去"需求，应从能源电力系统优化上、区域和产业循环经济需求上、用户个性化需要上，在新建或改造煤电机组时，有针对性地选择或定制机组形式（多联产还是发电）、规模、参数和设备运行年限。要以价值目标为导向而不是以某种单纯的手段为导向，片面、极端追求机组的高参数、大容量和高效率，片面追求已无环境效益的极端低排放，更不能"一刀切"、盲目禁止煤电发展。

3) 拓展精准、协同治理污染和综合利用

在全国将累计完成超低排放改造约 $5.5 \times 10^8$ kW，占全国煤电装机比重约 55% 的成果基础上，以《火电厂污染防治可行技术指南》（HJ 2301—2017）为依据，因煤制宜，因炉制宜，因地制宜，统筹协同，兼顾发展，全流程优化，实施燃煤电厂超低排放和节能改造"提速扩围"，加大对能耗高、污染重煤电机组改造和淘汰力度。避免在执法过程和公众监督中出现"一刀切"的工作方式，避免"矫枉过正"出现"禁止水蒸气排放"现象。继续执行鼓励煤电超低排放改造的超低电价政策，积极引导污染物排放浓度低的先进企业排污费减半的激励政策，提高技改的积极性。引导老厂超低改造和促进新厂同步建设，激励煤电企业清洁化发展。完善适合超低排放在线监测等相关技术规范。

预计到 2020 年，煤电排放到大气中的颗粒物、二氧化硫、氮氧化物三项污染物年排放总量会进一步降至 $2 \times 10^6$ t 以下，而且以后也不会再升高。煤电对雾霾的平均影响份额可以达到国际先进的环境质量标准 10% 以内甚至更低。随着排放标准及环保要求的不断提高，要真正落实以环境质量需求为导向（而不是以严为导向）与技术经济条件相适应的《环保法》中规定的原则。要高度重视机组调节性能变化对污染控制措施的影响，污染控制设备稳定性、可靠性、经济性和低碳要求之间的协调，一次污染物与二次污染物控制协调,高架点源污染控制与无组源污染源控制协调,固体废物持续大比例利用和高附加值利用的协调等问题。

4）实施排污许可证,增强科学环境管理

协调整合排污许可信息平台,避免重复数据、重复报送,提升电子化数据报送水平,在平台内自动生成的数据和报告不再单独报告。参照美国和欧盟做法,完善火电厂污染排放达标判定方法,研究按日均值（或 24 h 滚动均值）和月均值考核的合理性、适用性。加强对火电企业烟气自动监控系统的可靠性评价和监管。协调好超低排放与排放标准、排污许可之间的关系。推动企业对废气污染物超低排放,脱硫废水、氨、三氧化硫等污染物协同减排,防止污染转移。

5）强化监管,化解煤电产能过剩风险

加强行政执法和环保监督力度,按相关规定淘汰包括自备电厂在内的服役年限长,不符合能效、环保、安全、质量等要求的煤电机组。针对自备电厂违规建设、环保改造不到位、逃避规费、不履行调峰义务等问题,研究将自备煤电机组纳入压减煤电项目清单,严控燃煤自备电厂发展,规范火电行业市场秩序。

## 参考文献

［1］麦克尔罗伊 M B. 能源展望、挑战与机遇［M］. 王聿绚,郝吉明,鲁玺,译. 北京:科学出版社,2011.

［2］成思危,曲格平,吴建民,等. 未来五十年:绿色革命与绿色时代［M］. 北京:中国言实出版社,2015.

［3］姚强,陈超. 洁净煤技术［M］. 北京:化学工业出版社,2005.

［4］毛应淮,王仲旭. 工艺环境学概论［M］. 北京:中国环境出版集团,2018.

［5］章名耀. 洁净煤发电技术及工程应用［M］. 北京:化学工业出版社,2010.

［6］国际能源网. 2018 年发电量:全球超 26 万亿千瓦时,中国占 25.49%,美国占 15.66%［EB/OL］. 2019 - 04 - 03. https://www.in-en.com/article/html/energy_2278686.shtml.

［7］中电联行业发展与环境资源部. 2018—2019 年度全国电力供需形势分析预测报告［EB/OL］. 中国电力企业联合会,2019 - 01 - 29. http://www.cec.org.cn/yaowenkuaidi/2019-01-29/188578.html.

［8］陈媛. 国内外燃煤发电现状与对策［EB/OL］. 北极星电力新闻网,2017 - 02 - 22. http://news.bjx.com.cn/html/20170222/809888.shtml.

［9］全球火电行业的发展现状及前景分析［EB/OL］. 中国投资咨询网,2017 - 02 - 08. http://www.ocn.com.cn/chanjing/201702/huhmx08114437.shtml.

［10］王妍婷. 电力体制改革将贯穿"十三五"时期——专访中国电力企业联合会专职副理事长王志轩［J］. 当代电力文化,2016,1:11.

[11] 王志轩. 大变化与大趋势(一)——"十三五"电力改革与发展现状及展望[J]. 中国电力企业管理,2015,12:27-30.

[12] 王志轩. 大变化与大趋势(二)——"十三五"电力改革与发展现状及展望[J]. 中国电力企业管理,2016,1:39-43.

[13] 张立宽. 何祚庥院士谈环保与煤电发展[J]. 能源,2018,10:12.

[14] 曾红. 我国火电发展现状与挑战[J]. 广西电业,2014,1:92-93.

[15] 中国能源报. 电规总院解析 2018 中国能源发展情况[EB/OL]. 北极星电力网,2019-04-28. http://news.bjx.com.cn/html/20190428/977666.shtml.

[16] 王志轩,潘荔,刘志强,等. 中国煤电清洁发展现状及展望[J]. 电力科技与环保,2018,34(1):1-8.

[17] 李新,容冰,穆献中,等. 生态环保推动火电行业高质量发展的路径机制及改进对策[J]. 环境保护,2019,47(2):61-65.

[18] 王安琪. 2018 中国火电行业发展报告:装机容量增速持续放缓,设备平均利用小时数提升[EB/OL]. 北极星电力新闻网,2019-03-12. http://news.bjx.com.cn/html/20190312/968099.shtml.

[19] 李仪. 关于我国环保火电发展的相关思考[J]. 现代物业·新建设,2014,13(7):26-27.

[20] 邸向东. 火电燃煤电厂环保现状及应对措施[J]. 化工管理,2016,12:309.

[21] 陈俊峰. 火电燃煤电厂环保现状与应对策略研究[J]. 企业科技与发展,2018,7:179-180.

[22] 中国电力企业联合会. 中国煤电清洁发展报告 2017[M]. 北京:中国市场出版社,2017.

[23] 中国电力企业联合会. 中国电力行业年度发展报告 2018[M]. 北京:中国市场出版社,2018.

[24] 康亮,王俊有. 火电厂节水降耗措施[J]. 电力环境保护,2008,24(2):40-43.

[25] 何世德,张占梅,周于. 火力发电厂节水技术进展[J]. 四川电力技术,2008,31(6):16-18.

[26] 刘赞. 电力企业绿色发展的启示[J]. 中国电力企业管理,2017,33:68-69.

[27] 山西省电力行业协会发电专委会课题组. 环保政策与火电厂的发展[J]. 中国电力企业管理,2004,2:61-63.

# 第 2 章　燃煤烟气除尘技术

当今烟气除尘技术已经相当成熟,具有高效率的细微颗粒除尘功能;产业链也很完整。无论是电除尘技术,还是滤袋式除尘技术性能都得到了新的发展和提高。

我国的大气污染由煤烟型污染逐步转向复合型污染,其中各种污染物排放是大气污染的主要原因。近十年来,燃煤电厂把重点放在烟气排放治理上,其除尘、脱硫、脱硝治理发展很快[1]。

烟气"超低排放"协同控制对各个环节有着很强的排污控制能力,同时也暴露了原有锅炉设备、烟道系统及系统配套设备之间的负面影响,包括大量技术服务。针对不同机组的煤种,电力环保业内提出了许多技术路线和配套措施,协同治理煤电烟气污染源。

随着《中华人民共和国环境保护法》的实施以及火电厂烟气排放新标准的颁布,涌现了一批烟气除尘脱污的新技术,如低低温电除尘,高频电源,机电多复式双区,湿式电除尘,烟气调质,移动电极,烟道凝聚器以及湿式静电除尘器脱硫、脱硝一体化技术等新技术[2],推动了污染气体(包括含粉尘、液体颗粒物、气溶胶等)的深度治理。尤其是滤袋技术、湿式电除尘技术适应并有效协同治理火电厂各种燃煤烟气污染物,取得长足发展,受到国内电力、非电和环保行业的关注和移植[3-4]。

技术的多样性,适应燃用煤种组分的复杂性,多种技术的烟气协同处理、扬长避短都能收到超低排放的实际效果。目前的除尘装备的竞争体现在应用的技术路线和投资运维的水平,体现在系统装置寿命期内性能的稳定性。

## 2.1　滤袋除尘技术

滤袋除尘技术是利用过滤除尘原理将烟气中的固体颗粒物进行分离的技术。在相同条件下,按照烟尘排放标准的要求,滤袋式除尘器的技术经济分析有着明显的优势。通常认为,袋式除尘器不仅高效,而且布袋外侧的滤饼为吸附污染物提供足够的反应时间和空间,提高二氧化硫去除率10％～15％。近年来,袋式除尘器的应用越来越多,特别是垃圾焚烧发电厂、燃煤电厂改造效果明显。

### 2.1.1　简述

袋式除尘器是冶金行业最早引进的干式除尘设备,具有稳定高效的除尘功能和对多种污染物的协同控制能力,专注过程各环节的有效控制和相互匹配,达到总体优良的经济性能。

一般而言,袋式除尘器的效率不受煤质变化的影响,可除去大部分 $PM_{2.5}$ 以下的微细粉尘,还可除去 80% 以上的固态汞和 15% 左右的气态汞,烟气粉尘排放浓度可以小于 10 mg/$Nm^3$。为适应各种介质温度工况,市场上有许多新材质滤袋可供选择,以适应不同烟气参数和性质,如聚苯硫醚(PPS)加聚四氟乙烯(PTFE)基布、各种性能水刺毡。另外还有覆膜、多层不同滤料复合滤布、每层纤维网的纤度可独立调节的复合滤布,以及不同材质的滤布可供设计选用。根据不同要求选择滤布,可延长使用寿命。

在《国家环境保护"十二五"规划》(国发〔2011〕42 号)中明确提出:"开展多种污染物协同控制,实施区域大气污染物特别排放限值""深化颗粒物污染控制,推进燃煤电厂、水泥厂除尘设施改造,钢铁行业现役烧结(球团)设备要全部采用高效除尘器"。

随之,在干法烟气净化处理的技术路线方面由袋式除尘器单一除尘功能演化为烟气协同脱污处理。

### 2.1.2　袋式除尘器的实践效果

近十年来我国在冶金烧结炉、垃圾焚烧炉、燃煤锅炉等多个领域开展协同控制。其技术经济分析表明:袋式除尘以其稳定高效的除尘功能和对多污染物的协控能力,是所有协同控制技术路线中应用广泛、有效的主流技术[5]。

1) 非电领域烟气的协同治理

在非电的领域,如冶金行业,炼铁烧结机(包括球团)机头烟气含有氮氧化物、二氧化硫、氢氟酸(HF)、盐酸(HCl)等酸性气体,铅、汞、铬等重金属以及颗粒物、二噁英等多种污染物,全国现役烧结机有 1 250 余台,是钢铁工业的一大污染源。由于矿的品种多,料层燃烧工况复杂,烟气成分及温湿度波动大,原先采用的电除尘器难以满足多污染物治理要求。为实现达标排放,以流化床脱硫与袋式除尘为核心的 LJS 干法多污染物协同治理技术路线显示了其综合优势,而获得广泛的推广应用。

2) 废弃物焚烧烟气的协同治理

在废弃物焚烧烟气协同治理中,全国生活垃圾的日产出量为 80 多万吨,成分复杂,有毒有害物多。在"焚烧发电"的烟气处理中形成了以袋式除尘为主流技术处理垃圾焚烧烟气的干法和半干法协同控制技术路线。

如上海老港固废综合利用基地按欧盟 EU2000/76/EEC 的排放标准设计,规划建设 6 000 t/d 垃圾焚烧发电厂,已建一期 3 000 t/d,配置 4 台 750 t/d 焚烧炉,采用"布袋除尘器＋末端湿法脱硫"装置,最终建成花园式的固废综合利用、循环经济示范基地。

美国戈尔公司的催化滤袋脱硝技术具有除尘脱硝的功能(见图 2 - 1)。它将催化剂掺入滤袋薄膜内,起到协同脱污的处理效果,无须新建 SCR 反应塔。

3)燃煤锅炉烟气的协同处理

燃煤电厂为高架污染源,中小锅炉为低架污染源。长期以来,我国电站燃煤锅炉以电除尘器为主,中小型锅炉大都采用湿式除尘器。但由于湿法石灰石-石膏脱硫技术占了绝大部分的市场份额,投产后暴露了许多问题,包括二次污染。据西安热工研究院对 55 台燃煤锅炉的调研,脱硫塔出口处的粉尘排放浓度约为 30~80 mg/Nm³,并在多数烟囱出口形成"石膏雨"。

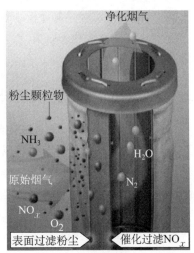

图 2 - 1　催化滤袋脱硝示意图

于是,干法布袋除尘的处理技术引起电力行业的重视,并在 21 世纪初开启袋式除尘器的除尘、脱硫、脱硝协同治理。

2015 年 7 月环保部下发《关于编制"十三五"燃煤电厂超低排放改造方案的通知》,要求五大发电公司对燃煤电厂"提速扩围",即将东部 11 省超低排放的限期由 2020 年提到 2017 年底完成,将超低排放范围由东部 11 省扩大到全国。

期间,一些环保企业开展多组分污染物协同净化技术的研发。如龙净环保公司承担的国家"十一五""863"中的"循环流化床干法脱硫及多组分污染物协同净化技术"(LJD)项目。为以循环流化床脱硫与袋式除尘为核心的超低排放全干法协同治理技术推广提供了应用基础。

我国现拥有循环流化床(CFB)锅炉 3 000 余台,总装机 6 300 MW。CFB 锅炉尾部烟气具有颗粒物浓度较高、二氧化硫和氮氧化物含量较低的特点,适宜使用以循环流化床脱硫与袋式除尘为核心的全干法协同治理技术。

2001 年华能邯峰电厂 2×660 MW 机组脱硫采用一炉二塔配置方案,是 LJD 技术大型化的尝试。2013 年 12 月该技术被科技部评为"国家级先进燃煤烟气净化技术"。

2013—2014 年中石化广州分公司先后对 1♯ 和 2♯ 的 465 t/h 循环流化床锅炉进行升级改造,选用 LJD - FGD 循环流化床脱硫超低排放协同治理技术,并增设了催化氧化吸收(COA)装置,168 h 运行检测结果显示,各项指标全面达到超低(二氧化硫、氮氧化物和烟尘分别为 35 mg/Nm³、50 mg/Nm³ 和 5 mg/Nm³)排放要求。至今,我国已有 130 余台 COA 投入正常运行。

在烟气超低排放的改造中,采用纯袋式除尘器或电-袋除尘器的方案。通过滤料的合理选择,可以不用湿式电除尘就能达到经济且同样高效的效果。如河南裕中能源公司机组(320 MW 和 1 000 MW)超低排放改造项目,采用低氮燃烧＋袋/电袋除尘器＋高效脱硫除尘一体化工艺,于 2015 年下旬进行机组全部超低排放改造,先后完成,成功并网,并由第三方环保检测验收。

### 2.1.3　滤袋除尘在烟气协同处理中的优势

袋式(包括电-袋)除尘器依靠滤袋和其表面的粉尘层(滤饼)捕集粉尘。其粉尘层厚度决定了高除尘效率和通风的电耗经济指标。它对煤质变化不敏感,能适应煤质多变的工况,也不因锅炉负荷变化而影响捕集效率(跟踪调节)。通过适当调节,高效率去除 $PM_{2.5}$,实现排放浓度限值为 5～10 mg/$Nm^3$。此外,它对汞的捕集效果也比电除尘器(ESP)要高,是目前超低排放理想的除尘器。

电除尘器与袋式除尘器的性能比较如表 2-1 所示。

表 2-1　电除尘器与袋式除尘器的性能比较[6]

| 项目 | 袋式除尘器 | 电除尘器 | 备注 |
| --- | --- | --- | --- |
| 总尘脱除率/% | ＞99.94 | 99.89 | 已超标排放的电除尘器,建议改建袋式除尘器 |
| $PM_{2.5}$ 脱除率/% | 99.30 | 99.16 | |
| 总脱汞率/% | 56.39～72.55 | 42～60.46 | |
| 投资和运行维护费 | 大体相当(与四电场电除尘器比较) | | |
| 废弃物处理 | 基本做到谁生产滤袋谁回收利用 | 简单回收 | 正在建立收运和综合利用系统 |

### 2.1.4　工艺要点

为使袋式除尘器在协同控制中发挥更大的作用,可采取如下措施。

第一,为适应煤种变化导致的工况波动,袋式除尘器的过滤风速宜为 0.7～0.8 m/min。这样可以扩大捕集范围,控制不同阻力下使颗粒物排放浓度在 5～10 mg/$Nm^3$ 范围内调节。同时,较低的过滤风速有更好捕集微细粉尘的作用,也有利于延长滤袋使用寿命。

滤袋应采用热熔贴合工艺加工,或折叠式缝制或缝后涂胶,以防止微细粉尘由针孔逃逸。还应保证花板和滤袋的紧密配合,防止漏粉。

第二,目前滤袋框架的直径大多为 160 mm,竖筋用 16 根,喷吹后滤袋回缩撞击竖筋时会过多地挠曲。为减轻滤料波浪般的振动,竖筋宜增加到 20 根以上,可延长滤袋使用寿命,还可以减少喷吹后滤袋回缩时与框架碰撞而漏出微细粉。

所以,多加竖筋、适当降低过滤风速(0.7～0.8 m/min)和热熔贴合加工滤袋是减少颗粒物排放浓度和捕集 $PM_{10}$ 与 $PM_{2.5}$ 的更有效措施。

第三,当燃煤灰分很高时,也可以在滤袋前加重力和惯性沉降的物理机械除灰装置,预先捕集 30%～40% 的粉尘,使后面滤袋捕集粉尘达到更好的效果。

第四,还可选用目前推出的新技术——褶皱式(或星形)滤袋(见图 2-2),比原设计滤袋增加过滤面积 50%～150%,减轻喷吹扩张强力和回打龙骨的撞击力[因消除横向支撑环、龙骨(见图 2-3)增加了纵向支撑面积降低接触点],同样气布比运行条件下大大延长喷吹间隔,运行压差低并减少滤袋数量。因此,延长滤袋寿命,降低能耗等。并可在原有结构替代使用,在电除尘器改造中不需要加大空间。是袋式除尘器加入超低排放竞争中有力的新工艺技术。

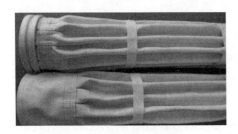

图 2-2　褶皱型滤袋照片

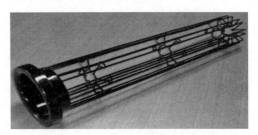

图 2-3　褶皱型袋笼照片

第五,在已装有脱氮装置时,可使电-袋除尘器运行中减少一种影响滤袋寿命的因素,在含硫量较低时,可考虑采用这种除尘器。

总之,袋式除尘器是高效的除尘器之一,目前滤袋使用寿命可达 4～5 年,已经有很多案例。废弃的滤袋已经可以回收利用。袋式除尘器技术将在协同控制超低排放系统中起到同时脱除二氧化氮、二氧化硫、三氧化硫($SO_3$)、粉尘、$PM_{2.5}$ 和汞的重要作用。

## 2.1.5　袋式除尘器超低排放的协同控制技术路线

由表 2-1 可见,在总尘脱除率、捕集 $PM_{2.5}$ 以及脱汞率等性能指标方面,袋式除尘器都比常规的电除尘好,可以考虑采用如下的协同控制技术路线:

低氮燃烧器-SCR-袋式(包括电-袋)除尘器-湿法脱硫。

为使袋式除尘器适应各种烟气工况,滤袋材质可有多种选择。根据烟气参数除选用常规的 PPS,还可选择 PPS+PTFE 做基布、超细纤维面层的水刺毡滤料以及复合滤料(如 50%PTFE+PPS%),还可选覆膜 PTFE 滤料、覆膜玻纤和其他新研发的滤料,如海岛纤维滤料[7]。

在脱硫塔烟速为 3.2~3.5 m/s,除雾器排放液滴低于 20 mg/Nm³ 的情况下(采用管式＋2 屋脊式三层的除雾器),同样达到超低排放的目的,当燃煤含硫量较大时脱硫塔可增加喷淋层或托盘,在经济上也是合算的,投资及运行维护比电除尘为核心的超低排放系统低 40% 左右。

当需要更高的脱汞要求时,可以考虑加一级活性焦捕集装置,这样还可同时捕集三氧化硫。

为保护 SCR 催化剂,延长使用寿命,达到更好的脱硝效果,在低温催化剂未能实用前,还可以将袋式除尘器装在 SCR 前面,采用国产耐高温金属滤袋,投资虽然贵一些,但与不到 2 年便需更换催化剂相比,经济上更为合算。

一种新的袋式除尘技术是:采用 PTFE 覆膜加有催化剂的滤袋,除捕集更多微细颗粒物、重金属外,还可以脱除二噁英、呋喃及酸性气体。

综上所述,采用袋式除尘器可以替代其他的控制设备,达到超低排放的目的。

## 2.1.6 电袋式组合式除尘器应用

2015 年 2 月,广州沙角 C 电厂首台 660 MW 燃煤机组的超净电袋复合除尘器投运,2015 年 5 月首台 1 000 MW 的超净电袋复合除尘器在河南平顶山发电分公司投运。

1) 除尘原理与结构

电袋组合除尘技术是电除尘与袋式除尘相结合的一种复合除尘技术。前级电场(电区)使烟尘荷电,收集大部分烟尘,后置的滤袋区拦截剩余的烟尘,实现烟气高效除尘。电袋式除尘器(见图 2-4 和图 2-5)按照结构型式可分为一体式、分体式和嵌入式。其中,一体式电袋除尘器性能较为成熟。

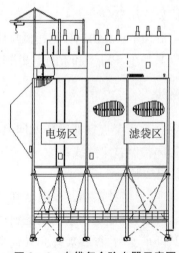

图 2-4 电袋复合除尘器示意图

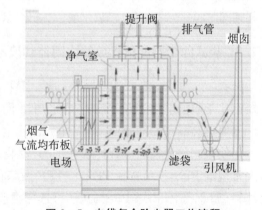

图 2-5 电袋复合除尘器工作流程

在 FE 型电袋式复合除尘器中,含尘烟气流入进口喇叭,经过缓冲、扩散、均衡后低速进入电场区,在高压电晕作用下大部分烟尘被电场收集,已经荷电的少量烟尘随气流继续流向滤袋区被过滤拦截,干净的烟气通过净气室、提升阀、出风烟箱排出,其烟尘浓度不大于 10 mg/Nm³。清灰系统按程序间歇工作,使沾附在极板和滤袋表面的粉尘层剥离,落入灰斗过渡仓储。其电袋技术的除尘流程如图 2-5 所示。

2)技术特点

超净电袋式除尘器与常规的电袋式除尘技术相比,具有如下 4 个特点:

(1)电场区与滤袋区为最优耦合匹配。根据煤质条件确定电场区和滤袋区的关键参数,包括最佳的入口颗粒物浓度。

(2)强化颗粒荷电及部分细颗粒的"电凝并"效果,提高电场区可靠性。其一,采用高电压、高场强的极配型式。其二,采用前后小分区供电技术,提高电场区可靠性。

(3)采用高精过滤滤料。滤料过滤精度越高,实现超低排放越可靠,适应工况变化能力越强,且中长期烟气运行阻力越低越平稳。

(4)高均匀性的气流分布。

3)案例[8]

沙角 C 电厂 660 MW 机组、平顶山分公司 1 000 MW 机组的烟尘浓度测定数据如表 2-2 所示。表中 2 台机组超净电袋出口及烟囱排口的颗粒物浓度均低于 10 mg/Nm³,甚至小于 5 mg/Nm³,满足超低排放要求。

表 2-2 两电厂烟尘浓度测定数据

| 项目 | 沙角 C 电厂 600 MW | 平顶山分公司 1 000 MW |
|---|---|---|
| 超净电袋入口颗粒物浓度/(mg/Nm³) | 12 066 | 46 390 |
| 超净电袋出口颗粒物浓度/(mg/Nm³) | 3.55 | 8.57 |
| 超净电袋除尘效率/% | 99.97 | 99.98 |
| 烟囱排放颗粒物浓度/(mg/Nm³) | 2.44 | 4.36 |

(1)稳定性评估 电除尘器的除尘效果受煤质、烟气成分、颗粒物成分、除尘器的技术条件与运行状况等多种因素的影响,因此,电除尘器的出口浓度往往波动较大,达标稳定性较差。

袋式除尘器或电袋除尘器的除尘效果基本不受煤质与锅炉燃烧工况波动的影响。为了解电袋除尘器的运行稳定状况,先后收集了沙角 C 电厂和平顶山分公司除尘器投运初期及 1 年以后多月的在线监测结果,其值如图 2-6、图 2-7 和图 2-8 所示。

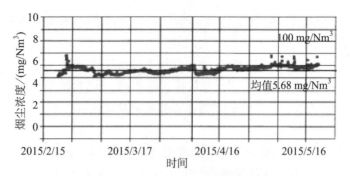

图 2-6 沙角 C 电厂超净电袋投运初期出口烟尘排放浓度

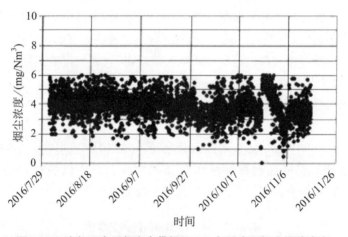

图 2-7 沙角 C 电厂超净电袋投运 1.5 年后出口烟尘排放浓度

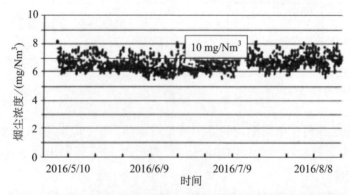

图 2-8 平顶山分公司超净电袋除尘器投运 1 年后的烟尘排放浓度

（2）煤种适应性评估　沙角 C 电厂设计煤种为神府东胜煤,实际煤种为澳大利亚烟煤,广东珠三角地区对燃煤电厂煤质有较为严格的要求,根据电厂 3 个月的煤质统计,低位发热量介于 21.994～23.939 MJ/kg,平均值为 22.9 MJ/kg,收到基含硫量为

0.28%～1.77%,平均值为 0.64%,灰分介于 7.66%～16.72%,平均值为 12.01%,煤质总体较好。平顶山分公司设计煤质低位发热量为 16.64 MJ/kg,收到基含硫量为 0.26%,灰分为 39.78%,煤质较差,除尘器入口设计浓度为 53.8 g/Nm³。

从上述分析可知,无论是燃用劣质煤或是优质煤,超净电袋除尘器可实现烟尘超低排放。

(3) 超净电袋除尘器阻力、能耗及经济性评估　沙角 C 电厂在投运初期及运行 1.5 年后 3 个月,超净电袋除尘器的 4 个通道的本体阻力在线监测数据分别如图 2-9 和图 2-10 所示。

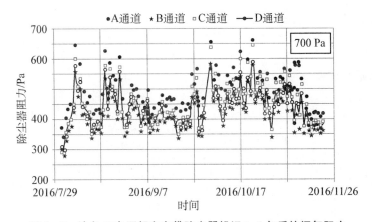

图 2-9　沙角 C 电厂超净电袋除尘器投运 1.5 年后的烟气阻力

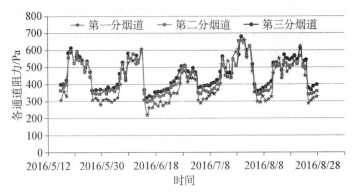

图 2-10　平顶山分公司超净电袋除尘器投运 1 年后的烟气阻力情况

它与常规电除尘器+湿式电除尘器实现颗粒物超低排放相比,超净电袋的能耗则明显偏低。投资与运行费用也具有明显优势。

福建龙净环保股份有限公司主持制定了电力行业标准《燃煤电厂超净电袋复合除尘器》(DL/T 1493—2016),已颁布实施。该标准中规定了超净电袋除尘器的主要技术参数,如表 2 - 3 所示。表中列出了电袋复合除尘器出口烟尘浓度不大于 20 mg/Nm³ 的主要技术参数。

表 2 - 3　电袋复合除尘器主要技术参数和使用效果

| 项目 | 技术参数和使用效果 | | |
|---|---|---|---|
| 运行烟气温度/℃ | ≤250(含尘气体温度不超过滤料允许使用的温度) | | |
| 除尘设备漏风率/% | ≤2 | | |
| 气流分布均匀性相对均方根差 | ≤0.25 | | |
| 电区比集尘面积/[m² · (m³/s)⁻¹] | ≥20 | ≥25 | ≥30 |
| 过滤风速/(m/min) | ≤1.2 | ≤1.0 | ≤0.95 |
| 除尘器的压力降/Pa | ≤1 200 | ≤1 100 | ≤1 100 |
| 滤袋整体使用寿命/a | ≥4 | ≥5 | ≥5 |
| 滤料型式 | 不低于 JB/T 11829 的要求 | 不低于 DL/T 1493 的要求 | 不低于 DL/T 1493 的要求 |
| 流量分布均匀性 | 宜符合 JB/T 11829 的要求 | 宜符合 DL/T 1493 的要求 | 宜符合 DL/T 1493 的要求 |
| 除尘器出口烟尘浓度/(mg/Nm³) | ≤20 | ≤10 | ≤5 |

超净电袋除尘器的运行阻力最大值低于 800 Pa,大多数阻力值稳定在 450～500 Pa。其阻力、能耗较低,与五电场的电除尘器大体相当;与"干式电除尘器+湿式电除尘器"超低排放技术配置相比,具有投资省、占地少、运行费用低、不产生废水等优点。

## 2.2　静电除尘技术

静电除尘技术是利用电场力对荷电粒子的作用进行除尘的技术。1907 年,科特雷尔首先将静电除尘技术用于净化工业烟气中并获得了成功。由于静电除尘技术具有除尘效率高、耗能少、运行维护费用低等特点,在国内外电力行业应用广泛。

### 2.2.1　简述

电除尘器为燃煤电厂常见的除尘设备。烟气排放新标准对烟尘排放浓度限值要求越来越严,现时产的电除尘器很难达标排放。其主要原因如下:比收尘面积普遍偏小；机械振打收尘容易二次扬尘，造成 $PM_{10}$ 以下微细粉尘排放；易受粉尘性质影响，当氧化铝($Al_2O_3$)和氧化硅($SiO_2$)大于 85% 时，比电阻很高，又有微细粉尘并黏附电极。煤种变差时，不达标烟气排放的现象更为严重。

国内专家通过对 2006—2008 年 138 个电除尘器投标项目的研究，对电除尘器的运行情况进行了分析和归纳，对国内煤种的应用进行分类统计，将煤种、飞灰捕集的难易程度分为"难"和"容易"等 5 种(见表 2 - 4)。

表 2 - 4　煤种飞灰捕集难易程度调查一览

| 煤种除尘难易程度 | 难 | 较难 | 一般 | 较容易 | 容易 |
|---|---|---|---|---|---|
| 数量 | 3 | 14 | 40 | 49 | 16 |
| 占总数比例/% | 2.46 | 11.48 | 32.79 | 40.16 | 13.11 |

1) ESP 改进探索

为了适应锅炉机组燃煤的特性，达到高效除尘的目标，开展多种技术的改进和探索。

(1) 采用高频或脉冲电源。常规设备若仅仅扩大极板面积，即使采用五电场仍然很难达标排放；改电源后节能效果明显；有关电源内容参见 2.3.4 节中的恒流高压直流电源技术。

(2) 改移动电极。引进移动电极以及自主开发的移动电极除尘器已在 300 MW 机组和 420 t/h 锅炉上使用。据测定，投运的 3 台回转极板式除尘器的排放浓度为 41 mg/Nm³ 左右，脱硫后为 20 mg/Nm³。半年后，其中 2 台再测试排放浓度已有所增加并超标；420 t/h 锅炉投入不久，排放浓度达到 60～80 mg/Nm³。由于回转极板电除尘示范运行时间短，其可靠性和稳定性尚需进一步考验和改进(可能与煤种变化、部件变形、机械振打、粉刷磨损、传动部件易损、链条以及维修空间小等有关)。该装置依旧存在电除尘器的缺点，当飞灰氧化铝及氧化硅较高时仍会黏附前级电极，影响移动电极收尘效果。

(3) 烟道中加装双极荷电扰流聚并器。

(4) 流场优化、扩大比收尘面积或者增加一、二级电场，或者采用低低温电除尘，或者加移动电极电除尘器等。

随着新法规烟气超低排放限值的实施，促使 ESP 结构革新。如一种简单新颖带滤槽的静电除尘器，可扩大比收尘面积，提高收微细粉尘的效率。

2) 电除尘器应用局限性

电除尘器具有除尘效率高、运行维护费用低、无二次污染等特点，在国内外电力行业应用广泛。但在实际应用过程中，电除尘器存在其局限性，具体表现在如下两个方面：

（1）燃用煤种的不稳定性。电除尘器要求锅炉燃用煤质稳定、灰分的比电阻及成分适合，在多电场组合下才有较好的除尘效果。但是，当飞灰中 $Al_2O_3+SiO_2$ 大于 $85\%$ 时，比电阻增高，且 $Al_2O_3$ 细灰有黏性，导致大量细灰黏附电极，不易清除，导致除尘效率逐步下降，同时还影响烟气下游的脱硫系统正常工作。煤质变化对电除尘器除尘效率影响特别明显。

（2）集尘极振打器的清灰会造成二次扬尘，也影响集尘极微细粉尘收集效率。只有增加电场或改造成为低温电除尘、加滤槽、移动电极电除尘，或在脱硫系统后增加湿式电除尘等，才能更好地捕集 $PM_{2.5}$ 微细粉尘。但是，这样的除尘系统大大增加了设备投资、维修工作量和费用。

显然，有低温电除尘、加滤槽、移动电极电除尘器等，只能减轻受煤质的影响，但低温电除尘在酸露点左右运行，仍会引起腐蚀，业界对此有争议；对于移动电极除尘器的钢丝刷磨损、内部蒙板变形以及维修空间太小等因素，设计要兼顾考虑。

总之，煤质不稳定是影响电除尘器烟气超低排放的主要因素。

## 2.2.2 创意的电除尘器

电除尘器加装滤槽的静电过滤收尘装置是一种创意（见图 2 - 11 和图 2 - 12）。

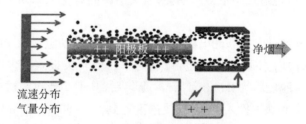

**图 2 - 11　单滤槽的静电集尘原理**

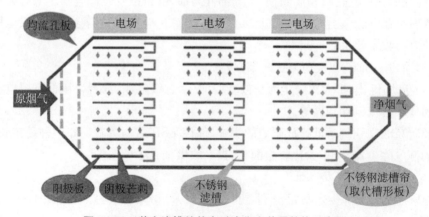

**图 2 - 12　装有滤槽的静电过滤集尘装置整体示意图**

尽管大部分粉尘都靠近集尘板,但由于荷电粉尘的相互排斥以及存在部分粉尘荷电不足等原因,使部分粉尘不能被集尘板捕集,而随烟气流逃逸出电场。再则,电极振打清灰时,会引起二次扬尘。因此,在电场后增设了静电滤槽网式收尘装置,能有效地捕集电场末端沿阳极板表面逃逸的粉尘,而且还可增加电场收尘面积约 30% 以上。

长源第一发电厂 330 MW 机组五电场电除尘器有两个电场采用该技术,其五电场的除尘器烟尘小于 15.3 mg/Nm$^3$;另一台机组用后降至 14 mg/Nm$^3$。在超低排放技术配置上多了一种比选方案。

滤槽除尘原理:在合适的位置拦截灰幕,由于滤槽是金属材料,起到阳极板吸附灰粒的作用。利用电荷捕集飞灰颗粒,烟气流过槽孔,可减少烟气阻力。

电除尘器的进口端设置的均流孔板和尾部多孔节流槽形板均能起到烟道断面均流的作用。最后设置的滤槽帘也起到一定的均流作用。试验测定,其产生的流阻很小。但运行一段时间后滤槽板孔会堵,需加强维护。

## 2.3　湿式静电除尘技术

湿式电除尘器(WESP)深度处理气体污染物的功能得到国外广泛认可,在美国、欧洲、日本等发达国家已较为成熟,近 30 年来百余套不同类型的 WESP 在电厂大机组上取得了成功的运行经验,如美国 NB 电力公司 Dalhousie 电厂 315 MW 机组、Xcel 能源公司 Sherburne 电厂 750 MW 机组、日本中部电力碧南电厂 2×1 000 MW 机组。

### 2.3.1　简述

WESP 技术能实现对脱硫后的湿烟气细颗粒物等多种污染物的综合减排治理。国外一些研究机构认为,干式电除尘器可保证排放 10 mg/Nm$^3$ 以下,甚至达到 5 mg/Nm$^3$,湿式电除尘器可小于 1 mg/Nm$^{3}$[9]。

国内湿式静电除尘器在冶金、硫酸行业也有 30 多年的应用业绩,并制定了《煤气用湿式电除尘》(JB/T 6409—2008)的行业标准等。

近年来,随着环保要求的提高,WESP 发展迅速,在火电行业开始推广应用。

2011 年,山东国舜集团成功地把该项技术应用到日照钢铁 2×180 m$^2$ 烧结烟气脱硫与湿式静电除尘工程中(烟气处理量为 2.1×10$^6$ m$^3$/h),对脱硫湿烟气细颗粒物进行深度净化处理,2012 年 6 月投入商业运行;7 月,经环境监测站监测,二氧化硫浓度为 22 mg/Nm$^3$,细微颗粒物为 13.3 mg/Nm$^3$。

在此基础上,该公司研发了 WESP 第二代产品,并应用在日照新源热力 2×300 MW 发电机组脱硫与湿式静电除尘细颗粒物深度净化工程中,2013 年 9 月投入商业运行;2014 年 3 月,委托国家环境分析测试中心,对以上装置进行了检测,结果显示:二氧化硫浓度不大于 35 mg/Nm³,颗粒物不大于 5 mg/Nm³,实现了烟气超低排放[10]。

### 2.3.2 WESP 特征

湿式静电除尘器收集气溶胶和微细颗粒物、重金属有很好的效果。国内电力行业开始用其脱除石膏雨和收集酸液。

1)结构特点

WESP 工作原理与 ESP 相同,结构相似。它有三个基本过程:悬浮粒子荷电,带电粒子在电场里迁移和捕集。性能上解决了干式电除尘器的反电晕与二次扬尘的现象,其不同点在于用水冲洗集尘极替代机械振打,清除集尘表面上的烟灰,也就是先用雾化器将水雾化,使其充满除尘器本体,经过电晕放电使水雾荷电,烟尘气体进入荷电水雾区,经电场力、荷电的水雾滴碰撞拦截尘粒和吸附凝并,捕获的粉尘粒子随冲洗水膜流动而沉到灰斗或脱硫塔浆池。

由于烟气中粉尘颗粒微小,湿式电除尘器设计要求入口粉尘浓度小于 15 mg/Nm³,方能保证出口粉尘浓度小于 5 mg/Nm³。

目前国外电厂常采用的 WESP 布置形式有三种(见图 2 - 13):水平烟气独立布置,垂直烟气独立布置和垂直烟气与湿式脱硫装置(WFGD)整体式布置。前两种布置方式需要专门的空间,第三种布置方式是近年来最常用的,其成本和运行费用最低,占地面积也很小。

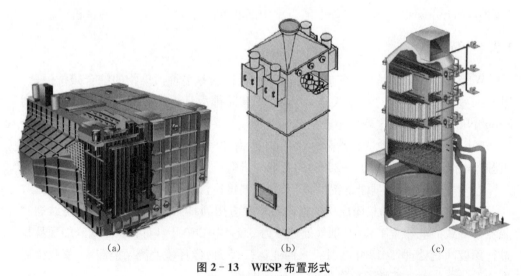

| (a) | (b) | (c) |

**图 2 - 13  WESP 布置形式**

(a) 水平烟气独立布置  (b) 垂直烟气独立布置  (c) 垂直烟气与湿式脱硫整体式布置

耐腐蚀不锈钢湿式电除尘一般采用卧式布置(也可立式布置),用水量大,水处理系统也较麻烦,占地较多,但运行可靠性相对较好。

柔性电极和导电玻璃钢湿式电除尘为立
式布置(见图 2-14),可放在塔顶上,也可与
脱硫塔并列布置,靠除雾器带出的水在电极
形成水膜来工作,定期冲洗。无须设置单独
的水处理系统。

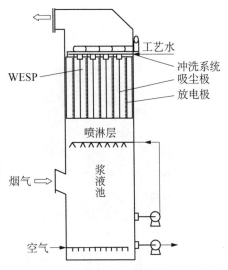

图 2-14　垂直烟气流的 WFGD 一体化
的 WESP 结构

2) 优缺点

WESP 具有的优点如下:WESP 用水进
行喷洒,除灰简洁,取代机械振打,没有二次
扬尘;不受粉尘比电阻的影响,杜绝反电晕现
象发生,去除细颗粒灰的可靠性高,节约用
电。选用较高烟速(2.5 m/s 左右),设备结
构紧凑,占用空间较小;湿式电除尘器适用于
高湿(烟气湿饱和)、低温、烟尘负荷较低的烟
气;对消除烟气雾滴、石膏雨也有一定效果。

WESP 具有的缺点如下:水力清灰法要有足够覆盖率的冲洗水。因为必须清除
黏附在集尘极、放电极上的粉尘,所以水耗较大。水中的含尘量增加,容易造成二次
污染;为节约用水,需配备循环补给系统,并设置废水处理设备。安装 WESP 部分配
件需要专门的空间,尤其投运机组的改造安装不便。WESP 电场内构件采取较好的
防腐材料,造价较高;运营成本也比干式电除尘器高。

## 2.3.3　几种不同材质的 WESP

湿式静电除尘技术在国外应用较早,主要应用于欧洲和日本的电厂。在国内冶
金行业和化工行业应用,近年来开始在燃煤电厂大型化行业中应用。常见的结构形
式有柔性电极湿式电除尘器、导电玻璃钢电除尘器、不锈钢湿式电除尘器和径向流除
尘器等。

1) 柔性电极湿式电除尘器

采用新型耐酸碱腐蚀性优良的柔性纤维材料作为阳极板,阴极线采用铅锑合金
芒刺线,耐腐蚀。靠除雾器带出水形成水膜导电,所以耗水量很少,但要定期冲洗。
耐用性和稳定性稍差。柔性电极湿式电除尘器外形及内部结构如图 2-15 所示。

2) 导电玻璃钢电除尘器

导电玻璃钢阳极板为蜂窝结构,具有收尘面积大、荷电均匀、长寿命等特点。

玻璃钢电除雾器本体、阳极管组等的材料为碳纤维增强复合塑料(C-FRP),阴
极线材料为铅锑合金或 SMO254。可不用整体外壳,投资和运行成本相对较低,耗水
量少,维护简单。导电玻璃钢电除尘器结构如图 2-16 所示。

柔性电极烟气深度净化装置外形

阳极布模板

阴极线

**图 2 - 15　柔性电极湿式电除尘器外形及内部结构**

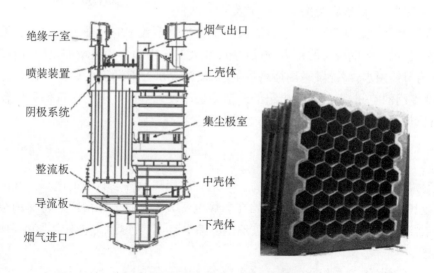

绝缘子室

烟气出口

喷装装置

上壳体

阴极系统

集尘极室

整流板

中壳体

导流板

烟气进口

下壳体

**图 2 - 16　导电玻璃钢电除尘器结构**

3) 不锈钢湿式电除尘器

不锈钢湿式电除尘器(见图 2 - 17 和图 2 - 18)烟气流速较低,能有效控制气流带出粉尘,提高微细颗粒及气溶胶的脱除效率;脱硫系统出现故障时,可以在较高的烟气温度下运行;金属极板采用悬挂方式,极板通过悬挂梁固定于壳体中,电晕电极采用框架式结构,通过吊杆吊挂在壳体中,这种安装方式由于阴阳极板不易变形,电场稳定性好,运行电压高。

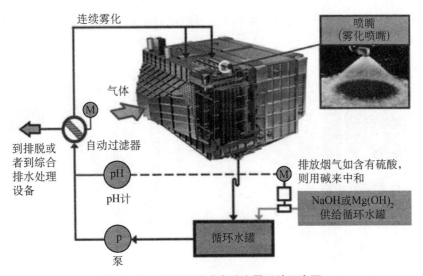

图 2-17 不锈钢湿式电除尘器系统示意图

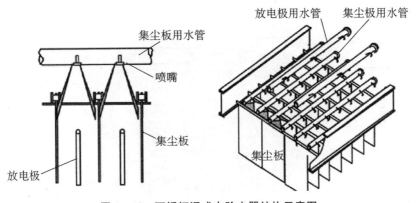

图 2-18 不锈钢湿式电除尘器结构示意图

4) 径向流电除尘器

径向流电除尘器(见图 2-19 和图 2-20)的技术特点如下:

(1) 与烟气接触部位全部采用 2205 双相不锈钢材质,具有强度高、耐高温、耐腐蚀(尤其对氯离子和硫化物的应力腐蚀)等特性,使用寿命能够达到 30 年。

(2) 新型阳极板的通孔率达到 98% 以上,其几乎全通透的结构大大降低了径向流电除尘器的运行阻力,并且与普通的阳极板相比,相同体积下新型阳极板具有最大的集尘面积,相当于普通阳极板的 20 倍。

(3) 阳极系统采用旋转电极设计,在旋转电极下部设立独立的清洗室,由高压喷嘴在旋转电极内部向外冲洗网板,清洗网板后的污水通过排水泵和排污管道送入脱硫塔补水。在工程运行中,利用压差监测,实现在线喷淋和无水循环系统,故耗水、耗电量小。

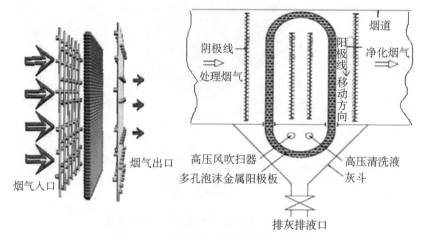

图2-19　径向流电除尘器结构布置图

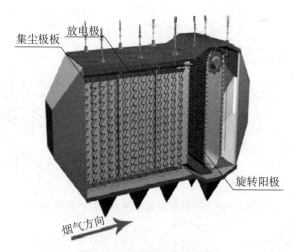

图2-20　径向流电除尘器

技术原理:集尘阳极板由多孔泡沫金属组成,垂直于气流方向布置,使电场力与电风作用力逆气流,粉尘颗粒在电风与电场力的作用下,在新型阳极板上完成捕集。

### 2.3.4　增能技术应用

湿式电除尘器最早在硫酸和冶金工业生产中开始应用。自1982年以后,湿式电除尘器逐步开始应用于国外的大容量燃煤电厂中对于燃烧产生的烟气细微粉尘和酸雾的去除,并且取得了良好的效果。随着环保标准的日益趋严,为了进一步提高湿式电除尘器的除尘效率,可以对湿式电除尘器进行增能技术改造。

1) 电能增强技术

针对钢厂气体的特殊性,济钢能动厂与 GE 能源环境公司合作,实施湿式电除尘电能增强技术改造[11]。电能增强器工作原理如图 2-21 所示。

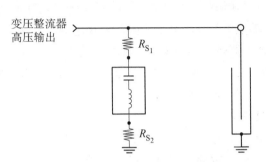

变压整流器
高压输出

$R_{S_1}$

$R_{S_2}$

**图 2-21　电能增强器工作原理**

由收尘效率公式可知,调整电气控制的粉尘驱进速度是关键。驱进速度计算式如下:

$$\omega = \beta V_p V_{av} \qquad (2-1)$$

式中,$\beta$ 为电除尘的常数;$V_p$ 为二次电压峰值;$V_{av}$ 为二次电压平均值。

电能增强效果:节能明显。应用电能增强器后,无论正常工作状态还是放电状态,使电除尘器的二次电压、二次电流都接近峰值。二次电压、二次电流的提高以及二次电流导通时间的延长提高了粉尘驱进速度,最终提高了电除尘器除尘效率;煤气含尘量减小,煤压机系统稳定,提高了发电系统的稳定性。2006 年 4 月 18 日某钢厂的测试结果如表 2-5 所示。

**表 2-5　某钢厂 1♯ 电除尘器应用电能增强器前后的运行参数**

| 时间 | 一次电压 /V | 一次电流 /A | 二次电压 /kV | 二次电流 /mA | 电晕功率 /kW | 除尘效率 /% | 放电频率 /(次/秒) |
|---|---|---|---|---|---|---|---|
| 使用前 | 218 | 21.5 | 39 | 155 | 6.045 | 52.8 | 3.3 |
| 使用后 | 230 | 26.2 | 43.5 | 200 | 8.70 | 89.7 | 4.6 |

2) 磁增强的雾化电晕放电技术

在传统气体净化技术处理气溶胶效果不佳的情况下,为了限制微米级和亚微米级气溶胶颗粒的排放,荷电液滴洗涤器采用电流体动力学雾化机理,形成高压射流的雾化,能持续保持高压电极的清洁,但其供水系统的高电压绝缘很难实现长期安全稳定的运行。

（1）颗粒荷电　提高气溶胶颗粒的荷电量十分必要。一些研究表明在负电晕放电中，气溶胶颗粒荷电主要是未被负电性气体吸附的少量自由电子。研究也表明，自由电子荷电更有利于细小气溶胶颗粒荷电。

（2）磁增强电晕放电　为了增加微小粉尘上的电荷，一些研究人员试图通过窄脉冲电晕放电增加荷电区域的电场强度，但是试验证实短脉冲放电不利于气溶胶颗粒荷电。为此，开展雾化电晕放电和磁增强电晕放电的实验研究[12]。

火电厂中静电除尘器后端的细小粉尘比电阻为 $3.8 \times 10^{10}$ $\Omega \cdot m$，测得静电增强过滤器的平均效率为 96.9%，高于传统 5 个百分点。所以，磁增强电晕放电技术可以实现对气溶胶的高效荷电，效果明显。

3）恒流高压直流电源技术

由于 WESP 采用向阴极施加负高压直流电，电极周围空气分子被电离，电离产生的正离子返回阴极，负离子则向沉淀极迁移，又采用喷淋方式清灰，烟气潮湿，烟气特性变化幅度大，电场工作很不稳定，电场极易出现闪络击穿的现象，尽管时间很短，但这种击穿对非金属阳极是破坏性的。供电电源应能做到即时灭弧，于是恒流高压直流电源技术问世。

（1）恒流高压直流电源　上海激光电源设备公司研发了专用于湿式电除尘器的恒流高压直流电源[13]。研发的具有火花控制的恒流高压直流电源系统如图 2-22 所示。

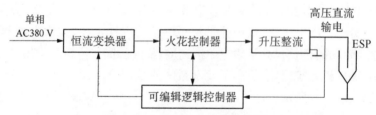

图 2-22　火花控制的恒流高压直流电源系统

（2）特点　恒流高压直流电源系统与工频系统相比，除了具有工频恒流的优点之外，还具有如下特点：

第一，具有水冷的高频电源，以保护绝缘油的使用寿命和避免绝缘栅双极晶体管（insulated gate bipolar transistor，IGBT）的早期失效。

第二，电场进行喷淋时，在恒流源供电条件下无须关机，喷淋过程中只需将该电场降档工作，喷淋结束又自动恢复正常工作状态。

第三，采用以太网光纤直接接入主控板，可同时接入 9 台终端设备对其访问（8 台以太网设备和 1 台 485 设备），标准协议组态方便。

第四，高频恒流源具有更好的输出特性，电流提升 50%，电压提升 5 kV，排放降低 30%;高频恒流电源三相供电平衡,效率高达 95%,节能提高 15% 以上。

第五,高频恒流电源体积小、重量轻,节约控制室的场地,改善操作室内的噪声和温度。

4) 湿式相变凝聚静电除尘技术

国电环境工程研究所为火电厂超低排放的改造研发了湿式相变凝聚静电除尘技术。它是整合湿式静电除尘技术和相变凝聚技术的一体化技术(见图 2 - 23)。

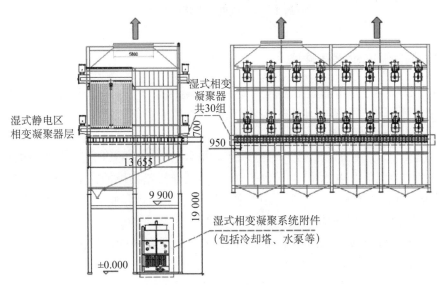

图 2 - 23　湿式相变凝聚静电除尘装置示意图

## 2.4　低低温除尘技术

低低温电除尘技术是电除尘的一种新技术,通过降低进入电除尘器的烟气温度,减少烟气通流量,烟速降低,烟气耗能减少。

### 2.4.1　简介

低低温电除尘技术是通过在 ESP 前增加低温省煤器或烟气换热器(GGH),使烟气降低到酸露点以下(85~90℃),气态三氧化硫在换热系统中冷凝为硫酸雾,被粉尘吸附、中和,粉尘比电阻显著降低,反电晕得到有效避免,提高除尘效率,既扩大 ESP 对煤种的适应性,又除去大部分三氧化硫。装有低温省煤器的系统可节能 5%;对 GGH 系统,有利于烟囱排烟的提升高度,降低周边大气的污染浓度。图 2 - 24 所示为低低温电除尘系统[14]。

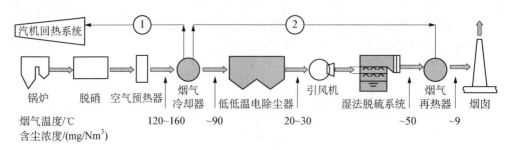

图 2-24  低低温电除尘系统

### 2.4.2  低低温 ESP 系统性能

由于低低温电除尘器运行温度处于酸露点温度以下,粉尘性质也发生了很大改变,由此产生了一些与常规电除尘器不同的问题,需要引起特别注意。

1) 对煤种的适用性

由图 2-25 可见烟气温度对中低碱低硫物质的比电阻的影响。在高温电除尘器(300~400℃)和低温电除尘器(130~150℃)中低碱低硫物质的比电阻超过反电晕临界比电阻,而烟温在 90℃左右时其比电阻可以降低到反电晕临界比电阻以下,荷电性能稳定,几乎所有的煤种均可避免反电晕现象。

低低温 ESP 使集尘性能大幅提高,扩大了锅炉对煤种的适应范围。除尘效率与烟气温度的变化曲线如图 2-26 所示。

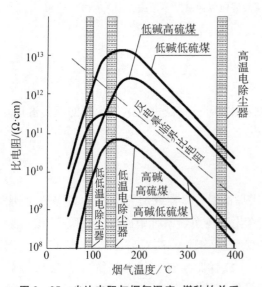

图 2-25  尘比电阻与烟气温度、煤种的关系

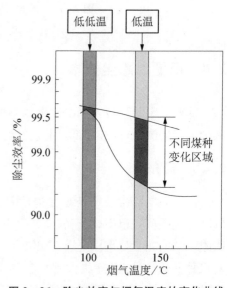

图 2-26  除尘效率与烟气温度的变化曲线

2）灰硫比控制

灰硫比（D/S）是粉尘浓度（$mg/Nm^3$）与硫酸雾浓度（$mg/Nm^3$）之比,借此评判烟气对设备的腐蚀程度。

日本三菱的实验得出灰硫比大于 10,设备腐蚀率几乎为零（见图 2-27）。现运行的低低温电除尘器灰硫比都远超过 100。美国南方电力公司认为（见图 2-28）,当低低温电除尘器对应的燃煤的硫分为 2.5% 时,需保证灰硫比为 50~100。若燃煤的硫分更高时,灰硫比应大于 200。

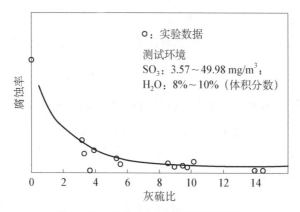

图 2-27　灰硫比与腐蚀率的关系曲线

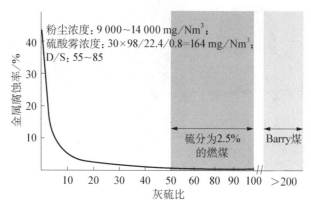

图 2-28　美国南方电力公司评价的腐蚀方法

3）灰硫比与除尘效率

当系统灰硫比过大时,因三氧化硫凝聚不明显,不利于高除尘效率。此时向烟气添加三氧化硫调质处理,改善灰硫比。因此,三氧化硫在烟气中的体积分数对低低温电除尘系统非常重要。

烟气灰硫比的计算式和硫酸雾含量的计算式如下：

$$D/S = Q_D/Q_{H_2SO_4} \qquad\qquad (2-2)$$

$$Q_{H_2SO_4} = \frac{98}{32} \times \eta_1\eta_2 MS_{ar} \qquad\qquad (2-3)$$

式中，$D/S$ 为灰硫比值；$Q_D$ 为电除尘器入口粉尘流量，t/h；$Q_{H_2SO_4}$ 为电除尘器入口硫酸雾流量，t/h；$\eta_1$ 为燃煤中收到基硫转换为 $SO_2$ 的转换率(可按 100% 考虑，此时灰硫比最小)；$\eta_2$ 为 $SO_2$ 转换为 $SO_3$ 的转换率(0.8%~3.5%，一般取 3.5%)；$M$ 为锅炉燃煤量，t/h；$S_{ar}$ 为煤收到的基硫分，%。

在电除尘系统中，$SO_3$ 含量关系到酸露点温度，硫酸雾又影响粉尘性质和 $SO_3$ 去除率。

4）二次扬尘

低低温电除尘器中粉尘的比电阻降低，粉尘吸附在阳极板上的静电黏附力降低，极板振打时容易引起二次扬尘，使除尘性能降低。因此，低低温 ESP 必须配套二次扬尘降低措施以保障烟尘低排放。ESP 出口烟尘浓度的构成及离线振打系统配置如图 2-29 和图 2-30 所示。

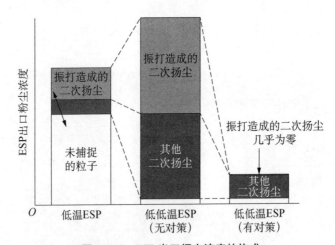

图 2-29 ESP 出口烟尘浓度的构成

防二次扬尘的主要对策如下：

（1）配备离线振打系统 在 ESP 烟气通道的进出口相关位置设置有烟气挡板，通过关闭需要振打烟气通道的挡板，同时对该通道内的电场停止供电，通过风量调整防止相邻通道烟气流量大幅增加，降低二次扬尘。低低温电除尘器离线振打对比除尘效率如图 2-31 所示，烟气温度与 ESP 除尘效率关系如图 2-32 所示。由图 2-31

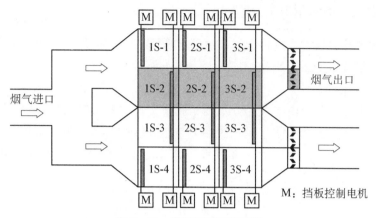

图 2-30 离线振打系统配置

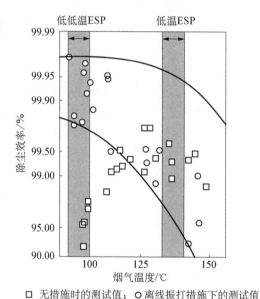

□ 无措施时的测试值；○ 离线振打措施下的测试值

图 2-31 低低温电除尘器离线振打对比除尘率

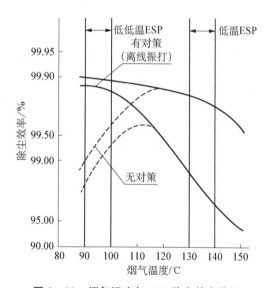

图 2-32 烟气温度与 ESP 除尘效率关系

可知,配备离线振打系统,低低温电除尘器的除尘效率比低温电除尘器效率高。

（2）配备旋转电极　因为低低温 ESP 运行后放电极上会附着粉尘,附着程度随时间加剧,导致电晕电流不均,集尘板上电流较少的部分集尘少,且集尘灰粒黏附力、凝聚力减弱,极易脱落扬尘。为解决这一问题,在末电场采用旋转电极,通过旋转电极解决二次扬尘,日立公司主要采用这种技术。

### 2.4.3　低低温 ESP 的协同治理作用

低低温电除尘技术通过将烟气温度降至酸露点温度以下,在大幅提高除尘效率的同时去除烟气中 Hg 和 $SO_3$。

1)对脱 Hg 的影响

低低温电除尘系统由于大部分不利于脱 Hg 的 $SO_3$ 等被去除,从而大幅提高脱 Hg 的效率。在氧化还原脱 Hg 法中,$SO_3$ 对脱 Hg 的具体机理有待进一步的研究。在活性炭吸附法中,$SO_3$ 与 Hg 竞争活性炭(飞灰)的吸附表面,减少活性炭对 Hg 的吸附能力。低低温 ESP 对脱 Hg 的影响如表 2-6 所示。

表 2-6　低低温 ESP 对脱 Hg 的影响

| ESP 系统 | 煤种 A | | 煤种 B | |
|---|---|---|---|---|
| | 低低温 | 常规 | 低低温 | 常规 |
| 气态汞去除率/% | 50 | 26 | 75 | 50 |

2)对脱硫系统的影响

低低温电除尘系统降低了烟气温度,使烟气量和脱硫系统的用水率降低,减少了脱硫系统的二次污染。同时,由于低低温电除尘器将脱硫系统不能除去的 $SO_3$ 大部分去除,脱硫系统避免因 $SO_3$ 结露形成的腐蚀性硫酸雾,减少了脱硫系统的腐蚀风险。因此,低低温电除尘器可以提高 $SO_3$ 的去除效率,$SO_3$ 排放可稳定在体积分数 $1 \times 10^{-6}$ 以下。

## 2.5　结语

在烟气净化技术中,滤袋除尘器对锅炉煤种多变、运行工况多变的情况有着灵活的适应能力。通过滤料的催化覆膜技术,拓展了协同治理烟气污染物的功能,降低 $PM_{2.5}$ 粉尘的排放,为企业、为社会起到节水、节能降耗、经济实用的积极效果。在电力、非电行业有着推广的巨大潜力。

电除尘器市场占有率高,但对煤种适应性较差,且对小微颗粒尤其是 $PM_{2.5}$ 除尘效率低,需要其他辅助系统协同处理以达到烟尘排放限值。

湿式电除尘器对进口灰浓度有限定要求,投资高,存在废水处理等问题。其应用取决于机组采用的超低排放的技术路线及其设备配置。

# 参考文献

［1］江得厚,王贺岑,董雪峰,等.燃煤电厂烟气中 PM2.5 及汞脱除技术发展与应用[C].2012 火电厂污染净化与节能技术研讨会论文集,无锡,2012.

［2］李付晓,丁红蕾,罗汉成,等.湿式静电除尘器脱硫脱硝技术进展[C].2016 燃煤电厂超低排放形势下 SCR(SNCR)脱硝系统运行管理及氨逃逸与空预器堵塞技术交流研讨会论文集,杭州,2016.

［3］陈招妹,孙真真,赵金达,等.湿式电除尘器在漕泾电厂 2 号机 1000 MW 燃煤机组上的应用[C].第 16 届中国电除尘学术会议论文集,上海,2015.

［4］赵金达,郭海鹰,张嵩,等.湿式电除尘器在 1000 MW 机组上的应用[J].电站系统工程,2015,31(3):53－54.

［5］陶晖.以袋式除尘为核心的大气污染协同控制技术[J].中国环保产业,2016,2:19－24.

［6］江得厚,王贺岑,董雪峰,等.燃煤电厂 PM2.5 及汞控制技术探讨[J].中国环保产业,2013,10:38－45.

［7］江得厚,王贺岑,张营帅.燃煤电厂烟气"超低排放"协同控制技术的分析探讨[C].全国煤电节能减排升级与改造技术交流研讨会,南京,2016.

［8］朱法华,孟令媛,严俊波,等.超净电袋复合除尘技术及其在超低排放工程中的应用[J].电力科技与环保,2017,33(1):1－5.

［9］赵建民.新排放标准情况下火电厂除尘方式的选择[J].中国环保产业,2013,4:48－54.

［10］吕和武,孙德山.国舜集团超低排放技术研究与推广应用[C].2014 火电厂污染物净化与节能技术研讨会论文集,上海,2014.

［11］高致远,耿成鹏,马庆涛.电能增强技术在湿式电除尘上的应用[J].冶金动力,2007,6:8－9.

［12］米俊峰,许德玄,杜胜男,等.磁增强雾化电晕放电烟气净化器研究[J].科技导报,2007,25(21):38－42.

［13］孙淮浦,陈宇渊.专用于湿式电除尘器的恒流高压直流电源[C].2014 火电厂污染物净化与节能技术研讨会论文集,上海,2014.

［14］赵海宝,郦建国,何毓忠,等.低低温电除尘关键技术研究与应用[J].中国电力,2014,47(10):117－121.

# 第3章 燃煤烟气脱硫、脱硝、除汞与超低排放技术

当今世界,社会经济的发展与能源和生态环境休戚相关,是人类共同关心的话题。

我国的能源结构为富煤、贫油少气,这决定了我国以煤炭为主要能源的能源消费。由于以煤炭为燃料的火电厂建设周期较短、投资强度较低、技术成熟,因此煤炭是可最大规模开发利用的一次能源。目前发电用煤约占煤炭总产量的70%左右。

煤是古代植物类的化石燃料,除了含有碳、氢、氧的有机主体外,还含有氮、硫、氟、磷、氯以及砷、汞等重金属元素。煤炭在直接燃烧过程中释放大量烟气污染物。硫元素主要转化为二氧化硫,煤中的氮元素和空气中的氮元素在高温下转化为氮氧化物($NO_x$),各种重金属游离析出,燃煤产生的飞灰颗粒以及挥发性有机物(volatile organic compounds,VOC)使得燃煤锅炉成为严重的大气污染源,严重危害人类健康和生态平衡。

煤炭燃烧过程中产生大量的飞灰,其中颗粒直径小于$2.5~\mu m$的称为PM$_{2.5}$,包括直接排放和二次生成颗粒,对人体健康十分有害。它也是雾霾天气的始作俑者[1]。

二氧化硫在干洁大气中可以滞留$7\sim14$天。在水汽充足的条件下氧化成亚硫酸,导致酸雨,肆虐神州大地多年。

氮氧化物是NO和$NO_2$的总称。排放到大气中的氮氧化物不仅会引起臭氧层的漏洞,而且在光催化下形成酸雾等。氮氧化物对人体器官都能产生破坏作用[2-3]。

汞是地球上唯一主要以气相形式存在于大气中的重金属元素。汞污染具有持久性、易迁移性、生物富集性、生物放大性,进入生物体后难以排出,汞及其化合物(特别是甲基汞)对人体大脑和神经系统、肾功能、消化系统等均有严重影响。

汞在大气中按照其物理化学状态主要分为气态单质汞($Hg^0$)、活性气态汞($Hg^{2+}$)和颗粒汞(吸附于大气中气溶胶的汞),其中气态单质汞和活性气态汞为气态总汞,气态总汞约占大气汞的90%以上,而气态总汞中活性气态汞仅占$1\%\sim3\%$。气态单质汞由于其水溶性差和干沉降速率低,且反应活性低,在大气中的滞留时间可达$0.5\sim2$年[4],因此其可随大气漂流至千里之外。活性气态汞和颗粒汞在大气中的

滞留时间通常为几小时或者几周,因此参与大气传输较差。全球人为源每年向大气排放汞 2 100 t,其中气态单质汞、活性气态汞和颗粒汞分别为 1 480 t、480 t 和 140 t[5],可见气态单质汞的控制尤为关键。人为源中中国的大气汞年排放量约为 500~700 t,主要原因在于我国对能源的需求较大以及较为落后的污染排放控制能力。而燃煤和有色金属冶炼是我国两个最大的汞排放人为源,约占总排放量的 80%。由此,控制燃煤的汞排放是我国实现汞减排的主要途径。

面对严峻的能源与环境问题,调整优化产业结构,控制能源消费总量,改进能源消费结构,推动中国的能源转型,实现能源清洁低碳化利用,成为中国能源发展的重要任务。

## 3.1　概述

燃煤电厂烟气污染物治理技术是指燃煤电厂中根据烟气中污染物的物理、化学性质,通过吸附剂、催化剂以及其他净化设备等,对烟气中的有害气体、烟尘以及重金属污染物等进行脱除净化的技术。目前,应用较为成熟的有燃煤烟气除尘、脱硫、脱硝和脱汞等技术,主要用于脱除烟气中的粉尘、三氧化硫、氮氧化物和汞等。燃煤烟气除尘技术见本书第 2 章。

### 3.1.1　燃煤烟气污染物治理技术现状

目前治理燃煤烟气的技术路线主要是锅炉烟气末尾被动治理,在锅炉末端配置高温脱硝装置(SNCR 和 SCR)、除尘器(电气和滤袋式)、脱硫装置(干法、湿法或半干法)等一连串配套系统,包括超低排放、低低温、节水与烟气消白系统。可谓是技术流派多多,利弊也不少,值得归类总结。

1) 燃煤二氧化硫控制水平

目前,燃煤锅炉烟气中二氧化硫控制技术主要可分为两大类:燃烧过程调整脱硫和燃烧后烟气脱硫。对于煤粉炉而言,燃烧过程脱硫技术主要是直接喷钙脱硫技术,该技术是将钙脱硫剂直接从炉膛的适当位置喷入,从而达到脱硫的目的。炉内喷钙脱硫技术一般能达到 50% 左右的脱硫效果,具有投资少、占地少、运行费用低、无废水等优点,对燃用中低硫煤的中小型锅炉尤其适用。燃烧后烟气脱硫技术又分为干法、半干法和湿法脱硫[6]。干法脱硫无废水和废酸的排出、投资省、占地少,适用于老电厂烟气脱硫系统的改造。半干法一般可达 50% 以上的脱硫效率,添加适当的添加剂可实现 80% 的脱硫效率。湿法脱硫是目前最主要的燃烧后烟气脱硫技术,也是世界上最主流的脱硫技术,目前主要有石灰石/石灰洗涤法、双碱法、韦尔曼-洛德法、氧化镁法以及氨法等[7]。烟气石灰石-石膏湿法脱硫技术脱硫效率可高达 95% 以上,同时副产品石膏也可回收利用,因而得到了大规模的推广应用,但同时也具有设备投资大、所需场地面积大等方面的缺点。

2) 燃煤 $NO_x$ 控制水平

$NO_x$ 控制技术可分为两大类:燃烧过程调整 $NO_x$ 排放控制和燃烧后烟气脱硝。燃烧过程调整 $NO_x$ 排放控制技术主要是通过调整燃烧器一、二次风的混合以有效抑制 $NO_x$ 的生成,主要有低 $NO_x$ 燃烧器技术、烟气再循环技术以及偏心燃烧技术等。其中,低 $NO_x$ 燃烧器技术由于设备造价低、易于实现、$NO_x$ 脱除效果好和几乎没有运行费用等优点,目前已经成为锅炉的标配。燃烧后烟气脱硝技术主要是对主燃区域生成的 $NO_x$,通过使用还原剂将其还原为氮气($N_2$),主要有 SNCR 和 SCR。SNCR 技术是在炉内燃烧区后部的一定温度区域内喷入氨气($NH_3$)、尿素或者氰尿酸等还原剂将 $NO_x$ 还原为 $N_2$ 及 $H_2O$。该技术投资成本较低,但脱硝效率中等,只能达 $50\%\sim70\%$ 的 $NO_x$ 脱除效率,随着锅炉炉型的增大脱硝效率逐步下降。SCR 技术的脱硝原理与 SNCR 基本相似,不同的是 SCR 采用氧化钒($V_2O_5$)等催化剂催化 $NH_3$ 等还原剂将 $NO_x$ 还原为 $N_2$ 和 $H_2O$,该技术脱硝效率高,可达到 $80\%$ 以上甚至 $90\%$ 的脱硝效率,但其系统复杂、占地面积大、改造工程复杂、投资与运行成本较高,由于需要定期更换催化剂,而其中含有一定量的重金属(铅、铬、铍、铂、砷和汞),且催化剂的活性组分 $V_2O_5$ 和氧化钨($WO_3$)也为有毒金属氧化物,其中 $V_2O_5$ 为剧毒物质,如不妥善处理和加强环境管理,则废弃的脱硝催化剂具有一定的环境污染风险[8]。

3) 燃煤烟气汞控制水平

煤中汞的控制方式主要分为燃烧前脱汞、燃烧中脱汞、燃烧后尾部烟气脱汞。燃烧前脱汞、洗煤和煤的热处理是减少汞排放简单而有效的方法。在洗煤过程中,平均 $51\%$ 的汞可以脱除[9]。

国内外对于燃烧中脱汞的研究较少,目前主要是通过改进燃烧方式,在降低 $NO_x$ 排放的同时,抑制一部分汞的排放。由于汞具有高挥发性,在煤热处理的过程中,汞会受热挥发出来。对热处理脱汞技术研究表明[10],在 400℃下可以达到最高 $80\%$ 的脱汞率。然而,在 400℃条件下也发生了煤的热分解,导致挥发性物质的减少,煤的发热量也有很大的降低。热处理脱汞技术还处于实验室阶段,有待进一步研究。

燃烧后脱汞是燃煤烟气汞污染控制主要实现方式,研究者提出了各种各样的控制方法。相比较而言,研究较多的燃烧后脱汞技术有活性炭法和利用现有脱硫、脱硝设备及其改进设备进行脱汞。

活性炭对 $Hg^0$ 和 $Hg^{2+}$ 具有较好的吸附脱除作用,尤其是对 $Hg^0$ 的脱除率更是高达 $99\%$。通过对活性炭进行载氯(碘)或其他改性方法,可以在一定程度上提高吸附性能。

此外,同样为活性炭法的 Toxecon 脱汞技术只是将喷活性炭的位置布置在除尘装置后,再安装布袋除尘器,以除去活性炭并保证飞灰质量不受影响[11]。但是,活性炭法也存在很多问题,如容量低、混合性差、热力学稳定性低、耗量大、与飞灰混在一起不能再生等,使得采用活性炭吸附脱汞法成本过高,一般燃煤电厂难以承受。

SCR 不但是一种可以有效控制 $NO_x$ 排放的方法,而且对脱除氧化汞也是十分有效的。目前在我国燃煤电厂中,基本上都装有湿法脱硫装置,利用湿法脱硫装置可以将烟气中 80%～95% 的氧化态汞除去,但对于不溶于水的气态汞捕捉效果不显著。而利用除尘装置也可以除去大部分颗粒态汞。综上所述,如何实现汞的氧化是对其高效脱除的先决条件,氧化后再结合现有脱硫设备及其改进设备进行脱汞是一条行之有效的汞排放控制途径。

目前燃煤电厂还没有一项成熟、可应用的脱汞技术,除汞技术在燃煤电厂中的应用还存在很多问题,尤其是吸附剂在吸附过程中的机理性问题还远未搞清楚,其他大部分脱汞技术还都处于实验室研究阶段。

### 3.1.2 同时脱硫、脱硝技术

在 $SO_2$ 和 $NO_x$ 的联合脱除过程中,存在 SCR 催化剂二氧化硫中毒、催化剂寿命较短、脱硝效率低、脱硫效率低等问题,同时脱硝需要氨气和尿素等还原剂,在运输和存储等过程中存在安全隐患,且脱硫占地面积大,由于上述原因,同时脱硫、脱硝技术是未来一段时间的研究重点。

1) 固相吸收/再生法

该方法使用的固相材料主要有炭质材料、氧化铜等。其工作原理:通过介质表面吸附烟气中的 $NO_x$ 和 $SO_2$,而后 $NO_x$ 被还原剂还原为 $N_2$,炭质材料吸附的 $SO_2$ 经过热脱附富集可以再利用。氧化铜(CuO)吸附 $SO_2$ 反应生成硫酸铜($CuSO_4$),而后经过再生,重新脱硫、脱硝。该方法的问题在于固相材料重复使用过程中脱硫、脱硝效率的下降。

2) 等离子体——氨法

该方法主要原理:利用高能电子撞击烟气中的水分子和氧分子,使其产生活性氧原子、OH 自由基和臭氧等强氧化性粒子,从而实现 $SO_2$ 和 $NO_x$ 的氧化,与烟气中的水反应生成相应的酸,加入添加剂 $NH_3$ 后生成铵盐,实现污染物的资源化回收利用。

该方法的核心是等离子体的产生问题,针对这一课题开展了许多研究。20 世纪70 年代,日本荏原公司首先提出利用电子束氨法(EBA)脱硫,由于产生电子束的电子加速器投资成本较高而且运行能耗较高,目前尚未有实际应用的报道[12]。

3) 脉冲电晕等离子体法

脉冲电晕等离子体法(PPCP)是在电子束基础上提出的,由于其大部分能量用来加速电子,相比 EBA 技术,该方法能量利用率较高,即能耗较低,可实现 80% 以上的脱硫效率和 50% 以上的脱硝效率。作为该技术的改进,文献[13]利用喷嘴式电极的电晕自由基簇射装置,进一步提高能效和促进活性自由基的生成,并成功进行工业小试,取得了 99% 的脱硫效率和 75% 的脱硝效率。

4)氧化法

该方法通过加入强氧化剂,使得烟气中的 NO 氧化为高价态水溶性氮氧化物,而后结合碱液湿法洗涤实现同时脱硫、脱硝。

国内一些研究者通过试验和机理模拟对于臭氧($O_3$)与烟气中组分之间的反应进行了较为深入全面的研究,反应温度 150 ℃ 时 NO 的氧化率可达 84%,Chemkin 软件反应动力学模拟结果显示,150 ℃ 时 NO 与 $O_3$ 的反应时间仅需 0.01 s。因 $O_3$ 会随着温度的升高而分解速率加快,当反应温度高于 200 ℃ 时,NO 的氧化效果下降明显,在 400 ℃ 时已失去氧化能力,通过结合尾部湿法洗涤,在 $O_3/NO_x$ 摩尔比为 0.9 时,脱硝效率可达 86.27%,脱硫效率接近 100%;试验结果还显示 $SO_2$ 对 $O_3$ 氧化 NO 的影响不大,同时研究了 $O_3$ 与烟气中 Hg 的反应机理,并对 $O_3$ 与甲醛和甲苯之间的反应进行了研究,结果表明 $O_3$ 对以甲醛和甲苯为代表的 VOC 具有一定的降解、降毒能力。

### 3.1.3 烟气污染物超低排放技术研究现状

当前我国大气污染形势严峻,重点区域雾霾频发,究其原因,与社会经济发展模式、能源结构和利用方式以及环境容量等诸多因素有关,同时大气污染物控制技术和治理强度跟不上经济发展的要求,导致我国污染物排放总量逐年攀升,大大超出自然环境的自净能力。

为控制大气污染,我国修订了《中华人民共和国大气污染防治法》,2016 年 1 月 1 日公布施行《中华人民共和国大气污染防治法》,该部大气污染防治法被称为"史上最严"之法。而之前颁布实施的《火电厂大气污染物排放标准》(GB 13223—2011)也是目前世界上最为严格的大气污染物排放标准。

由于我国单位国土面积的能源利用强度较高,从每平方千米的煤炭消费量来看,仅次于韩国、日本和德国。考虑到中西部有不少无人区,因此不论从煤炭消费总量还是从实际单位国土面积的煤炭消费量来比较,环境空气质量的根本改善必须执行比其他国家更为严格的排放标准。

烟气污染物超低排放可以使燃煤锅炉烟气污染物排放水平堪比《火电厂大气污染物排放标准》(GB 13223—2011)中的燃气轮机烟气污染物排放水平,甚至还优于燃气轮机排放水平,从而彻底打破煤炭直接燃烧利用的环境瓶颈,可以更好地解决向西部转移的能源布局,有利于全社会能源利用效率的提高。如可降低输送环节的能耗损失约 4%,折合供电煤耗 13 g/kW·h。与坑口电站长距离输送解决方案相比,在电力负荷中心建设大型火力发电基地,能源利用率至少可提高 15%～20%,节能减排的潜力很大。

因此，燃煤电厂烟气污染物超低排放是未来燃煤电厂生存与发展的根本。

## 3.2　烟气深度脱硫技术

$SO_2$ 是大气污染物之一，而该物质的产生主要是由大量燃煤导致的。为了保证大气环境的清洁度，必须对燃煤产生的 $SO_2$ 进行有效处理。

### 3.2.1　脱硫技术发展背景

从 20 世纪初，欧洲等国开始对 $SO_2$ 控制技术的研究，至今已有百年历史。20 世纪 60 年代起，一些工业化国家相继制定了严格的法规和标准，限制煤炭燃烧过程中 $SO_2$ 等污染物的排放，这一措施极大地促进了 $SO_2$ 控制技术的发展。目前，$SO_2$ 控制技术已经超过 200 种，但商业应用的不超过 20 种。

我国从 20 世纪 90 年代开始治理 $SO_2$，纵观脱硫技术及脱硫产业在我国火电厂的发展，可以概括为三个主要阶段。

1）冷态阶段

1992—2002 年期间，我国的脱硫技术产业刚刚开始起步，相对应的火电厂烟气脱硫的管理办法及制度亟待完善，这个时期的火电厂加装烟气脱硫装置大多为示范性工程，技术主要引进国外的烟气脱硫示范装置以及系统，但是洋设备在我国出现"水土不服"，不得不经过多次改造；同时这个时期，脱硫设备国产化程度很低，国内专门从事脱硫的公司寥寥无几。这个时期我国脱硫系统主要面临着如下几个问题：

（1）设计不严谨。脱硫岛一投运，$SO_2$ 仍超标，不少机组煤种变化后更容易超标。

（2）缺乏设计制造规范。最典型的如反应塔塔径小、塔身低，烟气流速高，影响脱硫效率；烟气携带浆液多，沉积在除雾器、GGH 和后续设备上，造成结垢堵塞，甚至除雾器坍塌、GGH 堵塞停运。循环泵选用高速泵，极易发生气蚀损坏等。

（3）将脱硫塔当作部分除尘器使用。按脱硫塔除尘效率 50％设计，大量粉尘掺入浆液循环系统，加剧了循环泵和喷淋系统的磨损，运行不到半年，循环泵及喷淋系统部件磨损更换，除雾器和 GGH 结垢、堵塞、腐蚀、坍塌等；含大量粉煤灰的浆液也影响石膏结晶、脱水和品质。

2）热态阶段

2002—2012 年我国火电厂烟气脱硫产业得到了爆炸式的增长。这个阶段对于火电厂烟气脱硫的国家政策以及管理办法逐渐明朗，符合我国国情以及产业现状的新的政策、法规和标准陆续制定出台。而这其中就包含了一些强制性的要求以及政策,如《排污费征收使用管理条例》等政策、法规;同时脱硫设备国产率也得到了极大的提高,国内脱硫公司迅速发展到了 200 多家,基本采用与国外合作的技术模式,即国内脱硫公司总承包,国外提供技术支持。此阶段适应我国火电机组不同情况的烟气脱硫技术得到了全面的发展和应用,如石灰石-石膏法、烟气循环流化床、海水脱硫法、脱硫除尘一体化、半干法、旋转喷雾干燥法、炉内喷钙+尾部烟气增湿活化法、活性焦吸附法、电子束法等烟气脱硫工艺。从投入的情况看,石灰石-石膏法是这个时期的主流工艺技术,其次是半干法烟气循环流化床脱硫以及其他工艺。

3) 温态阶段

经过 2002—2012 年的爆炸性增长,国内脱硫公司经历了极为强劲的行业竞争,残酷的竞争使得很多脱硫公司离开了脱硫市场,而且国内许多省份已经完成了国家制定的在役机组加装烟气脱硫装置的任务,接下来的工作就是新建机组的烟气脱硫装置,而且随着脱硫装置的国产化程度越来越高,部分脱硫公司拥有完全的自主知识产权,脱硫设备的工程造价大幅度下降。但是随着我国新的烟气排放标准的实施,投运的脱硫设备必须改造,2012 年以前已投用的脱硫系统大多面临着增容改造的问题。

### 3.2.2 脱硫装置常见问题以及解决方法

在湿法烟气脱硫系统运行过程中,无论新建或改造项目在实践中存在不少运行问题,脱硫装置常出现的问题有塔体、除雾器结垢或堵塞、吸收塔浆液起泡及溢流等。

1) 塔体、除雾器结垢或堵塞问题

塔体、除雾器的结垢或堵塞是一个非常复杂的现象,设计参数、工艺流程及过程化学反应都会影响系统的结垢程度,严重的结垢将会造成压损增大,设备堵塞,这是目前造成设备停运的主要原因之一。

(1) 塔体"湿-干"结垢  塔体"湿-干"结垢发生于"湿-干"交界区。如吸收塔烟气入口处至第一层喷嘴之间,以及最后一层喷嘴与烟气出口之间的塔壁面。氧化风喷管口区域结垢属于"湿-干"结垢,解决方法一般为在氧化风喷口处设置冷却喷水管,并保持常开,控制氧化风温低于浆液温度。进而减少氧化风管喷口处温度波动幅度,降低氧化风管结垢程度[14]。

塔体防结垢措施:调整好吸收塔运行参数,使亚硫酸盐氧化充分,pH 值控制稳定,及时检修处理有故障的供浆调节门。

(2) 浆液黏堵结垢  工况变动导致浆液滴进入此区域后,部分含有二水硫酸钙、半水亚硫酸钙、碳酸钙的浆液黏性较大,容易黏附于塔体壁面、除雾器板上,吸收烟气中未尽的 $SO_2$,再则沉积层水分的蒸发使沉积层逐渐形成结构致密的硬垢。

除雾器防结垢措施:优化和完善冲洗程序和控制。检查安装质量,冲洗阀门定位,冲洗覆盖程度,检查喷嘴分布使阀门不漏不堵,冲洗压力调整为 0.3 MPa 左右,保证冲洗效果。然后增加下部除雾器冲洗量。

2）吸收塔浆液起泡及溢流

锅炉在运行过程中投油、燃烧不充分,未燃尽成分随锅炉尾气进入吸收塔,造成吸收塔浆液有机物含量增加。锅炉后部除尘器运行状况不佳,烟气粉尘浓度超标,含有大量惰性物质的杂质进入吸收塔后,致使吸收塔浆液重金属含量增高。重金属离子增多引起浆液表面张力增加,从而使浆液表面起泡[15]。

处理措施:

（1）从吸收塔排水坑定期加入脱硫专用消泡剂。在吸收塔最初出现起泡溢流时,消泡剂加入量较大,在连续加入一段时间后,泡沫层逐渐变薄,减少加入量,直至稳定在一定加药量上。

（2）在保证氧化效果的前提下,适当降低吸收塔工作液位,减小浆液溢流量,防止浆液进入吸收塔入口烟道。排除石膏时降低吸收塔浆液密度,保证新鲜浆液的不断补入。

（3）控制吸收塔浆液重金属离子、氯离子($Cl^-$)、有机物、悬浮物及各种杂质的含量,保证吸收塔内浆液的品质。严格控制脱硫用工艺水的水质,加强过滤和预处理工作,降低化学需氧量和生化需氧量(COD 和 BOD)。

### 3.2.3　烟气脱硫系统参数匹配

湿法烟气脱硫系统作为一种相对成熟、脱硫效率较高的脱硫技术得到了广泛的使用,但是由于其操作相对复杂,运行参数的选择对于系统效率影响很大。如果运行参数选择不当,还会导致结垢、腐蚀等现象。因此,研究运行参数对脱硫效率的具体影响显得尤为重要。

在湿法脱硫工艺中,吸收塔浆液 pH 值及系统阻力对脱硫系统设计及运行影响较大。

（1）浆液 pH 值对于脱硫效率的影响　通过实验发现,在一定范围内随着吸收塔浆液 pH 值的升高,脱硫效率呈上升趋势,因为高 pH 值意味着浆液中有较多的碳酸钙($CaCO_3$)存在,有利于脱硫。但在高 pH 值时排出的石膏浆液中石灰石的含量也增加了,直接导致系统吸收剂利用率降低。在低 pH 值时,亚硫酸钙($CaSO_3$)的溶解度增加,但对石灰石的溶解不利。因为浆液中石灰石颗粒表面有一层溶解的石灰石所生成的 pH 值较高的膜,阻碍了石灰石的溶解,最终导致脱硫效率降低。在石膏排出泵的出口,对排出浆液的 pH 值进行取样检测,其检测数据同时进入脱硫系统控制,以对石灰石浆液供浆控制的相关参数进行修正。

（2）控制脱硫系统阻力　此法可以防止烟气携带浆液进入除雾器和 GGH,而除雾器液滴排放标准应为 45 $mg/m^3$[16]。

### 3.2.4 烟气深度脱硫

基于不同系列机组,燃煤品种各异,含硫成分复杂多变,为了提高脱硫增容能力,不少电厂采用单塔双循环或单塔双区方案,甚至采用双塔串联或并联等方案。

1) 脱硫塔扩容方案

脱硫塔扩容方案可以通过加大塔的直径、增加喷淋层单塔系统、双塔系统、单塔双循环、单塔双区、加装双托盘、加装浆液再均布装置等措施实现。

(1) 加大塔直径和增加喷淋层单塔系统  据调查,脱硫系统诸多问题由反应塔内径偏小、烟速高(4.5～5.5 m/s)引起。为此,改建时应依据燃煤含硫量,确定喷淋层的层数和塔高,扩大塔径,控制烟速为 3.2～3.5 m/s,提高浆池高度,有利于提高脱硫效率。

(2) 脱硫双塔系统  当场地充裕时,可考虑双塔系统。保留原塔容,副塔仅处理扩容。这样副塔直径较小,高度较低,可减少改造工作量,缩短停机时间,但需要注意两塔之间合理的流量分配。也有双塔并联、二炉配三塔的方案,因其运行操作麻烦而很少采用[17]。

(3) 单塔双循环脱硫系统(见图 3-1)  在脱硫塔内设置积液盘将脱硫区分隔为上、下循环脱硫区。这种方式德国早已有之。国内如广西合山电厂、广州经济技术开发区 300 MW 等机组应用。

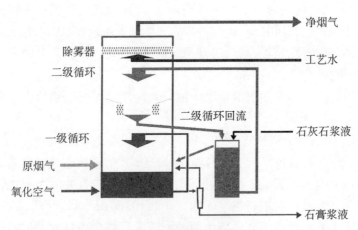

图 3-1  单塔双循环脱硫系统

在该系统下循环脱硫区,由中和氧化池、下循环泵构成下循环脱硫系统,pH 值控制在 4.0～5.0 较低范围内,有利于亚硫酸钙的氧化、石灰石溶解,防止结垢和提高吸收剂利用率。在上循环脱硫区,由新鲜浆池和上循环泵构成上循环脱硫系统,pH 值控制在 6.0 左右,可以高效地吸收二氧化硫,提高脱硫率。

一个脱硫塔内布置相对独立运行的双循环脱硫系统,保证较高的脱硫效率,又降低浆液循环量和系统能耗,并且单塔整体布置还减少了占地,节约了投资;特别适合于燃烧高硫煤烟气脱硫,脱硫效率可达到99%以上[18]。

(4) 单塔双区脱硫系统　该系统在沙州电厂投运(见图3-2)。其特点如下:吸收和氧化所需的浆液的pH值不一样。吸收二氧化硫等酸性气体浆液pH值要求较高;氧化结晶区pH值低于5。

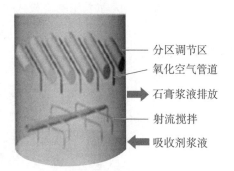

分区调节区
氧化空气管道
石膏浆液排放
射流搅拌
吸收剂浆液

图 3-2　单塔双区脱硫系统

根据反应过程的要求,在吸收塔浆液池设有分区调节器和射流搅拌,使浆液分成上部pH值为5左右的氧化区,下区pH值为5.5左右的吸收用的浆液,用这种双区的方法达到提高脱硫率和提高吸收剂利用率的作用。

(5) 吸收塔加装双托盘改造方案　美国巴威公司单托盘喷淋塔系统在国内已有应用案例。加装多孔托盘,加强塔内烟气与浆液的接触,使脱硫能力增加1.5倍,相当一层喷淋层。改双层托盘,增加石灰石浆液浓度到24%,在脱硫塔底部增加空气喷枪,加大空气量,消除亚硫酸盐致盲等问题后,脱硫率从90%提高到98%[19]。但烟气阻力也增加,引风机也可能要改造。

(6) 脱硫塔加装浆液再均布装置　无论哪种方案,塔内均需加装浆液再均布的装置。烟气中心区总面积2/3的区域烟气均匀流速高,喷淋密度大,脱硫效率可达99%。塔壁周边1/3的区域形成层流,液滴贴壁,降低喷淋浓度,脱硫效率大幅度下降,加装这种均布装置,把收集浆液流回中心区又减少烟气漏捕,有利于提高液气交换,提高脱硫效率。双相整流烟气脱硫技术原理及工程实物如图3-3所示。

三层喷淋层
双相整流器

图 3-3　双相整流烟气脱硫技术原理及工程实物

（7）脱硫废水处理　详见第 5 章"火电厂节水与废污水处理"和第 6 章"城市生活垃圾清洁发电"。

2）除雾器改造

目前除雾器大多采用的平板式工程塑料易结垢、堵塞甚至坍塌（见图 3 - 4）。应采用防腐蚀钢制屋脊形除雾器，出口雾滴小于 45 mg/m³，且配有冲洗水喷淋系统，加强冲洗维护。

图 3 - 4　循环泵叶片腐蚀、除雾器严重堵塞、坍塌情况

3）浆液循环泵选择

浆液循环泵发生的气蚀、磨蚀、化学磨损故障是常见病。高速泵（1 500 r/min）是产生气蚀的主因，建议采用 750 r/min 的低速泵，但其体积大、价格高；浆液中高浓度粗颗粒烟尘会加速循环泵磨损。建议脱硫塔入口粉尘浓度小于 30 mg/m³ 为好；化学腐蚀较小，影响不大[20]。

4）GGH 存在问题与对策

很多新建电厂因 GGH 投资高且结垢、堵塞而被取消（见图 3 - 5）；而没有取消的大部分 GGH 运行尚好，改造中不要轻易就把它拆除。许多电厂的垢样分析表明，粉煤灰居多。这与运维没有按规定进行定期冲洗等原因有关。

图 3 - 5　GGH 结垢堵塞、腐蚀脱落情况

系统保留 GGH,排烟温度提高 30℃,烟气抬升高度可增加 90 m,利于扩散。烟囱正压区相对减少,对烟囱腐蚀也相应得到改善。

5) 关于烟囱防腐

据某电力设计院调查,全国烟囱情况几乎都出现腐蚀问题,甚至复合钛钢板的烟囱都产生外墙(焊缝漏点)点腐蚀;用胶不当,打底不够,造成宾高德玻璃砖脱落现象;其他如聚脲、胶泥、鳞片树脂等材料都脱落。暴露设计中忽视烟温变化产生的热应力,产生接缝拉裂或与底层拉开等热胀冷缩,造成烟囱腐蚀。

建议 600 MW 和 1 000 MW 以上机组可考虑采用复合钛钢板组合烟囱,其余机组可考虑用宾高德玻璃砖,配用进口的胶合剂,使用两种材料的膨胀系数大体一致的材料。

6) 石膏雨等产生原因及防治

石膏雨产生与烟温、烟速、烟囱结构、防腐材料、除雾器效率、运行工况、扩散条件(环境温度和大气压)等因素关联。除雾器效率低:若其出口烟气中雾滴质量浓度大,则易生成石膏雨;蓝烟主要与氨逃逸相关,需调整运行工况;白烟与排烟温度关系密切,需烟气除湿或排烟温度控制在水露点上;灰烟是除尘效率不佳的原因,需检查系统。

## 3.2.5　运行调整及系统优化

脱硫系统改造是一项系统工程,工程完成后要对运行参数优化调整,对吸收剂品质、液气比、浆液 pH 值、Ca/S 比等进行优化调整,系统才能经济、稳定地运行。

1) 参数控制

浆液 pH 值及浆液密度是脱硫系统的重要运行参数。

控制 pH 值在 5.4～5.8 之间;过高的碳酸钙浓度易形成系统表面结垢,使除雾器结垢堵塞。pH 值过低,亚硫酸盐溶解急剧上升,硫酸盐溶解度略有下降,石膏在短时内大量产生和析出,产生硬垢。

控制浆液密度:一般浆液固含量为 15％～17％。浆液密度过高,其黏度提高,易在除雾器结垢;当浆液密度过低时,硫酸钙未能在石膏晶种表面充分结晶,容易形成硫酸钙过饱和,溶液过饱和度越大,形成结垢的速度则越快。

2) 运维要求

定时冲洗;锅炉负荷越高,烟气量越大,越会产生石膏雨,可适当减少送风量;调整除雾器布置或改造除雾器,改造或调整浆液喷嘴分布,使流场均匀等。

3) 脱硫系统改造案例

针对常见的脱硫系统问题,某电厂改造措施如下:采用引风机、增压风机合一方式,拆除原有 4 台增压风机及其基础;脱硫系统原烟道重新优化设计,由主烟道直接接入吸收塔入口;实现大浆液量循环五层、喷淋三层除雾深度脱硫。

（1）具体方案　为达到 $SO_2$ 排放浓度不大于 35 mg/$Nm^3$,脱硫效率由原有的 95.1％提高到 98.1％以上。采用增加双相整流装置,保留现有 4 台 8 600 $m^3$/h 的循环泵及最下方三层喷淋层,更换最上层喷淋层,再新增加一层喷淋层及循环泵,共五层喷淋层。

吸收塔内径不变。提升原二级屋脊式除雾器及顶部塔体标高,新增加一级屋脊式除雾器,原有一级管式除雾器移位安装到新增喷淋层上方位置。除雾器高度由原有 2.5 m 增加到 5 m。为减少石膏雨的可能性,最上一层喷淋层到除雾器的距离从 1.8 m 提高到 2.5 m。

吸收塔本体总高度由原有的 29 m 增加到 36.6 m,共增加 7.6 m,其中浆液池高度提高 2 m,喷淋层及除雾器段提高 5.6 m。

（2）检测结果　2015 年 12 月,经河南省电力试验院测试,♯1 和♯2 炉粉尘排放浓度分别为 3.99 mg/$Nm^3$ 和 2.94 mg/$Nm^3$,排放浓度小于标准限值 5 mg/$Nm^3$。改造后 168 h 试运行,♯1 和♯2 炉 $SO_2$ 排放浓度分别为 8.6 mg/$Nm^3$ 和 15.1 mg/$Nm^3$, $SO_2$ 排放浓度小于 35 mg/$Nm^3$,脱硫效率由原有的 95.1％提高到 98.1％以上,实现改造的目标。

## 3.3　烟气脱硝技术

在烟气脱硫取得阶段性成效的基础上,电厂开展烟气脱硝的全面治理。初期,为了减少锅炉烟气 $NO_x$ 的排放量,往往采用价格相对低廉的低 $NO_x$ 燃烧技术以及 SNCR,实现燃烧过程控制,并取得一定脱污效果。但是新标准的实施不得不转向 SCR 以及组合技术。为此,国内迅速开展火电厂烟气脱硫、脱硝、脱汞一体化技术研究与工程示范。自从引进国外 SCR 技术后,高温 SCR 脱硝成为国内煤电烟气脱硝的主流;对于老电厂的改造机组,存在地位不够,布置困难的问题;小容量机组则采用 H 形翅片管省煤器结构,腾出安装 SCR 的空间。

2011 年 3 月底,国家"十一五"科技支撑计划——"燃煤电厂烟气脱硫、脱硝、脱汞关键技术研究与工程示范"课题验收会在渝顺利召开。项目下设四个子课题,即"燃煤电厂双相整流烟气脱硫成套技术与装备""燃煤电厂两级式烟气脱硝关键技术与装备""燃煤电厂烟气脱汞关键技术与装备"和"燃煤电厂综合烟气净化集成技术与应用示范"。

经过 3 年的努力,项目完成全部研究任务。项目研究成果在重庆合川双槐电厂示范应用。依托示范项目,建成了国内规模最大的原烟气净化综合实验基地,包括脱硫实验平台、脱硝实验平台和脱汞实验平台及国内首台万吨级 $CO_2$ 捕集装置,搭建了可开展燃煤烟气净化技术集成实验研究平台。

为了执行 2014 年新的烟气污染物排放标准,大规模地按期完成烟气脱硝治理,客观上造成 SCR 的市场需求与国内的市场管理机制、产品研发速度、制造质量方面的严重脱节,给电厂带来一定程度上的安全运行问题。

### 3.3.1　烟气脱硝技术分类简介

燃料的燃烧过程分为三个阶段,即燃烧前、燃烧中和燃烧后。与此相同,电厂脱硝技术手段也分为燃烧前脱硝、燃烧中脱硝、燃烧后脱硝。当前,火电厂关于脱硝技术的研究和开发都集中在燃烧中和燃烧后阶段,针对燃烧前的脱硝研究很少。所以,根据脱硝处理的前后位置关系,国内外将燃烧中脱硝称为一次脱硝,将燃烧后脱硝措施称为二次脱硝,又称为烟气脱硝技术[21]。

常用的燃烧中脱硝技术为低 $NO_x$ 燃烧技术,主要是通过控制燃烧和使用低 $NO_x$ 燃烧器实现的[22]。

燃烧后脱硝技术有很多种,目前发展比较成熟并且广泛采用的有以下三种:SCR 和 SNCR 以及 SNCR/SCR 混合烟气脱硝技术。

1) 选择性催化还原

在烟气脱硝技术领域里,SCR 脱硝技术发展得最为成熟,脱硝效率高达 90% 以上,且价格相对较低应用也最为广泛。

SCR 脱硝技术最早由美国在 1950 年提出,于 1959 年由 Eegelhard 公司申请了发明专利。直到 1972 年日本开始正式研究和开发选择性催化脱硝技术。截至 2004 年,日本应用 SCR 烟气处理技术的电厂燃煤锅炉容量已超过 23.1 GW,占世界总量的 13%。而我国在 2011 年底已投入运行的 SCR 烟气脱硝项目的电厂燃煤机组容量达到 124.29 GW,投运 SNCR 的电厂燃煤机组容量达到 5.15 GW。

(1) 反应机理　SCR 主要原理是:在催化剂的工作温度区间内(280～420℃),烟气与氨气均匀混合,发生还原反应,反应生成无污染的氮气和水,从而降低氮氧化物含量。反应方程如下:

$$4NO + 4NH_3 + O_2 \longrightarrow 4N_2 + 6H_2O \tag{3-1}$$

$$6NO + 4NH_3 \longrightarrow 5N_2 + 6H_2O \tag{3-2}$$

对燃烧过程中少量 $NO_2$,其化学反应为

$$2NO_2 + 4NH_3 + O_2 \longrightarrow 3N_2 + 6H_2O \tag{3-3}$$

$$6NO_2 + 8NH_3 \longrightarrow 7N_2 + 12H_2O \tag{3-4}$$

选择性催化还原的过程如图 3-6 所示。

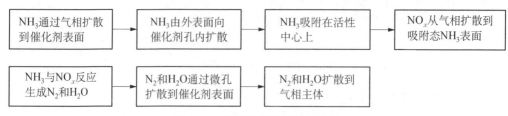

图 3-6 选择性催化还原的过程

(2) SCR 脱硝催化剂 催化剂是烟气脱硝的核心产品,其质量优劣直接决定了烟气脱硝效率的高低,在催化脱硝技术中,催化剂至关重要,大部分脱硝过程中的费用也都来自催化剂的老化和还原剂的消耗。脱硝催化剂的投资费用通常占整个脱硝投资的 40%～60%,而"十二五"期间烟气脱硝给脱硝催化剂带来 200 多亿元的新市场,目前国内生产催化剂用的钛白粉制作技术被国外少数公司垄断,研发自主知识产权的 SCR 脱硝催化剂是不言而喻的。

**SCR 脱硝催化剂的种类**

常用催化剂包括钒钛催化剂、贵金属催化剂、金属氧化物催化剂及沸石分子筛型催化剂。

a. 金属氧化物催化剂 金属氧化物催化剂主要包括 $V_2O_5$、$WO_3$、$CuO$、$Fe_2O_3$、$MnO_x$、$CrO_x$、$NiO$ 及 $MoO_3$ 等金属氧化物或其混合物,通常以 $TiO_2$、$Al_2O_3$、$ZrO_2$、$SiO_2$ 及活性炭等作为载体。

钒钛类催化剂在电厂脱硝中应用较多。该类催化剂主要有 $V_2O_5/TiO_2$、$V_2O_5$-$WO_3/TiO_2$、$V_2O_5$-$MoO_3/TiO_2$ 和 $V_2O_5$-$WO_3$-$MoO_3/TiO_2$ 等。将钒类催化剂负载在锐钛矿 $TiO_2$ 载体上,载体主要是为催化剂提供与反应物更大的接触面积。$V_2O_5$ 是催化剂中最主要活性成分和必备组分,为主催化剂,其价态、晶粒度及分布情况对催化剂的活性均有一定的影响。$WO_3$ 和 $MoO_3$ 为催化剂中加入的少量物质,称为助催化剂,这种物质本身没有活性或活性很小,但却能显著地改善催化剂的活性、选择性和热稳定性[23]。

目前 $V_2O_5/TiO_2$ 和 $V_2O_5$-$WO_3/TiO_2$ 相继实现商业化。由于 $V_2O_5$-$WO_3/TiO_2$ 比 $V_2O_5/TiO_2$ 更具活性和抗氧化、抗水中毒性,已经逐渐取代 $V_2O_5/TiO_2$。

b. 贵金属催化剂 贵金属催化剂是研究较早的一类 SCR 催化剂。贵金属如 Pt、Pd、Rh 和 Ag 等以离子的形式与沸石中的 Na、K 和 Ca 等阳离子通过离子交换的方式负载到沸石上。此类催化剂在 20 世纪 70 年代作为排放控制类的催化剂发展起来,主要应用于汽车尾气净化器中。贵金属催化剂具有较高的低温催化活性,但活性窗口较窄且成本高,不适合大规模固定源的 $NO_x$ 治理,仅应用于低温条件下和汽

车尾气中的 $NO_x$ 脱除。

c. 沸石分子筛型催化剂　近年来，以分子筛为载体的催化剂逐渐应用于 SCR 脱硝技术中。分子筛用作催化剂是基于其特殊的微孔结构，其类型、热处理条件、硅铝比、交换的离子种类、交换度等都会影响其活性。目前常用的分子筛主要有 ZSM-5、Y 和 β 型，其中 ZSM-5 分子筛最为广泛。

分子筛催化剂以其自身的特殊优点已引起广泛的关注，并将在未来 SCR 脱硝技术中得到广泛的应用发展。结合各类催化剂反应条件、脱硝率及特点，不同 SCR 脱硝催化剂比较如表 3-1 所示[24]。

表 3-1　不同 SCR 脱硝催化剂比较

| 催化剂 | 反应温度/℃ | 脱硝率/% | 特点 |
|---|---|---|---|
| $V_2O_5$-$WO_3$/$TiO_2$ | 350 | 98 以上 | $WO_3$ 为助剂，可提高 $TiO_2$ 的稳定性，并抑制 $SO_2$ 的氧化 |
| $V_2O_5$/碳基材料 | 330 | 再生前，60～70；再生后，90 | 适合于同时脱硫、脱硝 |
| CuO/γ-$Al_2O_3$ | 250～400 | 90 以上 | 可吸附 $SO_2$ 将其氧化为硫酸盐，更适合于同时脱硫、脱硝的处理，减少能耗，并能有效避免 $SO_2$ 的催化影响 |
| 其他金属氧化物（$MnO_x$/$TiO_2$、Mn-$CeO_2$/ACFN 和 $CeO_2$/ACF 等） | 100～250 | 90 以上 |  |
| 分子筛载体催化剂 Cu-ZSM-5 | 220～384 | 90 以上 | 适合低温和中温，具有较好的抗热冲击能力 |
| 分子筛载体催化剂 Fe-ZSM-5 | 300～600 | 90 以上 | 中高温脱硝效果较好，低温脱硝不理想 |
| 分子筛载体催化剂 $MnO_x$/NaY | 50～180 | 100 | 其蛋壳结构是在低温下具有良好 SCR 活性的主要原因 |

**影响催化剂活性的因素**

造成 SCR 催化剂失活的原因有很多，既有运行工况的影响，也有烟气中各种有毒有害化学成分的作用。

目前对催化剂失活的机理研究主要有如下几个方面：

a. 催化剂的烧结　催化剂烧结导致其活性降低，它不能通过催化剂再生方式恢复。一般在烟气温度高于 400℃ 时，烧结就开始发生。解决方法：适当提高催化剂中 $WO_3$ 的含量，可以提高催化剂的热稳定性，从而提高其抗烧结能力；降低锅炉负荷，从而降低锅炉温度,可直接提高抗烧结能力。

b. 砷、钙、磷、碱金属中毒　燃煤烟气中含有砷、钙、磷、碱金属等,随着催化反应的进行会逐渐聚积,从而引起催化剂孔道的堵塞,使催化剂失活。解决方法:采用物理化学方法减少煤烟气中砷、钙、磷、碱金属的含量,同时还可以通过改变催化剂的物理化学特性达到减少中毒的效果。

c. 水的毒化　水在烟气中以气体的形式出现,水蒸气在催化剂表面的凝结可加剧碱金属可溶性盐对催化剂的毒化,同时水会汽化膨胀,从而损害催化剂细微结构,导致催化剂的破裂。

SCR 催化剂的中毒是影响烟气脱硝的关键,其中毒的原因复杂且各不相同。根据锅炉性能、燃料特性以及飞灰成分对 SCR 脱硝系统进行优化设计,制订恰当的防止催化剂失活的措施,对延长催化剂寿命、降低能耗和生产费用十分必要。

(3) SCR 脱硝装置布置流程　传统 $NH_3$-SCR 技术根据脱硝反应器安装位置不同,可将 SCR 分为高尘布置和低尘布置两种方式。

在高含尘工艺中,SCR 反应器布置于锅炉省煤器和空气预热器之间。这种布置方式恰好在催化剂($V_2O_3$-$WO_3$/$TiO_2$)温度窗口内,在 $300\sim400℃$ 烟温下 NO 的转化率超过 90%。但是,催化剂易发生烟气流通不畅和失效,要求催化剂具有良好的耐磨损、防堵塞和抗中毒能力。

对于 SCR 装置在电除尘系统之后的方式,虽然烟尘含量大幅下降,但是烟温低,需要 GGH 加热而增加投资,一般不采用。

另外还有一种方案,布置在湿法烟气脱硫装置(FGD)之后。尽管将催化剂置于无尘、无 $SO_2$ 的"干净"烟气中,避免高温脱硝产生的问题,但需要低温高活性的催化剂。

2) 选择性非催化还原

选择性非催化还原(SNCR)的原理是在烟气高温区主要是炉膛出口处加入还原剂,使之在烟温 $850\sim1\,100℃$ 范围内与烟气中的氮氧化物发生还原反应。整个反应过程不需要催化剂。常用的还原剂有 $NH_3$、$(NH_2)_2CO$。

$NH_3$ 或尿素还原 $NO_x$ 的主要反应如下所示。[25]

$NH_3$ 为还原剂:

$$4NH_3 + 4NO + O_2 \longrightarrow 4N_2 + 6H_2O \qquad (3-5)$$

尿素为还原剂:

$$2NO + CO(NH_2)_2 + 1/2O_2 \longrightarrow 2N_2 + CO_2 + 2H_2O \qquad (3-6)$$

SNCR 脱硝效率为 50%～80%,该法设备运行费用较少,具有一定的应用价值。

3）SNCR/SCR 联合脱硝技术

SNCR 与 SCR 的联合脱硝系统结合了两种技术的优点，即将 SNCR 低费用的优点和 SCR 高脱硝率、低氨逃逸率有效结合，提高 $NO_x$ 脱除率的同时可降低脱硝成本，减少氨的泄漏。联合脱硝系统中的 SNCR 脱硝过程中氨的泄漏为 SCR 提供需要的还原剂。SCR 脱硝过程则可脱除掉更多的 $NO_x$，并且进一步减少氨的泄漏。虽然联合脱硝系统使用的催化剂比单独使用 SCR 脱硝系统要少，但它却能达到高的 $NO_x$ 脱除率。该技术前端采用 SNCR，应用稳定化的尿素水溶液以减少锅炉内的 $NO_x$，最终产生的氨副产物可作为还原剂并加之下游的催化剂进一步还原 $NO_x$。

为了降低 SCR 的入口 $NO_x$ 浓度，通常实践者采用 SNCR＋SCR 脱硝组合技术[26]。

4）SNCR/SCR 技术应用实例

随着国家对环保重视程度的增加，对燃煤电厂污染物排放的要求越来越高，很难单纯通过 SCR 技术将 $NO_x$ 的排放浓度控制在超低排放要求的限值内，因此，出现了 SNCR＋SCR 形式的混合技术。

（1）燃烧劣质煤的 CFB 脱硝技术　燃用采掘矸(含风化氧化煤)＋洗煤厂的煤泥和煤矸石的 1 060 t/h CFB 锅炉，设计了一套处理烟气量为 $1.15×10^6$ $Nm^3/h$、初始 $NO_x$ 含量为 190 $mg/Nm^3$，且 $NO_x$ 排放浓度(不大于 50 $mg/Nm^3$)满足超低排放的 SNCR＋SCR 联合烟气脱硝系统(见图 3－7)。主要设计参数如表 3－2 所示。

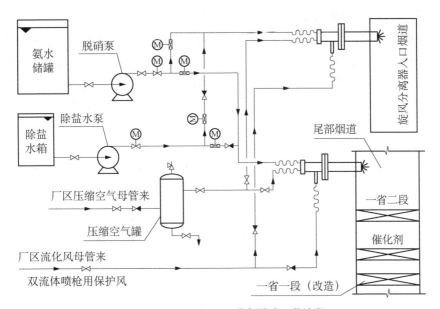

**图 3－7　SNCR＋SCR 联合脱硝工艺流程**

表 3－2　SNCR＋SCR 组合脱硝系统主要设计参数表

| 参 数 名 称 | 参 数 数 值 |
|---|---|
| 烟气流量(干基、6％$O_2$)/($Nm^3$/h) | 1.15×10$^6$ |
| $NO_x$ 初始浓度/(mg/$Nm^3$) | 190(最大设计值) |
| 联合脱硝效率/％ | ≥75(SNCR 阶段脱硝效率≥60，SCR 阶段脱硝效率≥35)(非标单层催化剂) |
| $NO_x$ 排放浓度/(mg/$Nm^3$) | ＜50 |
| 氨逃逸浓度/ppm① | ＜3 |
| 联合脱硝装置可用率/％ | ≥98 |
| 催化剂阻力/Pa | ≤120 |
| $SO_2$/$SO_3$ 转化率/％ | ＜1 |
| 还原剂消耗(25％氨水)/(kg/h) | 1 170(设计最大用量) |
| 电耗/(kW/h) | 7.5(设计最大用量) |
| 喷枪雾化压缩空气耗量/($m^3$/min) | 3.5(设计最大用量) |

组合脱硝系统的喷射装置布置于旋风分离器入口烟道处以及尾部烟道内的 SCR 催化剂上部。相应配置氨水储存系统、氨水输送系统、氨水稀释计量系统、氨水喷射辅助雾化系统、喷枪保护风系统、氨水分散喷射系统及辅助系统。

参加脱硝反应的还原剂温度窗口(850～1 100℃)至关重要。通常 SCR 的脱硝效率在 60％～90％之间。

两级脱硝方式有利于充分利用一级脱硝剩余喷氨量，减少氨逃逸；利用二级脱硝系统增补喷氨，深度脱污。其所需催化剂较少，对设备系统的影响、产生的阻力、投资等均介于 SNCR 与 SCR 之间。

(2) 煤粉炉的 SNCR＋SCR 超净排放[27]　20 世纪 70 年代，美国发明 SNCR 脱除 $NO_x$ 工艺。2007 年江苏利港电厂引进了第一台 600 MW 机组的 SNCR 脱硝装置。

华能伊敏电厂三期 2×600 MW 机组采用 SNCR＋SCR 脱硝技术，对 SCR 系统烟道进行优化设计并安装烟气混合器，改善进入 SCR 的逃逸氨在分布上的不均匀性，使锅炉的 $NO_x$ 从 260 mg/$Nm^3$ 降至 90 mg/$Nm^3$ 以下。

SNCR 系统氨逃逸分布和 $NO_x$ 分布的测试结果如图 3－8～图 3－11 所示。

_____

① ppm＝10$^{-6}$，行业惯用。

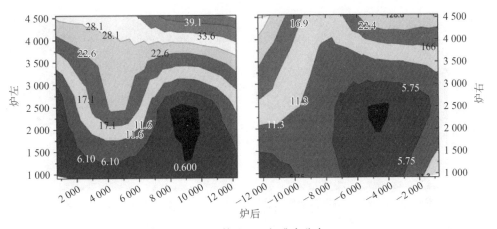

图 3 - 8　基础工况氨逃逸分布

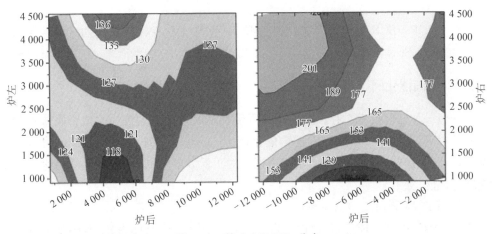

图 3 - 9　基础工况 $NO_x$ 分布

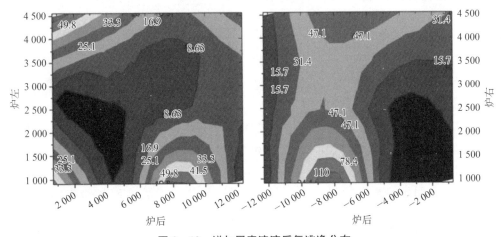

图 3 - 10　增加尿素溶液后氨逃逸分布

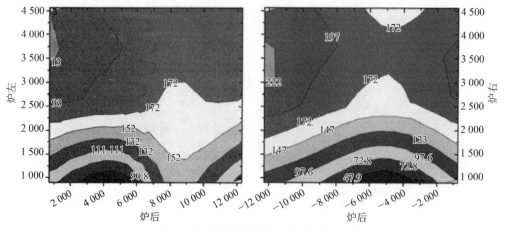

图 3-11　增加尿素溶液后 NO$_x$ 分布

在 SNCR＋SCR 混合法脱硝运行情况下,适当增大 SNCR 系统四区的尿素溶液流量,能够使 SCR 反应器出口的 NO$_x$ 降低到 50 mg/Nm³ 以下,有着应用的优势。

### 3.3.2　脱硝催化问题及思考

任何一种处理技术总存在其应用的限度。SCR 除了高温反应窗口带来投资和布置上的要求以及对运维影响外,还会催化产生 SO$_3$。它与水蒸气和氨产生腐蚀性的副产物硫酸氢铵,其危害性应予足够重视。对于低温催化剂,则需要足够活性和机械强度等性能。

1) 高温 SCR 对运维的影响

灰和烟气中某些成分造成催化剂磨损、堵塞、中毒、失活而失效,脱硝效率逐渐下降,导致催化剂提早更换,运行费用增加。

2) SO$_3$ 问题

在催化剂的作用下烟气中 SO$_3$ 增加,产生更多的硫酸氢铵。在 147℃ 以上烟温下液态的硫酸氢铵极易黏附,腐蚀空气预热器,造成空气预热器内结垢或堵塞;在此温度以下呈粉状结晶体的硫酸氢铵又容易吸潮会裹着粉尘黏住电极及布袋或其他设备,系统阻力剧增。

图 3-12 所示为某电厂电袋除尘器的极板、极线积灰情况。分析采集的垢样发现,灰样中的无机铵含量为 6.7 mg/g 和 5.9 mg/g,远超出正常值(0.05 mg/g)。图 3-13 所示为电袋除尘器滤袋黏粉尘情况。灰中无机铵以 NH$_4^+$ 计含量为 11.3 mg/g,明显偏高锅炉飞灰中无机铵含量,是造成滤袋表面粉尘板结的主要原因。

图 3-12 电袋除尘器阴极线、阳极板黏灰情况

图 3-13 电袋滤袋黏粉尘情况

3) 低温烟气脱硝催化剂的创新研究

不同的催化剂种类有不同的反应窗口温度。四川大学国家烟气脱硫工程技术研究中心研发了一种新型活性炭固体催化法烟气脱硫、脱硝技术,取得了良好的脱污效果。在非电行业的设备上多次试验,深度测定脱硝项目的去除率接近100%,化工脱硝项目的去除率为70%~90%。

这种新型碳基催化剂使 $NH_3$ 对 $NO_x$ 还原温度窗口温度降低到120℃左右(见图 3-14),有利于新机组的设计和老机组的改造。通过深度脱硫(50 mg/$Nm^3$ 以下)后进行高效的低温脱硝,可解决老机组背包式烟气脱硝装置在布置上的困难,又降低改造或新建项目的投资风险。

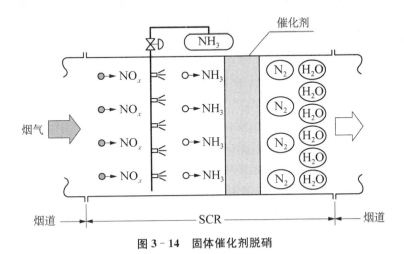

图 3-14 固体催化剂脱硝

### 3.3.3 烟气脱硝的实践与改进

许多电厂锅炉采用低氮燃烧器+选择性催化还原法(SCR)烟气脱硝技术提高脱硝

效率,其措施如下:采用 SNCR+SCR 组合技术;采用三层催化剂,两用一备,有效降低氨逃逸率,防止空气预热器堵塞;对锅炉脱硝 SCR 区域各喷氨支路分门进行调整开度,确保反应器内喷氨均匀,降低液氨单耗;降低氨或尿素系统的能耗,提高系统安全性。

### 3.3.3.1 某电厂♯1 和♯2 机组的 SCR 脱硝系统改造

某电厂 1 000 MW 机组脱硝系统改造情况如下[28]。

1) 问题

原锅炉脱硝系统出口 NO$_x$ 含量偏高,环保指标不达标;SCR 出口与烟囱排烟出口 NO$_x$ 测量偏差大;脱硝氨站的设计出力不能满足特殊工况下低 NO$_x$ 排放要求,影响机组脱硝效率;脱硝系统积灰严重,催化剂大面积磨损,大大降低了脱硝效率;脱硝系统引起空气预热器腐蚀和严重积灰。

2) 解决措施

针对脱硝系统出现的以上问题,解决措施如下:

(1) 优化燃烧调整 锅炉低氧燃烧;精准控制风煤比例,调整制粉系统风量和燃尽二次风,控制末端碳的燃尽度,使 SCR 的入口烟气 NO$_x$ 含量控制在 350 mg/Nm³ 以下。

(2) 改进氨喷射系统及导流板 调整喷嘴的喷氨/NO$_x$ 摩尔比。通过模化试验,重新对烟道导流板、氨喷射系统静态混合器、催化剂层上部整流板优化设计,更换导流整流板,使烟气分布的均匀性偏差控制在合理范围内。

(3) 合理布置探头,改善烟气流场 系统运行发现原设计安装在烟道中部的 SCR 进、出口采样探头的取样代表性差[见图 3-15(a)]。通过网格法测定,SCR 入口 NO$_x$ 浓度分布比较均匀,受烟气流场、喷氨的不均匀性,使 SCR 出口 NO$_x$ 浓度沿宽度和深度方向有较大变化。

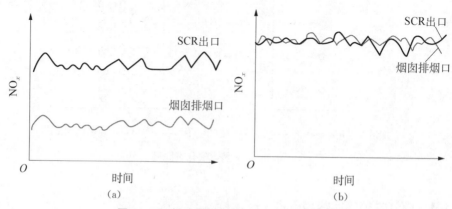

**图 3-15 探头取样样式对 NO$_x$ 浓度的影响**

(a) 取样探头位置在烟道中间　(b) 探头布置在烟道外部的旁路取样管上

为此,采用插入式的旁路取样管方式,实现多点取样。在 SCR 出口烟道上分别引出两路旁路取样管至空气预热器出口烟道,利用烟道之间的差压实现旁路管道的烟气流动,将烟气分析系统的取样探头测点布置在烟道外部的旁路取样管上。旁路管插入烟道部分,贯穿整个烟道截面,在管道上每隔一段距离开取样孔,在烟道壁处汇成一路,以求在一定程度上均匀混合,提高采样的代表性,保证了 SCR 出口 $NO_x$ 与烟囱排烟 $NO_x$ 趋势的一致性[见图 3 - 15(b)]。

(4) 针对氨站采取的措施　原设计 2 台机组脱硝系统共用 1 套氨系统,配 SWP - $NH_3$ - 1100 型液氨蒸发器,一运一备。蒸发器为蒸汽加热水浴式汽化器。实际上在 2 台机组满负荷时段,当 SCR 入口 $NO_x$ 含量超过 450 mg/$Nm^3$ 时,将造成液氨蒸发器水温达不到设计值 80℃,2 台炉 SCR 脱硝系统入口供氨管道压力偏低,影响机组的脱硝效率。后来改换 2 台液氨蒸发器 VSWP - $NH_3$ - 1500 型,满足了 2 炉各种工况的供氨需求。

(5) 针对催化剂磨损严重甚至出现整块脱落(见图 3 - 16)采取的措施　在等级检修时,更换全部催化剂,增大了催化剂层的体积,将备用层增加为第三层催化剂,将每层催化剂高度由 1 606 mm 增至 1 906 mm。同时,对烟道各导流板、整流板进行更换,优化烟气流场,降低流动阻力。

图 3 - 16　催化剂磨损积灰情况

(6) 吹灰系统改造　每层催化剂的上方原装 4 台耙式吹灰器,再加装 7 台声波清灰器,防止灰尘黏合、沉积在催化剂和 SCR 反应器内的表面上。在声波吹灰器连续工作、耙式蒸汽吹灰器吹灰频率由每班 1 次改为每班 2 次后,有效地避免了催化剂积灰现象。

(7) 防止空气预热器腐蚀和堵灰　全部更换脱硝催化剂后控制氨逃逸率,降低碳酸氢铵($NH_4HSO_4$)的生成量。

在机组等级检修期间,对空气预热器蓄热片改造,冷端蓄热片全部为搪瓷元件,降低 $NH_4HSO_4$ 在蓄热片上的沉积量,有利于积灰的清除。

通过对♯1和♯2机组的SCR脱硝系统的改造,2台机组脱硝系统出口 $NO_x$ 浓度分别达到了 22.4 mg/Nm³ 和 25.84 mg/Nm³,$NH_3$ 的逃逸率降低,改善空气预热器腐蚀、堵灰及烟气侧差压,炉膛负压稳定在 -30~-50 Pa 范围内,各参数均达到了预期效果。

### 3.3.3.2 运维管理

在脱硝系统运行过程中,要加强对系统的运行和维护管理[29],主要包括如下4个方面。

1) 催化剂活性控制

SCR反应塔中的催化剂在运行一段时间后其反应活性降低,氨逃逸量增大。其原因主要由重金属元素如氧化砷引起催化剂中毒、飞灰与硫酸铵盐在催化剂表面的沉结引起催化剂堵塞以及飞灰冲刷引起的催化剂磨蚀等降低了催化剂活性。

采用SCR反应塔预留备用层方案可延长催化剂更换周期,一般节省高达25%的需要更换的催化剂体积用量,但烟道阻力损失有所增大。

为避免催化剂层压差增大,可以适当提高吹灰频率,并保证蒸汽吹灰每8小时进行1次。

2) 烟气温度控制

不同的催化剂具有不同的适用温度范围。一般催化剂温度范围在 300~420℃ 之间,当处于烟气温度下限时,会在催化剂上发生副反应,$NH_3$ 与 $SO_3$ 和 $H_2O$ 反应生成 $(NH_4)_2SO_4$ 或 $NH_4HSO_4$,温度越高,越容易造成催化剂的烧结损坏,催化剂失活加快。

3) 喷氨量控制

还原剂 $NH_3$ 的用量通过设定 $NH_3$ 和 $NO_x$ 的摩尔比来控制。控制氨逃逸率小于3%,减少了氨用量。当摩尔比较小时,$NH_3$ 与 $NO_x$ 反应不完全;当超过一定范围时,$NO_x$ 的转化率不再增加,造成还原剂 $NH_3$ 的浪费,泄漏量增大,造成二次污染。$NH_3$ 与烟气混合度也十分重要,需要调整足够的混合时间。

4) 防爆

系统采用的还原剂为氨($NH_3$),其爆炸极限(在空气中体积分数)为 15.7%~27.4%。运行时氨浓度一般应控制在5%以内。2台稀释风机投入联锁保护、自动联启运行,以防不测。

## 3.4 脱汞研究

在燃煤锅炉中,与非挥发性元素大部分迁移到炉渣或底灰中不同,绝大多数的汞以不同形态存在于烟气中,如不加以有效的控制,将会对大气产生极大的危害。由于单质汞具有较高的挥发性和较低的水溶性,在大气中的平均停留时间长达 1 年甚至更久,容易通过长距离的大气运输形成全球性的汞污染。因此,燃煤电厂的脱汞研究已经成为电力行业大气污染防治中的一个重要的研究领域。

### 3.4.1　汞的特性与分布

汞对生物的危害性极大。汞与铅或锰同时存在时毒性加重。汞毒性具有积累性,往往需几年或十几年才有表现。

2000 年 8 月美国国家科学研究院通过对自然环境中汞污染物的人体危害研究,得出每天每千克体重汞的摄入量超过 0.1 μg 将会对婴幼儿的神经和发育造成显著危害。

近年来汞化合物对遗传基因的影响得到了广泛的研究。汞化合物的致突变性与其和核酸作用以致影响细胞的功能有很大的关联性,如甲基汞会对染色体造成伤害。

我国各主要产煤区煤中汞含量值如表 3 - 3 所示。燃煤烟气中汞主要以单质汞($Hg^0$)、氧化态汞($Hg^{2+}$)及颗粒态汞($Hg^P$)等三种形式存在,其主要特征如表 3 - 4 所示。并且近年来,随着垃圾焚烧比例的增加,垃圾焚烧厂所排放出的汞量不可忽视。因此,建立烟气净化技术体系,发展与现有烟气处理设备结合的脱汞技术,实现脱硫、脱硝、除汞一体化[30]。

表 3 - 3　中国各省煤中汞含量　　　　　　　　单位:μg/g

| 地区 | 汞含量范围 | 汞含量算术平均值 | 汞含量标准差 |
|---|---|---|---|
| 安徽 | 0.14~0.33 | 0.22 | 0.06 |
| 北京 | 0.23~0.54 | 0.34 | 0.09 |
| 吉林 | 0.08~1.59 | 0.33 | 0.28 |
| 黑龙江 | 0.02~0.63 | 0.12 | 0.11 |
| 辽宁 | 0.02~1.15 | 0.20 | 0.24 |
| 内蒙古 | 0.06~1.07 | 0.28 | 0.37 |
| 江西 | 0.08~0.26 | 0.16 | 0.07 |
| 河北 | 0.05~0.28 | 0.13 | 0.07 |
| 山西 | 0.02~1.95 | 0.22 | 0.32 |
| 陕西 | 0.02~0.61 | 0.16 | 0.19 |
| 山东 | 0.07~0.30 | 0.16 | 0.19 |

（续表）

| 地区 | 汞含量范围 | 汞含量算术平均值 | 汞含量标准差 |
|---|---|---|---|
| 河南 | 0.14～0.81 | 0.30 | 0.22 |
| 四川 | 0.07～0.35 | 0.18 | 0.10 |
| 新疆 | 0.02～0.05 | 0.03 | 0.01 |
| 贵州 | 0.096～2.57 | 0.552 | — |
| 云南 | 0.03～3.8 | 0.38 | — |

表 3-4　燃煤烟气中汞的形态及特征

| 汞形态 | 特性 | 捕集方式及效果 | 影响因素 |
|---|---|---|---|
| 单质汞 | 挥发性高,不溶于水,在大气中停留时间长,一定条件下可被吸附 | 不易被除尘器捕集,难以通过湿法脱硫洗涤除去 | 温度和飞灰特性 |
| 氧化态汞 | 具有水溶性,挥发性,易被吸附性 | 部分吸附在颗粒物表面被除尘器捕集,较易通过湿法脱硫洗涤除去 | 温度,飞灰特性,烟气卤素含量 |
| 颗粒态汞 | 易被吸附在飞灰或残炭表面,在电厂除尘器中容易荷电,在大气中停留时间短 | 易被除尘器捕集 | 温度和飞灰特性 |

　　"十二五"规划将燃煤电厂汞排放标准纳入其中(见图 3-17),并在全国 15 个燃煤电厂开展汞排放监测与控制试点工程。2012 年 1 月,环保部发布"火电厂大气污染物排放标准",其中,汞及其化合物的排放限值为 0.03 mg/Nm³,并于 2015 年 1 月 1日正式实施。

图 3-17　工业汞污染的分布

## 3.4.2　脱汞方法

在锅炉和污染控制装置中,煤炭种类对燃烧中汞的化学转化扮演了重要的角色。每种技术或它们的复合形式对不同汞污染物有不同的减排效应。

通常结合现有烟道气净化装置的综合脱除作用完成。烟道气净化主要任务为分离飞灰、吸附或催化分解有害气体、分离气态和颗粒状重金属、吸附催化破坏有毒有机化合物,烟气净化处理工艺主要有干法、半干法、湿法及组合工艺[31]。不同燃煤电厂汞污染控制设备的汞脱除效率如表 3-5 所示。

表 3-5　不同燃煤电厂汞污染控制设备的汞脱除效率

| 控制技术 | 脱除率范围/% | 平均脱除率/% | 来源 |
| --- | --- | --- | --- |
| 燃烧前洗选加工 | 20～64 | 27 | Akers et al. 1993 |
| 炭质固定床 | 78～99 | 92 | Hartenstein 1993a, b, c |
| 活性炭喷入(高温) | 74～95 | 89 | Hartenstein 1993a, b, c |
| 活性炭喷入(低温) | 76～99 | 96 | Hartenstein 1993a, b, c |
| 纤维滤层 | 68～83 | 79 | Interpoll 1992a; Sloss 1993; Chang et al. 1993 |
| FGD(湿法) | 38～77 | 66 | Interpoll 1991,1990a; Chu et al. 1993; Sloss 1993; Noblett et al. 1993; Radian 1993a |
| FGD(干法) | 26～69 | 51 | Interpoll 1991,1990a; Chu et al. 1993; Sloss 1993; Noblett et al. 1993; Radian 1993a |
| 喷射干燥吸收(SDA) | 23～83 | 63 | Felsvang et al. 1993; Interpoll 1990b, 1991 |
| ESP | 0～22 | 10 | Interpoll 1992b; Radian 1993b; Chu et al. 1993 |

根据燃煤的不同阶段,汞的控制大致可分为三种:燃烧前燃料脱汞、燃烧中控制和燃烧后烟气脱汞。相比燃烧前和燃烧中脱汞,燃烧后脱汞是一种有效可行的燃煤烟气脱汞途径。

烟气脱汞的方法主要有以活性炭吸附为代表的吸附法,以选择性催化还原法(SCR)为代表的化学氧化法。烟气脱汞率与吸附剂本身的物理性质(颗粒粒径、孔径、表面积等)、温度、烟气成分、停留时间、烟气中汞浓度、C/Hg 比例等因素有关。

1) 活性炭吸附法

活性炭脱汞技术较为成熟,应用最多,其脱汞率可达 96%。活性炭对汞的吸附是一个多元化的过程,包括吸附、凝结、扩散以及化学反应等过程。

活性炭表面带有较多氧化物及有机官能团,可产生化学吸附。如 C=O 基团有较强的氧化性,可作为氧化吸附汞的活化中心,$Hg^0$ 氧化成 $Hg^{2+}$;C=N 含氮官能团的阳离子能直接接受来自汞原子的电子而形成离子偶极键,使 $Hg^0$ 活化后联结在一起,并与官能团生成氧化汞,从而增强活性炭的脱汞能力。

活性炭有两种方式吸附烟气中的汞,其一是在颗粒脱除装置前喷入粉末状活性炭(powdered activated carbon,PAC);其二是将烟气通过活性炭吸附床(granular activated carbon,GAC)。PAC 将活性炭直接喷入烟气中,吸附汞的活性炭颗粒由静电除尘器或布袋除尘器除去,而 GAC 一般安排在脱硫装置和除尘器的后面,作为烟气排入大气的最后一个清洁装置。

2)飞灰注入法

飞灰作为煤粉燃烧产物,受原料及燃烧工况的影响,原状灰或多或少会含有未燃尽有机物,即未燃尽残炭。飞灰中未燃尽碳含量的超标不仅带来相应的环境问题,而且制约着燃煤飞灰在许多领域的应用。飞灰对汞的吸附主要通过物理吸附、化学吸附、化学反应或者三种方式结合的方式进行。碳含量高的飞灰具有相当于活性炭等吸附剂的吸附作用,这种方法主要是将气态的汞吸附转化为颗粒态汞,进而达到脱除的目的。在汞浓度比较低的情况下,飞灰与商业活性炭的吸附能力相差不大,用飞灰作为燃煤烟气的汞吸附剂是经济的。

飞灰对元素汞具有一定的氧化能力,残炭表面的含氧官能团 C=O 有利于汞的氧化和化学吸附。

飞灰对汞的吸附也与飞灰粒径大小有关。研究表明,飞灰中汞的含量随着粒径的减小而增大,飞灰粒径越小,比表面积越大,这一规律表明汞在飞灰中呈表面富集状态。温度对汞的吸附也有影响,较低温度对飞灰的吸附更有利。

钙基类物质如 $Ca(OH)_2$ 对 $Hg^{2+}$ 的吸附效率可达到 85%,同样 CaO 也可以很好地吸附 $Hg^{2+}$,但是对于单质汞的吸附效率却很低。

3)改性飞灰

研究表明,活性炭纤维和掺碳纤维对燃煤烟气的汞蒸气有吸附性能,引入碘离子等对活性炭纤维和掺碳纤维进行表面化学改性;掺碳纤维脱除燃煤烟气汞蒸气十分有效,同时选取卤族元素对活性炭进行改性,取得了理想的脱汞效果。

采用 $FeCl_3$ 对活性炭进行处理,其吸附效果有很大的提高,有效吸附时间从65 min 延长到 180 min。

### 3.4.3 改性飞灰应用

改性飞灰吸附剂喷射技术应用于 300 MW 机组,汞污染在现有基础上排放降低了 30%～50%。联合脱硫、脱硝、除尘及吸附剂吸附技术后,示范电厂汞综合脱除效率达到 75%～90%。

用程序升温热解可以获取各汞化合物的热解释放标准特性曲线(见图 3-18)[32]。由图 3-18 可知,五种汞化合物的热解释放温度从低到高依次是 $HgBr_2 < HgCl_2 <$ $HgS < HgO < HgSO_4$,并且 $HgBr_2$ 和 $HgCl_2$ 的热解释放温度非常接近,因此可以采用离子色谱对飞灰样品中卤素进行测试分析,以区分 $HgBr_2$ 和 $HgCl_2$ 吸附前飞灰表面汞化合物热解释放特性。

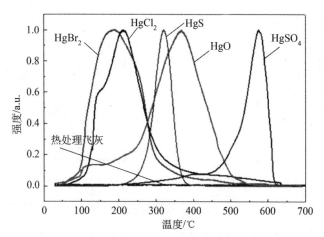

**图 3-18　汞化合物的热解释放标准特性曲线**

图 3-19 为吸附前飞灰表面汞化合物的热解释放特性曲线。从图 3-19(a)中可以看出,HBr 改性前后飞灰表面汞化合物的热解释放特性差别很大。

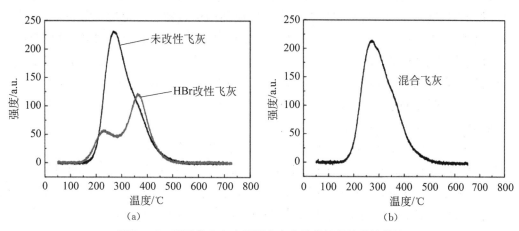

**图 3-19　吸附前飞灰表面汞化合物的热解释放特性曲线**

(a) HBr 改性前后飞灰　(b) 混合飞灰(HBr 改性飞灰∶未改性飞灰=1∶49)

图 3-20 为 HBr 改性前后飞灰表面可能的汞化合物种类分析图。通过离子色谱法分析发现,未改性飞灰中存在 4.10 ppm 的氯元素,没有测试到溴元素的存在,图(a)第一个热解释放峰所代表的汞化合物是 $HgCl_2$,未改性飞灰表面的汞化合物主要是 $HgCl_2$ 和 HgS。HBr 改性飞灰中存在 9 278.73 ppm 的溴元素,没有测试到氯元素的存在,这是由于氯元素在改性过程中溶解到水中,干燥过程中随水的蒸发进入空气,而未留在飞灰表面。图(b)第一个热解释放峰所代表的汞化合物是 $HgBr_2$,改性飞灰表面的汞化合物主要是 $HgBr_2$、HgS 和 HgO。

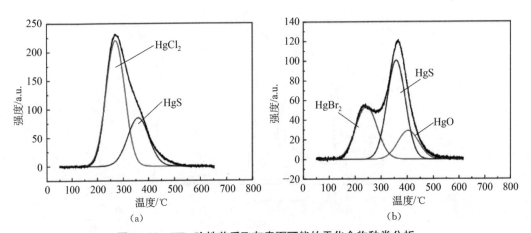

**图 3-20 HBr 改性前后飞灰表面可能的汞化合物种类分析**

(a) 未改性飞灰 (b) HBr 改性飞灰

飞灰对烟气中元素汞的吸附特性及 HBr 改性飞灰在携带床中所吸附的汞化合物如图 3-21 所示。由图 3-21(a)可知,开始喷射飞灰时,烟气中汞的浓度随之降低,停止喷射后,汞的浓度缓慢回升。由于反应器内壁残留有一定的飞灰,对汞依然具有吸附作用,短时间内汞的浓度很难回升到进口汞的浓度值。当开始喷射混合飞灰时,汞的浓度急剧降低,未改性飞灰对汞的吸附效率为 11.4%,而混合飞灰对汞的吸附效率为 43.9%,含有 2% 的 HBr 改性飞灰的混合飞灰对汞的吸附效果较未改性飞灰得到了明显的增强。由图 3-21(b)可知,HBr 改性飞灰在携带床中所吸附的汞主要由 $HgBr_2$ 和 HgO 组成。

不同浓度的 NO 对 1∶49 混合飞灰汞吸附效率的影响如图 3-22 所示。由图 3-22 可以看出,烟气中 NO 的含量为 400 ppm 时改性飞灰对汞的吸附效率最高,NO 含量为 0 时飞灰的汞吸附效率最低。NO 的浓度不同,改性飞灰的汞吸附效果相差较大,说明烟气中 NO 的存在对改性飞灰的汞吸附效果具有明显的作用。

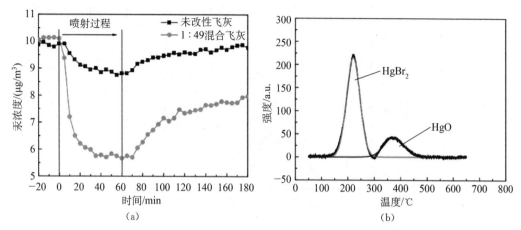

**图 3 - 21　飞灰对汞的吸附特性及 HBr 改性飞灰在携带床中所吸附的汞化合物**

（a）飞灰对汞的吸附特性　（b）HBr 改性飞灰在携带床中所吸附的汞化合物

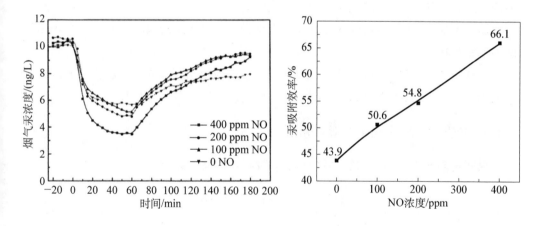

**图 3 - 22　不同浓度的 NO 对混合飞灰汞吸附效率的影响**

吸附前后飞灰汞物质的热解释放特性如图 3 - 23 所示。由热解释放曲线对应面积可得吸附前飞灰、NO 浓度为 0 吸附后飞灰和 NO 浓度为 400 ppm 吸附后飞灰的汞含量分别是 1 053.3 ng/g、1 523 ng/g 和 2 467 ng/g，加入 NO 后飞灰吸附的汞含量明显增加。

HBr 改性飞灰脱汞特性可归纳如下：

HBr 改性后，飞灰对烟气中汞吸附能力大大增强。

未改性飞灰中汞化合物主要包括 $HgCl_2$ 和 HgS，HBr 改性后汞化合物主要包括 $HgBr_2$、HgS 和 HgO。

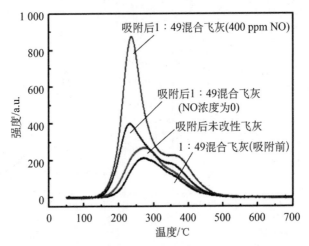

**图3-23 吸附实验前后飞灰汞物质的热解释放特性**

烟气中加入NO后,改性飞灰吸附剂的汞吸附效率明显提高;随着NO含量的增加,改性飞灰吸附效率增加,汞浓度变化率增加。

烟气中加入NO前后,HBr改性飞灰在携带床中所吸附的汞均以$HgBr_2$和$HgO$两种形式存在。

烟气中加入NO后,HBr改性飞灰对$Hg^0$的吸附量增大,主要是增加了$HgBr_2$,推测加入NO后,HBr与$NO_2$作用生成Br的反应可能是其关键步骤。

### 3.4.4 ESP对烟气中脱汞的形态分布

煤灰是多元素多微孔的复合物质,具有吸附汞的能力(见表3-6)。

**表3-6 ESP内煤灰脱汞效果**

| 机组 | ESP 入口 | | | | ESP 出口 | | | |
|---|---|---|---|---|---|---|---|---|
| | 汞浓度/$(\mu g/m^3)$ | 汞形态比例/% | | | 汞浓度/$(\mu g/m^3)$ | 汞形态比例/% | | |
| | | $Hg^0$ | $Hg^{2+}$ | $Hg^P$ | | $Hg^0$ | $Hg^{2+}$ | $Hg^P$ |
| 1 | 16.66 | 38.27 | 44.92 | 16.80 | 13.53 | 40.64 | 57.88 | 1.48 |
| 2 | 18.75 | 33.97 | 37.39 | 28.64 | 12.16 | 43.62 | 52.50 | 3.88 |
| 4 | 21.70 | 1.30 | 33.72 | 54.98 | 13.17 | 43.74 | 49.01 | 7.24 |
| 6 | 14.53 | 5.81 | 75.34 | 18.84 | 16.92 | 6.49 | 85.19 | 8.32 |

从电除尘器及袋式除尘器除尘率、脱除$PM_{2.5}$及脱汞的实例分析可见:

袋式除尘器无论在除尘率、脱除$PM_{2.5}$及脱汞方面均胜电除尘器一筹。而且袋式除尘器与电除尘器的投资和运行维护费用大体相当[33]。在实际应用中,根据煤种变化情况以及已超标排放的电除尘器,可改用袋式除尘器。

### 3.4.5　化学氧化法

选择性催化还原法就是在将氮氧化物催化还原为氮气的同时,可将 $Hg^0$ 氧化成 $Hg^{2+}$ , $Hg^{2+}$ 相对更易被湿式喷淋装置脱除。$Hg^0$ 被 SCR 装置催化氧化的效率可达 $80\%\sim90\%$ ,氧化效率的高低受气体空间流速、氨浓度和气流中氯的浓度等因素影响。

某 300 MW 机组的 SCR 脱硝系统前后烟气形态分布研究表明:气态汞经 SCR 后的形态发生了较大的改变,$Hg^0$ 质量分数从 $49.01\%$ 降至 $7.3\%$ ;而 $Hg^{2+}$ 质量分数由 $38.96\%$ 上升至 $82.67\%$ ,系统中 $NH_3$ 对汞形态转化没有作用,主要是通过催化作用完成 HCl 对 $Hg^0$ 的氧化,最终形成 $Hg^{2+}$ 。

也有研究表明,汞在 SCR 催化剂上的吸附和氧化与烟气中 HC1 的浓度有关,同时发生汞的氧化副反应,而 $NH_3$ 会导致吸附在 SCR 催化剂中汞被释放。表 3-7 所示为几种烟气脱汞方法与特点的对比。

表 3-7　几种烟气脱汞方法与特点对比

| 方法 | 特点 | 净化效率 | |
|---|---|---|---|
| | | $Hg^0$ | $Hg^{2+}$ |
| 活性炭法 | 脱除率高,而且可以同时脱除多种污染物,但费用高 | 高 | 高 |
| 飞灰注入法 | 费用低,$Hg^{2+}$ 的脱除效率高,变废为宝,对 $Hg^0$ 脱除效果一般 | 一般 | 较高 |
| 钙基吸收剂吸收法 | $Hg^{2+}$ 的脱除率高,费用低,可同时脱除 $SO_2$ ,对 $Hg^0$ 脱除效果不明显 | 低 | 较高 |
| SCR 法 | 对汞的脱除率高,实现脱硝、脱汞一体化 | 较高 | 较高 |
| 光催化法 | 脱除率高,但尚处于初步研究阶段 | 高 | 高 |
| 臭氧法 | 脱除率高,可实现同时脱硫、脱硝 | 高 | 高 |

## 3.5　多种污染物协同脱除技术

生态环境的恶化引起社会巨大反响和深刻反思。火电污染是严重的污染源,必须节能减排,大力整治,尤其是近来,多地域笼罩在雾霾下,$PM_{2.5}$ 颗粒物的危害极其严重,更需要加大力度,综合治理。2014年9月,国家发改委、环保部、能源局三部委发布了《煤电节能减排升级与改造行动计划(2014—2020年)》,对燃煤电厂提出了更高的烟气排放控制要求。即在基准含氧量6%条件下,烟尘、二氧化硫、氮氧化物排放浓度分别不高于10 mg/Nm³、35 mg/Nm³和50 mg/Nm³。

为此,研究者根据不同地区、不同机组的燃煤特性,从技术经济角度提出不同的协同技术路线。

### 3.5.1 简述

所谓烟气"协同治理"的技术概念,即在每个烟气单项处理子系统中同时考虑脱除其他污染物的可行性,或为下一流程烟气处理子系统更好地发挥效能创造条件。其中,烟气协同治理关联要素如表3-8所示。

**表3-8 烟气协同治理关联要素**

| 序号 | 设备名称 | 污染物 | | |
| --- | --- | --- | --- | --- |
| | | 烟尘 | 汞 | SO₂ |
| 1 | 脱硝装置 | | 采用新型汞氧化催化剂,将 $Hg^0$ 氧化为 $Hg^{2+}$ | 采用低 $SO_2$ 转化率的催化剂,减少 $SO_2$ 向 $SO_3$ 的转化 |
| 2 | 低温省煤器 | 烟温降低至酸露点以下,烟尘的比电阻相应降低,烟尘的粒径增大,有利于在除尘器和脱硫吸收塔中被脱除 | 在较低温度下会增加颗粒被烟尘捕获的机会 | 大部分 $SO_2$ 被碱性烟尘吸附 |
| 3 | 低低温静电除尘器 | 由于烟尘的比电阻降低,体积流量下降,除尘效率提高可达到99.9%以上 | $Hg^{2+}$ 被灰颗粒吸附、中和并去除 | 90%以上的 $SO_3$ 在高烟尘浓度区被吸附在烟尘表面,而被除尘器去除 |
| 4 | 湿法脱硫装置 | 吸收塔出口携带浆液会增加出口烟尘的排放浓度(负协同效应)<br>优化的除雾器和喷淋层设计等措施可达到70%的除尘效率,吸收塔出口排放浓度降低到10 mg/Nm³ 以下或更低 | $Hg^{2+}$ 在湿法脱硫装置中被吸收,通过氧化还原控制元素汞的形成<br>部分 $Hg^{2+}$ 被 $SO_2$ 还原为 $Hg^0$(负协同效应) | 湿法脱硫工艺对 $SO_3$ 的脱除率为30%~50% |

### 3.5.2 湿法同时脱硫、脱硝技术

湿法脱硫、脱硝技术主要包括传统的 W-FGD+SCR 组合技术,以及氯酸氧

化($Tri\ NO_x$ - $NO_x\ Sorb$)同时脱硫、脱硝技术、乳化黄磷法脱硫、脱硝工艺、湿式 FGD ＋金属络合物法同时脱硫、脱硝技术、液膜法同时脱硫、脱硝技术、钙基吸收剂催化氧化烟气同时脱硫、脱硝技术。以下简单介绍氯酸氧化同时脱硫、脱硝技术和乳化黄磷法脱硫、脱硝工艺。

1) 氯酸氧化同时脱硫、脱硝技术

氯酸氧化是一种湿式处理工艺，采用氧化吸收塔和碱式吸收塔两段进行处理。氧化吸收塔是用氧化剂 $HClO_3$ 氧化 $SO_2$、NO 和有毒金属；碱式吸收塔作为后续处理工艺，采用 $Na_2S$ 及 NaOH 作为吸收剂，吸收残余气体。该工艺实现了在同一套设备中同时脱硫、脱硝的目的，脱除率可达到 95％ 以上，并且不存在催化剂失活、催化能力下降等问题。其反应过程可以表示为

$$5NO + 6HClO + H_2O \longrightarrow 6HCl + 3NO_2 + 2HNO_3 \qquad (3-7)$$

$$6SO_2 + 2HClO_3 + 6H_2O \longrightarrow 6H_2SO_4 + 2HCl \qquad (3-8)$$

2) 乳化黄磷法脱硫、脱硝工艺

美国劳伦斯伯克利国家实验室(LBNL)研发者提出：含有碱的黄磷乳浊液能够同时去除烟气中的 $NO_x$ 和 $SO_2$，因此命名该脱硫、脱硝工艺为 $PhoSNO_x$ 法。

含碱的黄磷乳浊液喷射到含 $NO_x$ 和 $SO_2$ 的烟气中，然后与其逆流接触，黄磷与烟气中的氧气反应产生臭氧($O_3$)和氧原子(O)，$O_3$ 和 O 迅速将 NO 氧化成 $NO_2$，$NO_2$ 溶解在溶液中并且转化成 $NO^{2-}$ 和 $NO^{3-}$；$SO_2$ 转化为 $HSO^{3-}/SO_3^{2-}$，其中一些与 $NO_2$ 反应产生 $HSO_3/SO_3$ 自由基，该自由基与烟气中 $O_2$ 反应生成 $SO_4^{2-}$，另一些 $HSO^{3-}/SO_3^{2-}$ 与 $NO_2$ 反应形成 $N_2S$ 中间产物，这类中间产物水解最终产生 $(NH_4)_2SO_4$ 和石膏。在碱性物存在的条件下(如 $CaCO_3$)，可以生成 $NO^{2-}$ 和 $NO^{3-}$。

### 3.5.3　湿式脱硫装置脱汞

利用脱硫装置(FGD)可以达到一定的除汞目的。煤中的氯元素含量、烟气温度以及烟气停留时间等因素都会影响烟气中汞形态。烟气通过湿式脱硫装置(WFGD)后，总汞的平均去除率一般为 7％～57％，$Hg^{2+}$ 的去除率可以达到 80％～95％，不溶性的 $Hg^0$ 去除率几乎为 0。实际燃煤烟气中汞主要以 $Hg^0$ 存在，因此研究如何提高烟气中的 $Hg^0$ 转化为 $Hg^{2+}$ 的转化率，是利用 WFGD 脱汞的重点。

Argonne 国家实验室认为 FGD 在烟气的综合治理方面(同时脱除 $SO_2$、NO 和 Hg)有很大的发展潜力，并进行了广泛的研究。主要是利用强氧化性且具有相对较高蒸气压的添加剂加入烟气中，使得几乎所有的单质汞都与之发生反应，形成易溶于水的汞化合物。

Argonne 国家实验室分别用几种卤素类物质作为添加剂在小型试验台上进行了

实验,实验结果表明,$I_2$ 和 $Hg^0$ 之间可以发生快速气态反应,碘溶液即使在很低质量分数时(小于 1 ppm)也可以有效地氧化 $Hg^0$,但是混合烟气中必须要有 NO 存在,否则碘溶液就会失去对 $Hg^0$ 的氧化性;当气体成分仅为 $O_2$ 和 $N_2$ 时,$Br_2$ 溶液(250 ppm)才能氧化 $Hg^0$,而烟气中出现 $SO_2$ 气体时,$Br_2$ 溶液对 $Hg^0$ 的氧化作用变得不明显。$Cl_2$ 和 $Hg^0$ 之间的反应缓慢,但当模拟烟气中出现 NO 时,NO 与氯形成一种过渡化合物,如氯化亚硝酰,它可以与 $Hg^0$ 快速反应。含氯和氯酸溶液对单质的氧化作用还是比较稳定的,但要作为商业应用,还需要进一步研究。

### 3.5.4 脱硝装置脱汞

SCR 脱硝工艺并不能直接抑制烟气中汞的排放量,而是通过催化氧化 $Hg^0$,显著提高 $Hg^{2+}$ 在烟气气态汞中所占的比例,从而有利于下游的烟气 WFGD 对汞的吸收。最近在美国开展的现场试验研究发现,经过 SCR 反应器后烟气中氧化汞的浓度增加,便于利用 WFGD 达到脱汞的目的。在实验室中,通过对 SCR 催化剂的研究,进一步证实了 SCR 系统有氧化元素态汞的作用。通常情况下,$NH_3$ 的存在阻止单质汞的氧化;提高烟气中 HCl 的含量和降低 SCR 催化剂空间速度对汞的氧化都有促进作用。汞在 SCR 催化剂上的吸附和氧化与烟气中的 HCl 浓度有关。在 SCR 反应器中,在 HCl 和单质汞反应的同时,有汞的氧化副反应发生;当模拟烟气不存在 HCl 时,单质汞仅依靠吸附作用停留在催化剂表面,当烟气中有 8 ppm HCl 时,95% 的单质汞被氧化,但是汞的吸附量并没有明显的增加;同时发现 $NH_3$ 的存在会导致吸附在 SCR 催化剂中汞的释放。在低浓度的 HCl 烟气中,$WO_3$ 和 $MoO_3$ 可以减少烟气中 $HgCl_2$ 的生成;当温度在 $130\sim410℃$ 之间时,$V_2O_5$ 明显可以促进氧化单质汞,在给定的含有一定浓度的 HCl 烟气体中,催化剂中 $V_2O_5$ 含量与单质汞的氧化率成正比,且增加烟温 $V_2O_5$ 氧化性增强。

烟气中 HCl 本身不具备较强的氧化能力,但催化剂 $[V_2O_5-WO_3(MoO_3)/TiO_2]$ 能够通过 Deacon 反应在 $O_2$ 的作用下将 HCl 催化氧化成 $Cl_2$,反应如下:

$$4HCl + O_2 \longrightarrow 2H_2O + 2Cl_2 \tag{3-9}$$

通过上式反应形成的 $Cl_2$ 及相关联的氯原子是 $Hg^0$ 迅速大量被氧化成 $Hg^{2+}$ 的主要原因,反应如下:

$$Hg^0 + Cl_2 \longrightarrow HgCl_2 \tag{3-10}$$

$$Hg^0 + 2Cl^- \longrightarrow HgCl_2 \tag{3-11}$$

因此,SCR 系统对烟气中 $Hg^0$ 的形态转化的影响主要是通过其催化剂催化作用,使烟气中 HCl 和 $O_2$ 形成具有强氧化性的 $Cl_2$ 及相关联的氯原子而作用于 $Hg^0$,

最终反应形成 $HgCl_2$。

随着 $NO_x$ 排放标准的严格,燃煤电厂开始运行 SCR 烟气脱硝技术。脱硝工艺能够加强汞的氧化而增加将来烟气脱硫装置对汞的去除率,该工艺在除汞方面具有很大的潜在空间。

### 3.5.5　有机催化烟气综合清洁技术

Lextran 的有机催化技术是当前世界范围内唯一在同一脱硫塔内能同时完成脱硫、脱硝、脱汞的三效合一烟气减排系统。

1) 有机催化法原理

有机催化技术的核心是有机催化剂,其基体是一种含有亚硫酰基官能团的化合物,具有对烟气中的 $SO_2$ 和 $NO_x$ 等酸性气体的强捕捉能力。在脱硫、脱硝的同时,有机催化剂对汞等重金属也具有极强的物理溶解吸附能力,从而可去除烟气中的汞等重金属。

(1) 脱硫机理　脱硫过程如下列反应式所示:

$$SO_2 + H_2O \longrightarrow H_2SO_3 \tag{3-12}$$

$$H_2SO_3 + LPC(有机催化剂) \longrightarrow LPC \cdot H_2SO_3 \tag{3-13}$$

$$2LPC \cdot H_2SO_3 + O_2 \longrightarrow 2LPC + 2H_2SO_4 \tag{3-14}$$

当 $SO_2$ 转变成亚硫酸($H_2SO_3$)时,有机催化剂与之结合成稳定共价化合物,它们被持续氧化成硫酸,然后催化剂与之分离。有机催化烟气综合清洁技术完美地实现了上述反应,并通过加入碱性中和剂(氨水),制成高品质的硫酸铵化肥。

(2) 脱硝的基本反应原理(氧化法)　烟气中的一氧化氮(NO)难溶于水,需要先被氧化,才能在水溶液中被吸收:

$$NO + 强氧化剂 \longrightarrow N_2O_3 + NO_2 + H_2O \tag{3-15}$$

当 $NO_x$ 转变成亚硝酸($HNO_2$)时,有机催化剂与之结合成稳定络合物,它们被持续氧化成硝酸。

$$HNO_2 + LPC \longrightarrow LPC \cdot HNO_2 \tag{3-16}$$

$$2LPC \cdot HNO_2 + O_2 \longrightarrow 2LPC + 2HNO_3 \tag{3-17}$$

有机催化烟气综合清洁技术完美地实现了上述反应,并通过加入碱性中和剂(氨水),制成硝酸铵化肥。

(3) 脱汞原理　当加入强氧化剂时,气态原子汞转化为离子态汞($Hg^{2+}$),离子态汞被催化剂吸附后与盐溶液中的阴离子 $OH^-$ 和 $Cl^-$ 结合生成汞盐结晶,最终吸附在进入吸收塔内的粉尘上,与粉尘一同排出塔外。

2)有机催化法特点

有机催化法烟气脱硫系统主要包括烟气系统、吸收系统、氨水存储及供给系统、粉尘分离及催化剂回收系统、化肥结晶及干燥包装系统、工艺水系统、控制系统和电气系统等。该方法的特点如下:

(1)有机催化法经脱硫、脱重金属和二次除尘后得到符合排放标准的烟气;过滤后排出的烟尘滤渣饼在脱硫过程中没有参与化学反应,不产生二次污染;硫酸铵化肥盐液经干燥结晶后可用于销售;盐液中的水分以蒸汽方式排出。有机催化脱硫系统不产生二次污染。

(2)湿法脱硫塔成熟工艺与催化剂完美结合,克服了传统湿法工艺中脱硫效率不高、运行不稳定、容易堵塞结垢、副产品没有利用价值等问题。

(3)催化剂在分离器中与化肥盐液的分离采用的是依据密度差异的简单物理分离,催化剂在整个循环过程中不发生物性的变化。

(4)整个工艺流程为开放式系统,不断加入的干净的工艺水对塔内混合液有净化作用,有利于粉尘、氯离子等的排出。

(5)适应于大烟气量的波动,广泛适应电力、钢铁、化工等各行业的烟气特性;具有多效的减排效果。

(6)对燃料含硫量无限制,鼓励能够使用高硫燃料的用户使用高硫燃料。

(7)由于配有除尘系统,粉尘不会在系统内形成集聚;少量的粉尘对有机催化剂稳定性和吸收效果无影响。

3)与传统脱硫、脱硝、脱汞工艺的比较

有机催化法与传统脱硫、脱硝及脱汞工艺(石灰石/石膏湿法、CaO半干法及氨/化肥法)比较如下:

(1)有机催化法与石灰石/石膏湿法的比较如表3-9所示。

表3-9 有机催化法与石灰石/石膏湿法的比较

| 项目 | 有机催化法 | 石灰石/石膏湿法 |
| --- | --- | --- |
| 占用场地 | 小 | 大 |
| 吸收剂预处理系统 | 不需要 | 需要 |
| 耗电量 | 较低 | 较高 |
| 磨损、结垢及腐蚀 | 较轻 | 严重 |
| 系统配置 | 相对简单 | 比较复杂 |
| 排放 $CO_2$ | 无 | 脱硫同时排放 $CO_2$ |

（续表）

| 项目 | 有机催化法 | 石灰石/石膏湿法 |
|------|-----------|----------------|
| 脱硫副产品 | 化肥（易销售，农用化肥） | 石膏（不易销售，造成二次污染） |
| 是否同时脱硝、脱汞 | 同一系统中完成 | 不能 |

（2）有机催化法与 CaO 半干法的比较如表 3－10 所示。

**表 3－10　有机催化法与 CaO 半干法的比较**

| 项目 | 有机催化法 | CaO 半干法 |
|------|-----------|-----------|
| 占用场地 | 小 | 大 |
| 吸收剂预处理系统 | 不需要 | 需要 |
| 除尘系统 | 不需要 | 需要 |
| 系统压力 | <1 500 Pa | 3 000～6 000 Pa |
| 耗电量 | 较低 | 高 40% 以上 |
| 磨损、结垢及腐蚀 | 较轻 | 严重 |
| 脱硫副产品 | 化肥（易销售，农用化肥） | 石膏（不易销售，造成二次污染） |
| 是否同时脱硝、脱汞 | 同一系统中完成 | 不能 |

（3）有机催化法与氨/化肥法的比较如表 3－11 所示。

**表 3－11　有机催化法与氨/化肥法的比较**

| 项目 | 有机催化法 | 氨/化肥法 |
|------|-----------|-----------|
| 氨水要求 | 浓度不做要求 | 高浓度 |
| 氨的逃逸 | 极小 | 实际运行较高 |
| 氨的效用 | 只作为中和剂 | 既作为脱硫剂又作为中和剂 |
| 氧化系统 | 可以不需要 | 需要（必须再强制氧化） |
| 腐蚀 | 较轻（pH 值接近 7） | 较严重 |
| 脱重金属 | 可以 | 不能 |

# 参考文献

[ 1 ] 李丽珍,曹露,王磊,等. 谈中国 $PM_{2.5}$ 的污染来源及危害[J]. 能源与节能,2013, 4:77 – 78.

[ 2 ] 张金良,吴海磊,张瀚迪. 低浓度一氧化碳和氮氧化物对神经行为的影响[J]. 环境与职业 医学,2005,22(1):70 – 73.

[ 3 ] 李会娟,于文博,刘永泉. 城市二氧化氮、悬浮颗粒物、二氧化硫健康危险度评价[J]. 国外 医学,2007,28(3):133 – 135.

[ 4 ] Lindberg S, Bullock R, Ebinghaus R, et al. A synthesis sources of mercury in deposition progress and uncertainties in attributing the sources of mercury in deposition [J]. Ambio, 2007,36(1):19 – 33.

[ 5 ] Wilson S J, Steenhuisen F, Pacyna J M, et al. Mapping the spatial distribution of global anthropogenic mercury atmospheric emission inventories [ J ]. Atmospheric Environment, 2006,40(24):4621 – 4632.

[ 6 ] 谭鑫,钟儒刚,甄岩,等. 钙法烟气脱硫技术研究进展[J]. 化工环保,2003,23(6): 322 – 328.

[ 7 ] 武春锦,吕武华,梅毅,等. 湿法烟气脱硫技术及运行经济性分析[J]. 化工进展,2015,34 (12):4368 – 4374.

[ 8 ] 黄洁慧,吴俊锋,任晓鸣,等. 废 SCR 脱硝催化剂的再生回收及环境管理[J]. 环境科技, 2015,28(6):74 – 77.

[ 9 ] 冯新斌,洪业汤,洪冰,等. 煤中汞的赋存状态研究[J]. 矿物岩石地球化学通报,2001,20 (2):71 – 78.

[10] Senior C L, Sarofim A F, Zeng T F, et al. Gas-phase transformations of mercury in coal-fired power plants [J]. Fuel Processing Technology, 2000,63(2 – 3):197 – 213.

[11] 赵毅,于欢欢,贾吉林,等. 烟气脱汞技术研究进展[J]. 中国电力,2006,39(12):59 – 62.

[12] Masuda S, Nakao H. Control of $NO_x$ by positive and negative pulsed corona discharges [J]. IEEE Transactions on Industry Applications, 1990,26(2):374 – 383.

[13] Chang J S, Urashima K, Tong Y X, et al. Simultaneous removal of $NO_x$ and $SO_2$ from coal boiler flue gases by DC corona discharge ammonia radical shower systems:pilot plant tests [J]. Journal of Electrostatics, 2003,57(3 – 4):313 – 323.

[14] 龙辉,董银柱. 大机组湿法烟气脱硫工艺设备国产化分析[J]. 水利电力机械,2003,25(5): 1 – 4.

[15] 江永盟. 湿法烟气脱硫应用中的几个问题探讨[J]. 环境工程,2003,21(2):35 – 37.

[16] 郝吉明,王书肖,陆永琪. 燃煤二氧化硫污染控制技术手册[M]. 北京:化学工业出版 社,2001.

[17] 孙克勤.电厂烟气脱硫设备及运行[M].北京:中国电力出版社,2007.

[18] 曾庭华,马斌,廖永进,等.石灰石/石膏湿法FGD系统的优化[J].电站系统工程,2004,20(1):16-18.

[19] 周祖飞,金新荣.影响湿法烟气脱硫效率的因素分析[J].浙江电力,2001,3:42-45.

[20] 王五清,贺元启.石灰石石膏湿法烟气脱硫工艺与关键参数分析[J].华北电力技术,2004,2:1-4.

[21] 马强.电厂烟气脱硝技术研究[D].河南:郑州大学,2015.

[22] 靳会宁.宽煤质适应性低氮氧化物燃烧器的研究[D].保定:华北电力大学,2010.

[23] Seo P W, Cho S P, Hong S H, et al. The influence of lattice oxygen in titania on selective catalytic reduction in the low temperature region [J]. Applied Catalysis A: General, 2010,380(1):21-27.

[24] 谭青,冯雅晨.我国烟气脱硝行业现状与前景及SCR脱硝催化剂的研究进展[J].化工进展,2011,30:709-713.

[25] 孙克勤,钟秦.火电厂烟气脱硝技术及工程应用[M].北京:化学工业出版社,2007.

[26] 杨玉环,侯致福.1060T/H CFB锅炉SNCR+SCR联合脱硝工艺设计[J].电力科学与工程,2016,32(2):61-65.

[27] 董陈,徐宏杰,袁树斌,等.华能伊敏电厂三期2×600 MW机组SNCR+SCR超净排放技术探讨[C].第二届燃煤电厂"超低排放"新技术交流研讨会暨环保技术与装备专委会年会论文集,南京:2015.

[28] 李帅,杜洪利,李志业,等.浅谈1 000 MW超超临界锅炉超低排放改造[J].河南电力技术,2017,1:10-14.

[29] 高立涛.SCR脱硝运行中存在的问题及预防[C].第二届燃煤电厂"超低排放"新技术交流研讨会暨环保技术与装备专委会年会论文集,南京:2015.

[30] 李江荣,黄昆明,岑望来,等.燃煤烟气脱汞技术研究[C].2013年火电厂污染物净化与绿色能源技术研讨会暨环保技术与装备专业委员会换届(第三届)会议论文集,上海:2013.

[31] 汪洪生,何德文.欧洲城市垃圾焚烧及烟气净化[J].江苏环境科技,1999,12(3):34-36.

[32] 赵立林.改性吸附剂吸附燃煤电厂烟气中汞的形态转化研究[D].北京:华北电力大学,2015.

[33] 江得厚,王贺岑,董雪峰,等.燃煤电厂$PM_{2.5}$及汞控制技术探讨[J].中国环保产业,2013,10:38-45.

# 第4章 二氧化碳减排与利用技术

从地球变暖和化石能源紧缺的现象出发,发展低碳经济,有效持久地抑制排向大气的 $CO_2$ 排放量,并将 $CO_2$ 作为一种资源回收、利用,实现资源化的产业链,这将成为 21 世纪内能源与环境最为重要的课题[1]。针对《巴黎协定》对大气温度控制提出的"在温度上升控制在 2℃ 的基础上向 1.5℃ 努力"的目标,显然,这对于用煤大户如电力、冶金等行业来讲,要有着"倒逼"企业节能减排的紧迫感和自觉性。

## 4.1 减排 $CO_2$ 的共识

自工业革命以来,人类活动排放的以 $CO_2$ 为主的温室气体成为影响全球气候变化的主要因素(见图 4 - 1)。

2010 年全球大气 $CO_2$ 体积浓度达到 390 ppm(后文以 ppmV 表示体积浓度),比 19 世纪中期高出约 39%(约 280 ppmV),而 20 世纪末期间,增长迅速,每年约增加 1.9 ppmV(1995—2005 年)。

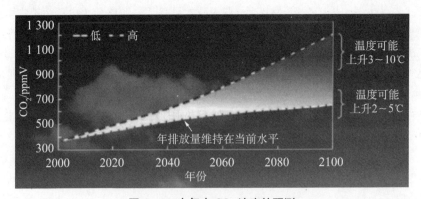

图 4 - 1 大气中 $CO_2$ 浓度的预测

2009 年我国碳排放总量达 $6.88 \times 10^9$ t,约占世界碳排放总量的 23.7%,相比 1990 年增长 206.5%,已成为全球最大的碳排放国家。预计 2030 年碳排放总量将达

到 $1.14 \times 10^{10}$ t[2]。

限制温室气体排放已成为全球的共识。我国政府承诺到 2020 年中国单位国内生产总值 $CO_2$ 排放比 2005 年下降 40%～45%。

## 4.1.1　低碳经济

全球变暖为主要特征的气候变化已成为世界各国共同面临的危机和挑战。由人为过度消耗化石燃料所导致的全球变暖给社会经济的发展带来严重损失,深刻影响能源安全、生态安全、水资源安全和粮食安全,甚至威胁到人类的生存。我国温室气体减排压力巨大,能源安全面临严重威胁,自然资源超常利用,生态环境恶化,更需要我们从问题的深度和务实认真的高度去排除各种困难,从政策面、技术面以及生态环境修复等角度迎接全球变暖的挑战,急切发展减少温室气体排放的低碳经济,确定低碳经济的内容,建立应对全球变暖的最佳经济模式[3]。

1) 低碳经济的理论内涵

"低碳经济"概念首先由英国在《我们未来的能源——创建低碳经济》白皮书中提出。其内涵:低碳经济是通过更少的自然资源消耗和更少的环境污染,获得更多的经济产出;低碳经济是创造更高的生活标准和更好的生活质量的途径和机会,也为发展、应用和输出先进技术创造了机会,同时也能创造新的商机和更多的就业机会。

低碳经济就是以低能耗、低污染为基础的经济,实质上是能源效率和清洁能源结构问题,核心是能源技术创新和制度创新,目标是减缓气候变化和促进人类的可持续发展。即依靠技术创新和政策措施,实施一场能源革命,建立一种较少排放温室气体的经济发展模式,减缓气候变化。若将大气中温室气体浓度稳定在 $500 \sim 550$ mL/m³ $CO_2$e(二氧化碳当量),气候变化对经济增长和社会发展造成的影响可以控制在每年全球 GDP 的 1% 左右。

国外学者提出全球有效减排政策 3 个要素,即通过税收、贸易或法规进行碳定价;支持低碳技术的创新和推广应用;以及消除提高能源效率和其他改变行为方面的障碍。

目前,具体的 $CO_2$ 减排技术包括 3 个方面:

(1) 源头控制的"无碳技术"——绿色能源技术,指开发"以无碳排放"为根本特征的清洁能源技术等。主要包括水力发电技术、太阳能发电技术、风力发电技术、生物质燃料技术、核能技术等。

(2) 过程控制的"减碳技术"——化石能源节能减排技术,指实现生产、消费和使用等过程的低碳,达到高效能、低排放,集中体现在节能减排技术方面。在电力行业,通过加快研发煤电的整体煤气化联合循环技术(IGCC)、热电多联产技术、高参数超超临界机组技术、清洁煤技术等,在提高发电效率的同时降低碳能源消耗。

（3）末端控制的"去碳技术"——二氧化碳捕获、地质封存技术和二氧化碳直接利用技术,指开发以降低大气中碳含量为根本特征的 $CO_2$ 的捕集、封存及利用技术,最为理想状况是实现碳的零排放。主要包括碳回收与储存技术以及 $CO_2$ 聚合利用技术等。

2）低碳经济发展模式

具体来说,低碳经济发展模式就是以低能耗、低污染、低排放和高效能、高效率、高效益(三低三高)为基础,以低碳发展为发展方向,以节能减排为发展方式,以碳中和技术为发展方法的绿色经济发展模式。其中,低碳经济的发展方向、发展方式、发展方法分别从宏观、中观和微观方面论述了低碳经济模式(见图 4 - 2)。

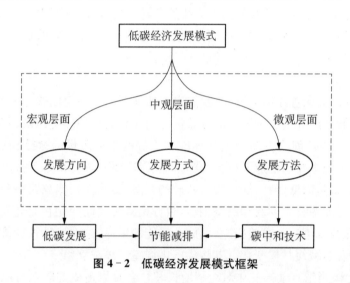

**图 4 - 2 低碳经济发展模式框架**

图中"碳中和"(carbon-neutral),该术语是由伦敦的未来森林公司于 1997 年提出的,意思指通过计算二氧化碳排放总量,然后通过植树造林(增加碳汇)、二氧化碳捕捉和埋存等方法把排放量吸收掉,以达到环保的目的。

我国实施低碳经济发展模式的政策措施如下:节能优先,提高能源利用效率;化石能源低碳化,大力发展可再生能源;设立碳基金,激励低碳技术的研究和开发;确立国家碳交易机制。

3）IPCC 的指导性措施

联合国政府间气候变化专门委员会(IPCC)第五次评估报告第三工作组的《气候变化 2014:减缓:气候变化》等报告聚焦减缓这一应对气候变化的关键领域,就实现 2℃温控目标所应考虑的原则和框架性问题,历史排放轨迹和驱动因子,实现 2℃温控目标的排放空间、路径、成本、措施和政策安排等形成了一系列重要结论。报告强调"实现将温升控制在 2℃范围内的全球长期目标需要大规模改革能源系统并改变土地使用方式,其中 $CO_2$ 移除技术(CDR)成为关键的技术手段"。

第五次评估报告有关历史排放趋势和未来减缓情景的结论也为我国国内宏观低碳发展战略的制定提供了借鉴和启示[4]。

(1) 应顺应全球低碳发展大势,坚定低碳发展方向,提高低碳转型的紧迫性和自觉性。在全球范围内,低碳发展已是大势所趋,是实现可持续发展的必然要求。我国应顺应全球发展大势,及早形成并部署低碳发展战略措施,并将其作为"转方式,调结构"、建设生态文明、实现两个百年目标的抓手和突破口。

(2) 尽早达到更低峰值的创新型低碳发展道路。纵观全球 $CO_2$ 排放历史,目前还没有一个经济体能够摆脱 $CO_2$ 排放水平随人均 GDP 水平提高而"先增长后下降"的库兹涅茨曲线现象。考虑到全球排放空间约束及国内资源环境约束,我国必须改变现有发展模式,开创一条比欧美等发达国家更为低碳的、能更早达到更低峰值的"第三条"创新型发展道路。

(3) 在全球化的背景下考虑低碳发展战略。研究发现,发达国家通过产业转移、部分排放转移,其实际减排效果有限。对我国的低碳发展来说,首先,碳排放应通过改善出口结构、减少出口内涵的形式实现减排;其次,要采取相应的政策措施,有效避免通过地区间的产业转移实现减排的情况;最后,在制定低碳发展战略时,要充分考虑建筑、交通等部门的减排压力。

(4) 降低单位 GDP 能源强度以及促使单位能源碳强度的大幅下降等。我国在制定低碳发展战略时,应着力通过提高能源效率、调整能源结构、调整产业结构和产品结构、提高产品增加值、延长产业链以及采用先进减碳技术等措施降低单位 GDP 能源强度和单位能源碳强度。另外,在制定未来低碳发展战略时,还应充分考虑基础设施的锁定效应、技术进步、消费行为改变等主要驱动因子对减排的影响。

(5) 中国已进入"峰值管理"阶段,应参考 IPCC 把峰值放在转型路径的大背景下,看待峰值问题。$CO_2$ 排放达峰值的评判条件:①单位 GDP 的 $CO_2$ 强度年下降率需高于 GDP 的年增长率;②单位能耗 $CO_2$ 排放强度下降率需大于能源消费的年增长率。由于诸多不确定性,峰值到来的时间只能作为一个积极部署和努力争取的目标[5]。

对此,实现全方位的巨大转型,从经济发展模式、能源的生产消费方式到土地利用方式都需要转型;同时充分考虑未来峰值时间和峰值水平的不确定性,将实现峰值的条件如经济发展方式、能源服务水平、技术、资金需求、政策需求等以及实现峰值的影响(宏观经济成本及对其他重点政策优先目标的影响)建立起有机联系。表 4-1 所示为经努力 2030 年 $CO_2$ 排放峰值时低碳情景指标。

表 4-1　经努力 2030 年 $CO_2$ 排放峰值时低碳情景指标

| 项目 | 年 份 | | | 与 2010 年相比/% |
|---|---|---|---|---|
| | 2010 | 2020 | 2030 | |
| GDP(万亿元,2010 年价) | 36.09 | 74.38 | 120.0 | 252.0 |
| 能源消费(亿吨标煤) | 32.49 | 47.5 | 59.0 | 83.0 |
| $CO_2$ 排放(亿吨) | 72.5 | 96.8 | 106.0 | 46.1 |
| GNP 能源强度(吨标煤/万元) | 0.96 | 0.68 | 0.49 | −48.4 |
| 单位能耗 $CO_2$ 排放强度($kgCO_2$/kgce[①]) | 2.23 | 2.04 | 1.79 | −19.7 |
| GDP 的 $CO_2$ 强度(吨 $CO_2$/万元) | 2.13 | 1.38 | 0.88 | −58.6 |

① ce 指的是标准煤,tce 是吨标煤,gce 是克标煤。

(6)制定低碳发展政策时应注重与其他社会经济发展目标的协调,最大化协同效应。中国制定未来低碳发展战略时应充分考虑减排行动的风险以及转型路径与其他社会经济发展优先选项之间的关系,包括与扶贫、就业、社会保障、粮食安全、能源安全、据地环境污染等的关系,通过统筹兼顾、多目标寻优,力争最大化协同效益,最小化风险。

IPCC 第六次评估报告主题确定了 3 个主题的特别报告,即全球升温幅度达到 1.5℃的影响及温室气体排放途径,气候变化、沙漠化、土地退化、可持续土地管理、粮食安全和陆地生态系统温室气体通量,气候变化、海洋与冰冻圈相关研究。其中,针对《巴黎协定》提出的"在温度上升控制在 2℃的基础上向 1.5℃努力",2018 年 10 月 8 日,IPCC 发布了《IPCC 全球升温 1.5℃特别报告》。

## 4.1.2　国内外减排情况

自工业革命以来,人类向大气中排入的 $CO_2$ 等吸热性强的温室气体逐年增加,温室效应随之严重,已引起全球气候变暖等一系列严重问题。$CO_2$ 大量排放导致中欧地区气候变暖,给世界各地带来的影响非常恶劣,例如非洲的荒漠面积不断增加,加拿大和俄罗斯的冰原加快融化,海平面上升,一些地区遭受热带风暴,给社会和经济带来严重的负面影响。控制 $CO_2$ 排放已成为当前全世界的共识。

### 4.1.2.1　国外减排情况

早在 20 世纪 70 年代初,美国就将西部地区开采出来的天然 $CO_2$ 通过管道运输到得克萨斯州的油田进行强化采油。目前美国、加拿大和欧洲国家都在进行二氧化碳驱油($CO_2$ - EOR)项目研究和工程实践,显示出良好的应用前景,如美国 Permian 盆地的 10 个 $CO_2$ - EOR 项目。

据统计,在全球拥有的 73 处大规模 CCS 项目中(规模以上项目指燃煤电厂捕获项目年捕获量在 $8 \times 10^5$ t 以上,其他捕获项目年捕获能力在 $4 \times 10^5$ t 以上),国外约占 86% 的比例。CCS 项目利用 $CO_2$ 驱油的 CCS+EOR 项目越来越多。

CCS 项目对 $CO_2$ 进行的捕集与封存是一种纯粹的投入行为,不带来直接的经济效益。因而,项目运行的持续性将会受到影响。为了解决项目的经济性问题,现在的 CCS 项目更多地综合考虑 $CO_2$ 捕获后的利用问题,以创造项目的经济价值。

实践表明,储层中注入纯净的 $CO_2$,平均每桶原油需要 164 $m^3$ $CO_2$ 替换,可提高采收率 10.9%。

加拿大的艾勃特气田和挪威国家石油公司北海 Sleipner 气田的实践都证明将 $CO_2$ 注入盐水层是避免将酸性气体排放到大气中的一种有效方法。荷兰近海的 K12 - B 天然气田以及于阿尔及利亚中部的 InSalah 气田都将 $CO_2$ 注入废弃气藏中,取得了不错的成效。近期丹麦计划将从 NJV 电厂捕集(燃烧后捕集)得到的 $CO_2$,通过 28 km 长的管线(管径 300 mm)输送到 Vedsted 盐水层($CO_2$ 埋存潜力为 $1.12 \times 10^{10}$ t)进行埋存。

总之,国外的 $CO_2$ 减排与利用技术都比较成熟,部分技术在工业中已经应用了几十年,效果突出。

### 4.1.2.2　国内 $CO_2$ 减排情况

我国经济的快速发展导致对能源生产和消费需求的快速增长。目前,我国温室气体排放总量居世界第二位,正面临着巨大的碳减排压力。近年来,我国制定和实施了一系列相关政策及规划,并投入大量资金进行碳减排技术的研发,大力推进节能减排。

1) 中国面临巨大的温室气体减排压力

气候变化成为重要的国际环境保护和可持续发展问题。我国已经是第二大 $CO_2$ 排放国,并将长期主要依赖化石燃料特别是煤炭作为能源,因此,是潜在的第一大 $CO_2$ 排放国。我国正面临着巨大的 $CO_2$ 减排压力。

(1) 碳排放强度　我国单位 GDP 的碳排放强度很高,2002 年为 605 吨/百万 GDP 美元,为印度的 1.87 倍,日本的 1.69 倍,西欧发达国家的 1.6 倍。

据美国能源署预测,我国碳排放强度呈逐年下降趋势,2002—2025 年期间年均下降 2.1%,高于发达国家的下降速度,但是由于我国经济规模的逐年增加以及煤炭主导的能源结构,我国碳排放总量呈快速增长趋势(年均增长 2.6%),2020 年将达到 $8.15 \times 10^9$ t,名列世界之首(见表 4 - 2)。

表 4 - 2　1970—2025 年世界主要地区碳排放强度

（单位：吨/百万 GDP 美元，2000 年美元值）

| 地区 | 历史数据 | | | | | | 预测数据 | | 平均 | |
|---|---|---|---|---|---|---|---|---|---|---|
| | 1970 | 1980 | 1990 | 2002 | 2010 | 2015 | 2020 | 2025 | 1990—2002 | 2002—2025 |
| 中国 | 2 560 | 1 943 | 1 252 | 605 | 570 | 500 | 436 | 375 | −4.4 | −2.1 |
| 印度 | 286 | 312 | 346 | 324 | 272 | 242 | 212 | 185 | 0.4 | −2.4 |
| 美国 | 1 117 | 917 | 701 | 571 | 501 | 459 | 423 | 393 | −2.1 | −1.6 |
| 加拿大 | 1 046 | 883 | 691 | 612 | 562 | 527 | 495 | 481 | −1.7 | −1 |
| 日本 | 627 | 497 | 348 | 359 | 310 | 291 | 274 | 259 | −1.7 | −1.4 |
| 西欧 | 695 | 624 | 471 | 377 | 333 | 307 | 281 | 264 | −1.9 | −1.5 |

数据来源：The Energy Information Administration(EIA)，International Energy Outlook 2005(IEO2005)。

（2）能源安全面临严重威胁　我国对能源的需求逐年增加，石油、天然气进口量持续增长，势必使我国经济受制于石油出口国，这会带来相当大的经济安全风险。据中国石油集团经济技术研究院发布《2017 年国内外油气行业发展报告》称，2017 年中国国内石油净进口量约为 $3.96 \times 10^8$ t，同比增长 10.8%，增速比上年高 1.2 个百分点。2017 年中国国内原油产量连续两年下降，全年产量约为 $1.92 \times 10^8$ t，同比下降3.1%，较上年的降幅收窄 4.3 个百分点。2017 年，石油对外依存度达到 67.4%，较上年上升 3%。

（3）自然资源超常利用，生态环境恶化　2003 年中国的单位 GDP 能耗为美国的4.3 倍，日本的 11.5 倍，单位 GDP 水耗是发达国家的 5.1～35.8 倍。

2006 年按现行汇率计算我国 GDP 总量大约占世界 GDP 总量的 5.5%，能源消耗却达到了 $2.46 \times 10^9$ 吨标煤，大约占世界能源消耗的 15%，水泥消耗 $1.24 \times 10^9$ t，占 54%；2015 年全国万元国内生产总值能耗为 0.635 吨标煤。2016 年，全国能源消费总量为 $4.3 \times 10^9$ 吨标煤，GDP 总量为 74.4 万亿元，万元国内生产总值能耗为0.58 吨标煤。

国家发展改革委发布，2016 年全国单位 GDP 能耗降低 5%，超额完成降低 3.4%以上的年度目标，全国能源消费总量同比增长约 1.4%，低于“十三五”时期年均约3% 的能耗总量增速控制目标。2017 年前全国单位 GDP 能耗同比下降约为 3.7%，能耗总量增速约为 2.9%，顺利完成能耗强度降低 3.4% 以上、能耗总量控制在$4.5 \times 10^9$ 吨标煤以内的年度目标。

2）政策、规划与实践

我国高度重视应对气候变化工作，把推进绿色低碳发展作为生态文明建设的重要内容,作为加快转变经济发展方式、调整经济结构的重大机遇,积极采取强有力的政策行动,有效控制温室气体排放,增强适应气候变化能力。

(1) 政策 我国与世界所有关注和积极参与气候变化行动的国家一样,密切关注 CCS 发展动向。

2006 年,CCS 被列为国家控制温室气体排放和减缓气候变化的技术重点之一,并增加了研发资金进行技术攻关,先后组织了一系列的 CCS 科技攻关与示范活动,与国外同行开展了广泛的国际交流和项目合作。

在 2007 年 APEC 会议上,我国政府明确提出"发展低碳经济",推动了我国烟气碳排放治理工作的进程。

2009 年 12 月 7—18 日,第 15 次《联合国气候变化框架公约》缔约方会议暨《京都议定书》第 5 次缔约方会议在丹麦首都哥本哈根召开,此次会议上中国承诺于 2020 年单位国内生产总值 $CO_2$ 排放比 2005 年下降 40%～45%。

我国一直高度重视和支持 $CO_2$ 资源化利用的创新行为,提出了 CCS 向碳捕获、利用与储存(CCUS)方向转变的思路,得到国际同仁的认同。2012 年 2 月 15 日,在"十二五"规划的发展目标中明确指出,将在发电与输配电技术领域内掌握火电机组大容量 $CO_2$ 捕集技术、燃煤电厂大容量 $CO_2$ 捕集与资源化利用技术方面组织相关的 CCUS 科技攻关和项目示范,进一步强化了 $CO_2$ 资源化利用的重要性和现实性。

2015 年巴黎气候大会上,中国政府承诺到 2030 年时单位 GDP 碳排放量将降低 60～65 个百分点(相对于 2005 年),非化石能源占一次能源消费比重达到 20% 左右,森林蓄积量比 2005 年增加 $4.5 \times 10^9$ m$^3$ 左右。

(2) 规划 《能源发展"十三五"规划》提出,在能源消费总量和强度方面,到 2020 年,中国将把能源消费总量控制在 $5 \times 10^9$ 吨标煤以内;从能源强度看,"十三五"期间中国单位 GDP 能耗将下降 15% 以上。

2013 年 4 月启动了"$CO_2$ 化工利用关键技术研发与示范"项目。该项目共五个分课题:与甲烷重整转化制备合成气;加氢转化低成本制备甲醇;经碳酸二甲酯清洁制备异氰酸酯;经生物降解聚氨酯材料(塑料)高效低成本合成;经碳酸酯合成聚碳酸酯。

(3) 实践 目前在国内比较有影响的 CCUS 示范项目如下:华能"绿色煤电计划"北京热电厂项目、上海石洞口电厂项目、天津开发新区 IGCC 电厂项目、中石化与胜利油田共同开展的 $CO_2$ 捕获与驱油项目、中石油在吉林油田开展的天然气生产的 $CO_2$ 捕获与驱油一期和二期项目、中联煤层气在山西的深煤层注入/埋藏 $CO_2$ 开采煤层气项目、大唐集团在大庆油田和东营开展的电厂富氧燃烧与 $CO_2$ 捕集项目、神华集团在鄂尔多斯开展的煤制油捕获 $CO_2$ 地质封存项目、山西国际能源集团电厂富氧燃烧与碳捕集建设项目等。

目前,在各种减排技术中国内应用最广的是 EOR,其次是提高煤层气采收率(ECBM)。在大庆、江苏、辽河等油田实施的 $CO_2$ - EOR 项目以及沁水盆地的 ECBM 试验都取得了不错的成效。这两种技术都具有附带经济利益,同时封存 $CO_2$ 的潜力十分巨大,前景广阔,将在一段时间内引领中国的 $CO_2$ 减排趋势[6]。

为实现到 2020 年单位 GDP 的 $CO_2$ 排放比 2005 年下降 40%～45% 的目标,促进经济社会可持续发展,我国将采取的措施如下:

制定落实控制温室气体排放行动目标的宏观政策。

组织制定应对气候变化专项规划,全面深入开展低碳试点工作,积极探索利用市场机制和经济手段控制温室气体排放。

制定低碳认证制度,开展低碳认证试点,进一步提升温室气体清单的编制水平,切实加强应对气候变化的立法和基础能力建设。

加强舆论引导、倡导低碳消费,继续推动气候变化的务实合作,采取积极应对气候变化的政策和措施。

我国启动了重点行业典型产品及重点减排项目低碳认证制度的研究,制定《中国低碳产品认证的管理办法》,鼓励社会公众使用低碳产品,激励企业产品的结构升级。

3)多样性减排技术发展

电力行业减排 $CO_2$ 的主要途径如下:提高发电效率,减少单位发电量 $CO_2$ 排放量;发展安全高效的 $CO_2$ 捕集与封存技术;调整燃料结构,发展新能源与可再生能源。

(1)$CO_2$ 减排方法  目前,流行的 $CO_2$ 减排方法有如下 4 种方案。

第一,提高能源利用效率,开发清洁燃烧技术和燃烧设备。

第二,$CO_2$ 的固定:依据现行技术的特性分类,$CO_2$ 的固定方法大致可分为物理固定法、化学固定法和生物固定法[7]。

物理固定法:主要有海洋深层储存法和陆地蓄水层(或废油、气井)储存法等。

化学固定法:主要有利用乙醇胺类吸收剂对 $CO_2$ 进行分离回收;$CO_2$ 与 $H_2$、$CH_4$、$H_2O$ 和 $CH_3OH$ 等反应分别合成甲醇、$C_2$ 烃、合成气、碳酸二甲酯等高附加值的化学品;将 $CO_2$ 插入到金属、碳、硅、氢、氧、氮、磷、卤素等元素组成的化学键中,以制备各种羧酸或羧酸盐、氨基甲酸酯、碳酸酯、有机硅、有机磷化合物;$CO_2$ 和环氧化物共聚合成新型 $CO_2$ 树脂材料。

生物固定法:利用生物的光合作用吸收固定 $CO_2$ 技术,由于不需要捕集分离 $CO_2$,从而降低了封存成本,安全性高,技术基本成熟,而且还可以在碳封存过程中获取具有经济价值的副产品。微藻 $CO_2$ 固定有望成为一种具有相当可行性和经济价值的 $CO_2$ 固定方法。

第三,提高植被面积,保护生态环境。

第四,开发核能、风能和太阳能等可再生能源和新能源。

(2) 惯性思维下的碳排放治理　长久以来,在温室气体的处理中,所约定的六种温室气体中 $CO_2$ 约占总量的 64%,而其排量中大部分是由化石燃料为主要能源的电力释放的。由于烟气中 $CO_2$ 的浓度低、排放量特别大,以至于采用 CCS 治理的代价十分昂贵而无经济效益,被人们视为仅次于烟气污染物的另类。在处理技术上,无论是物理法还是化学法,$CO_2$ 总处在被动消极的角色。1990 年国外研究者 Seifritz 提出 $CO_2$ 矿化作为一项重要的 CCS 技术后,各国科学家于 20 世纪末开始对矿化工艺进行实验研究[8]。

(3) CCU/CU 的创新理念　先避开 $CO_2$ 地质封存各种风险和不确定性,争取在 $CO_2$ 大规模利用技术上取得创新和突破。保证 $CO_2$ 末端减排技术的经济性、安全性、稳定性、持续性。实际上,工业化利用 $CO_2$ 生产高分子聚合物等化工产品或转化为甲醇等;利用地球上广泛存在的橄榄石、蛇纹石等碱土金属氧化物实现 $CO_2$ 矿化早已被人们熟知。但是这种用途要么消耗 $CO_2$ 量少,减排效果不明显;要么成本太高,难以作为缓解温室效应的核心竞争技术。若能通过 $CO_2$ 矿化分离出这些资源,不失为一条两全其美的利用 $CO_2$ 的有效途径。碳捕获和利用/碳利用(CCU/CU)技术把 $CO_2$ 作为一种资源,寻找合适的技术路线,在低能耗、低成本条件下,对 $CO_2$ 矿化,转化联产高附加值化工产品,真正实现了 $CO_2$ 的高效利用。在解决世界性的CCS 应用难题上,国内研究者摆正了 $CO_2$ 的资源位置,取得了技术可行性研究的突破,并进入工程示范阶段。

(4) $CO_2$ 矿化的新方法和技术　科研人员经过数十年的研究,对 $CO_2$ 的应用提出了多种新方法和技术,如燃料电池、单质化碳和氧等。

a. 燃料电池　四川大学首次公开发表 $CO_2$ 矿化燃料电池(CMFC)的新方法和技术[9]。矿化 1 t $CO_2$ 可产出 140 kW·h 电能,同时还产出 1.91 t $NaHCO_3$,其附加值为 2 千~3 千元。攻克了 $CO_2$ 作为潜在低位能源直接发电的世界性难题。

该技术能稳定输出功率为 5.5 $W/m^2$,高于部分生物燃料电池的 0.01~0.53 $W/m^2$,最大输出电压为 0.452 V。不同浓度的 $CO_2$ 均可直接进行矿化发电,不需要进行 $CO_2$ 的捕获过程。该技术还能以工厂排放的废弃电石渣和窑灰等为原料,电石渣的反应活性与分析纯的氢氧化钙非常接近,直接用于 $CO_2$ 矿化发电。形成了对环境友好、可持续循环经济发展的 $CO_2$ 减排利用的新途径。

目前,为提高利用不同矿化发电的功率密度和电能输出功率,研究团队就基础研究开展深入探索。针对不同矿物的化学特性,揭示 $CO_2$ 发电过程中涉及的各种复杂化学反应原理及机理。

b. 单质化碳和氧　从有效资源化利用这一角度提出破坏 $CO_2$ 化学结构、单质化碳和氧以及把 $CO_2$ 当作主要碳氧物质源,以减少煤炭采掘和植被破坏,并将其视为用之不尽的碳氧资源库[10]。

大量文献资料分析表明,对 $CO_2$ 大多是利用了其物理性质,采用物理方法应用,集中在对其的收集、封存、简单转化。其结果仅仅是短期的减少、转移,对温室效应几乎没有任何改善,时效性不强。仅仅进行了 $CO_2$ 捕集,完成 CCS 技术的一部分,距离真正资源化利用还很远。

把 $CO_2$ 作为用之不竭的碳氧物质源,从 $CO_2$ 中汲取生产生活中需要的碳和氧,以减少煤炭的采掘和植被的破坏,彻底打破 $CO_2$ 化学结构,让碳氧割裂开来进行单质化贮存利用,才算是比较彻底的 $CO_2$ 资源化应用。

### 4.1.2.3 减排研究情况

国内外 $CO_2$ 减排的研究工作可归纳为以下几个方面[11-12]:源头控制,节约能耗,提高能源利用率和转化率;$CO_2$ 的封存;吸收利用烟气中的 $CO_2$;正在研发应用的新技术。

每年全球有多于 $2.5 \times 10^{10}$ t 的 $CO_2$ 排放,中国已达 $6 \times 10^9$ t,位居世界第一。为减排 $CO_2$,中国政府承诺,到 2020 年我国单位国内生产总值 $CO_2$ 排放比 2005 年下降 $40\% \sim 45\%$,非化石能源占一次能源消费的比重达到 $15\%$ 左右。

提高能源利用率实现减排,主要包括如下几个方面:

首先,选用高效、洁净的选煤技术,提高选煤率。利用物理、物理-化学等方法除去煤炭中的灰分和杂质,如煤矸石和黄铁矿等。

其次,工业锅炉改造成循环流化床锅炉可以提高锅炉热效率,节省煤耗,实现减排。浙江大学将 1 台 10 t/h 的链条炉改造成循环流化床锅炉,锅炉效率由原来的 $65\%$ 提高到 $85\%$,$CO_2$ 排放减少 $20\%$。

再次,天然气替代固体燃料。在能量等值的基础上,天然气的 $CO_2$ 排放量仅为固体燃料相应排放量的 $55\%$。由于采用更高效的燃气涡轮发电机,每千瓦小时的 $CO_2$ 排放量减少到煤炭或褐煤发电的 $35\% \sim 40\%$。

最后,天然气替代石油作为运输燃料也有利于减少 $CO_2$ 的排放,现在的技术可使 $CO_2$ 排放量减少 $15\%$。

研究者采用计量模型拟合的方法,并采用 2013—2018 年的真实数据做对比,得到 GDP、能源消耗和 $CO_2$ 排放总量的预测模型。考虑确定的约束条件:能耗约束,$CO_2$ 排放约束,经济发展水平约束,部门结构调整范围约束和其他优化约束。采用 Matlab 软件对预期年各部门的经济产出量进行求解,得到我国总体经济指数,如表 4-3 所示。由表 4-3 可以看出,2018 年,我国的三种产业所占比重的优化结果分别为 $6.18\%$、$69.56\%$ 及 $28.12\%$。与 2013 年相比,第一产业的比重变化不大;第二产业呈下降趋势,下降幅度达 $3.5\%$,这说明"$CO_2$ 排放约束"对于工业部门的结构形式产生了效果;第三产业所占比重略有增加。我国经济总产出量 2018 年相比 2013 年增加约 29.59%,而增加值(GDP)上涨了约 36.44%。

表 4-3　总体经济指数

| | 2013 年 | 2018 年 |
|---|---|---|
| 第一产业占比/% | 5.63 | 6.18 |
| 第二产业占比/% | 73.10 | 69.56 |
| 第三产业占比/% | 24.53 | 28.12 |
| 增加值/万亿元 | 46.10 | 62.90 |
| 总产出/万亿元 | 145.59 | 188.67 |

中国 2018 年的 GDP、能耗及碳排放总量如表 4-4 所示[13]。

表 4-4　电、燃气、水业的产出总量、能源消耗总量和碳排放总量

| 名称 | 产出量优化结果/万元 | | 能源消费量优化结果/(万吨标煤/万元) | | 碳排放量优化结果/(万吨/万元) | |
|---|---|---|---|---|---|---|
| | 2013 年 | 2018 年产出 | 2013 年能源强度 | 2018 年能源强度 | 2013 年碳排放强度 | 2018 年碳排放强度 |
| 电力、热力生产和供应业 | $4.62 \times 10^6$ | $2.31 \times 10^6$ | $1.90 \times 10^{-4}$ | $2.17 \times 10^{-4}$ | $2.93 \times 10^{-3}$ | $1.77 \times 10^{-4}$ |
| 燃气生产和供应业 | $2.80 \times 10^7$ | $4.2 \times 10^7$ | $1.03 \times 10^{-4}$ | $2.93 \times 10^{-5}$ | $3.39 \times 10^{-4}$ | $8.90 \times 10^{-5}$ |
| 水的生产和供应业 | $1.62 \times 10^7$ | $2.43 \times 10^7$ | $1.43 \times 10^{-4}$ | $7.12 \times 10^{-5}$ | $19.3 \times 10^{-5}$ | $1.33 \times 10^{-4}$ |

研究表明:2018 年最优的产出(产业结构调整)方案。可以在能耗量与碳排量双重约束下经济产出量达到最大,且相比基年(2013 年)能源强度下降 26.04%,碳排放强度下降 48.95%;相比上一个非限制优化模型,在满足最低限度经济增长的前提下,碳排放总量能够下降约 22%。

## 4.2　$CO_2$ 减排与利用技术

碳捕获与储存(CCS)是一项可实现大规模 $CO_2$ 减排的前沿技术,有望将来在全球应对气候变化行动中发挥重要作用。根据 IEA《能源技术展望 2010》预测,到 2050 年,CCS 技术对全球 $CO_2$ 减排总量的贡献率将占 19%,是仅次于改善能源效

率的第二大减排技术[14]。有关 CCS 的内容可参见《先进燃煤技术与实践》的相关内容。

### 4.2.1 简介

CCS 是指将 $CO_2$ 从排放源分离出来,经过压缩液化之后,将液态的 $CO_2$ 输送到一个封存地点,使之长期与大气隔绝的一个过程。CCS 系统的构成部分包括捕获(以及压缩)、运输、封存。

#### 4.2.1.1 $CO_2$ 减排技术分类

目前,$CO_2$ 捕集技术有 3 种技术路径:一是燃后捕获,从燃烧生成的烟气中分离 $CO_2$;二是燃前捕获,又称氧气/二氧化碳燃烧技术或空气分离/烟气再循环技术;三是化学链燃烧,通过燃前脱碳即在燃烧前将燃料中的碳脱除。

1) 按燃后 $CO_2$ 分离技术分类

无论采取何种捕集系统,其关键技术是 $CO_2$ 的分离。按照分离原理的不同,可以分为化学吸收法、物理吸收法和生物固化法。

(1) 化学吸收分离法　化学吸收法是指 $CO_2$ 与吸收剂进行化学反应而形成一种弱联结的化合物。典型的吸收剂有单乙醇氨(MEA)、N-甲基二乙醇胺(MDEA)等,适合于中等或较低 $CO_2$ 分压的烟气。采用氨水作为吸收剂脱除燃煤烟气中 $CO_2$ 也是普遍采用的 $CO_2$ 分离方法。中南大学开发出一种用氨水洗涤烟气脱除 $CO_2$ 的全新方法。使用该方法可以得到高纯度的 $CO_2$;其副产品 $NH_4HCO_3$ 是我国农业上广泛应用的氮肥,同时在氨水碳化过程中加入某种催化剂解决了 $NH_4HCO_3$ 易挥发的问题。

(2) 物理吸收分离法　物理吸收法可归纳为吸收分离、膜分离和低温蒸馏分离。吸收分离即采用吸收的方法达到提纯 $CO_2$ 的目的,主要包括液体吸收剂和固体吸收剂。液体吸收剂有甲醇等,较适合高 $CO_2$ 分压的烟气。固体吸附分离是基于气体与吸附剂表面上活性点之间的分子间引力实现的。$CO_2$ 的吸附剂一般为沸石、活性炭和分子筛等。膜分离法在 $CO_2$ 分离方面还处于试验阶段。迄今在工业上应用的 $CO_2$ 分离膜,其材质主要有醋酸纤维、乙基纤维素和聚苯醚及聚砜等。低温分离法在 31℃和 7.39 MPa 下,或在 12～23℃和(1.59～2.38)MPa 下,利用 $CO_2$ 具有液化的特性。低温法利用 $CO_2$ 这一特性对烟气进行多级压缩和冷却,使 $CO_2$ 液化,从而达到分离的目的。除了可以通过以上措施限制 $CO_2$ 的产生外,近年来,$CO_2$ 超低临界萃取技术也得到了长足发展,并有望形成独立的产业。该技术已经可以利用回收 $CO_2$ 生产碳酸镁,聚合成性能与聚乙烯相似的可以降解的塑料。

(3) 生物固化法　一些水藻类浮游生物能够大量吸收 $CO_2$,并将其转化为体内组织,它还具有无须对 $CO_2$ 进行预分离的特点。

2) 按电厂烟气流程分类

$CO_2$ 捕集技术路线主要有燃烧前脱碳技术、燃烧后脱碳技术、富氧燃烧技术以及化学链燃烧技术,其中燃烧后捕集技术的发展相对成熟[15]。

(1) 燃烧前脱碳技术　该技术主要应用于 IGCC 系统中,在高压富氧气化的条件下,燃煤气化产生合成气,经过重整反应转变成 $CO_2$ 和 $H_2$,然后将其分离进行 $CO_2$ 捕集,$H_2$ 用于燃烧发电[16]。燃烧前系统将燃料进行高温高压氧化反应成 $H_2$ 和 $CO_2$,然后分离用于发电发热,产生易于捕集的高浓度 $CO_2$。常见的"燃烧前捕集"系统有综合煤气化联合循环(IGCC)系统和天然气联合循环(NGCC)系统等。图 4-3 所示为基于 IGCC 的燃烧前捕集系统流程。

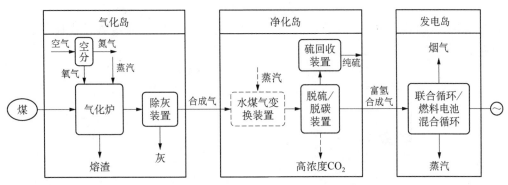

**图 4-3　基于 IGCC 的燃烧前捕集系统流程**

(2) 燃烧后脱碳技术　该技术的应用是由于燃煤电厂烟气 $CO_2$ 浓度低、分压低、处理量大,相比较燃烧前脱碳技术,投资较低,但运行成本较高[17]。针对以上特点,燃烧后系统从一次燃料在空气中燃烧所产生的烟道气体中分离 $CO_2$。主要采用溶液吸附脱附的原理,化学溶剂如胺类,物理溶剂如 Rectisol 和 Selexol 混合溶剂。图 4-4 所示为燃烧后捕集系统流程。

(3) 富氧燃烧技术　该技术在 $CO_2$ 减排上具有独特优势,特别适合于现有的常规锅炉改造及新建火力发电机组锅炉。

燃前捕获 $CO_2$,又称 $CO_2$ 化学循环燃烧,它是一种更容易从烟道中分离 $CO_2$ 的新方法。采用纯氧或富氧燃烧可以改善燃烧速度,提高燃烧温度和热效率。这样产生的烟气富含 $CO_2$,可以作为再循环烟气调和燃烧温度。用这种方法产生的烟气中 $CO_2$ 浓度非常高,使分离更加容易。

富氧燃烧捕集过程:氧燃烧系统用纯氧代替空气进行燃烧,产生以水汽和 $CO_2$ 为主的烟道气体。这种方法产生的烟道气体具有很高的 $CO_2$ 浓度(占体积的 90% 以上)。然后通过对烟气进行污染物脱除和冷却压缩收集其中的 $CO_2$。有关富氧

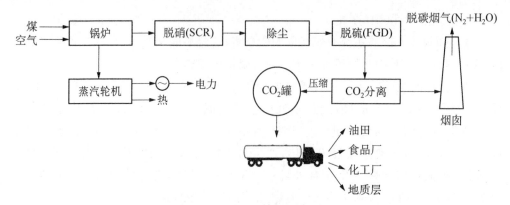

**图 4-4 燃烧后捕集系统流程**

燃烧参见《先进燃煤技术与实践》的相关内容。图 4-5 所示为富氧燃烧捕集系统流程。

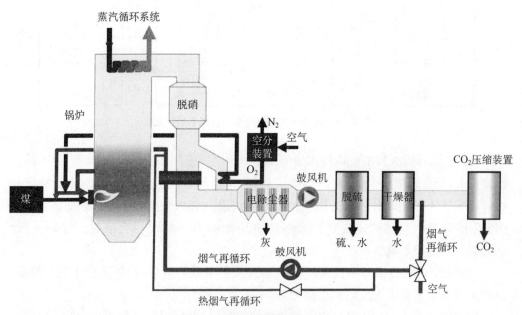

**图 4-5 富氧燃烧捕集系统流程**

由于大幅度提高系统投资成本,目前大型的富氧燃烧技术仍处于研究阶段[18-19]。

(4) 化学链燃烧技术  该技术是通过金属氧化物,使燃料与空气不直接接触,$CO_2$ 产生在专门的反应器中,从而避免了空气对 $CO_2$ 的稀释,在反应器中 $CO_2$ 的捕获非常容易。一些专家学者认为该技术对从烟气中分离 $CO_2$ 具有很大的潜能[20]。

### 4.2.1.2　捕集 $CO_2$ 工艺

对电厂 $CO_2$ 进行捕集是缓解 $CO_2$ 排放危机的有效手段,同时还能通过回收有价值副产品而降低减排成本。$CO_2$ 捕集是 CCS 中至关重要的环节,该过程的能耗和成本远大于封存,对 $CO_2$ 捕集技术进行研究具有重要的意义。

1) 捕集工艺方法

目前主要的 $CO_2$ 捕集分离工艺方法包括吸收/吸附法、膜分离法、纯氧/烟气再循环燃烧、改变煤气化联合循环及低温分离法等,其中吸收/吸附法和膜分离法的技术相对较成熟。

(1) 吸收/吸附法　吸收法利用溶剂吸收废气中的 $CO_2$,然后把 $CO_2$ 从溶液中分离出来,再经压缩、冷却后待进一步处置。物理吸收与化学吸收比较,选择性较低,分离效果差。但由于吸收剂再生时可以采用闪蒸,不需要再沸器,因此能耗低。一般用于不要求全部回收 $CO_2$ 的废气。化学吸收的吸收剂主要有碳酸钠、碳酸钾、乙醇胺及氨等水溶液。化学吸收 $CO_2$ 的回收率较高,吸收剂挥发损失小,但流程中都有一个加热解吸再生过程,消耗一定能量,特别适用于系统有充分余热可以利用的场合。

(2) 膜分离法　利用 $CO_2$ 对某种特殊膜的渗透性能使之分离,特别适用于含 $CO_2$ 浓度大于 20% 的天然气处理,投资和运行费用只相当于胺吸收法的 50%,且结构简单,操作简便。但由于膜的性能存在不稳定性,至今尚未在工业上广泛应用。此外,该技术用于燃煤锅炉烟道废气,可脱除 80% 的 $CO_2$,但能耗占用煤能耗的 50%～70%,目前经济上无法承受。

(3) 纯氧/烟气再循环燃烧　此方法主要是针对烟气中浓度较低 $CO_2$ 分离浓缩时消耗巨大能量这一问题而提出的。电厂锅炉采用纯氧和再循环烟气混合,组织煤粉燃烧。当 $O_2$ 与再循环烟气之比恒定时,循环结果使烟气中 $CO_2$ 的体积分数高达 80%～90%,然后处置或进一步提纯。该方法需要进一步研究解决的问题是:纯氧锅炉和大型空气分离制氧设备的研制,以及降低制氧过程的能量消耗。

(4) 改变煤气化联合循环　在煤气化联合循环的工艺流程中,用蒸汽($H_2O$)将 CO 转化为 $H_2$ 和 $CO_2$。分流后的 $H_2$ 进入燃气轮机燃烧,$CO_2$ 送去压缩、冷却。此方法可脱除 90% 的 $CO_2$,但发电成本将增加 30%～50%。

(5) 低温分离法　利用废气中 $CO_2$ 与其他成分气体的不同物理性质,采用适当的压缩冷却条件,使 $CO_2$ 液化分离。压力较高就需要消耗较多的能量,但相应冷冻的能量消耗较少。

2) $CO_2$ 捕集吸收法

吸收法是目前最主要的 $CO_2$ 捕集分离方法,核心技术是工艺流程、吸收剂和吸收/解吸装置。

（1）工艺流程　一般工艺流程如下：电厂燃煤锅炉燃烧后产生的烟气经过脱硝（如尿素 SCR 脱硝）、除尘（如四电场静电除尘）和脱硫（如石灰石/石膏湿法脱硫）后，含有 12%～13% 的 $CO_2$ 及其他少量杂质。该烟气经过增压风机加压后进入 $CO_2$ 吸收塔进行 $CO_2$ 的吸收。在吸收塔中喷入一定量的吸收溶剂，吸收烟气中的 $CO_2$，处理后的含少量杂质、大量氮气和水分的净化气直接排向大气。吸收了 $CO_2$ 的吸收液通过富液泵泵至热交换器加热后到再生塔进行解吸分离，再生塔用蒸汽进行煮沸，分离出的高浓度 $CO_2$ 进入压缩储存系统进行储存或进入精制系统进行提纯。

（2）吸收剂　目前常采用胺基化学吸收剂，如一乙醇胺（MEA）、甲基二乙醇胺（MDEA）等。一乙醇胺被认为最适合燃煤烟气 $CO_2$ 分离，其优点为相对分子质量小，吸收酸性气体能力强，对捕集燃烧后烟气中低浓度的 $CO_2$ 最具优势；其缺点为 $CO_2$ 负荷能力（$kgCO_2$/kg 吸收剂）低，设备腐蚀率高，胺类会被其他烟气成分降解，吸收剂再生时能耗（$kcal/kgCO_2$）高，使得胺基 $CO_2$ 化学吸收工艺技术的能耗高，$CO_2$ 分离成本高，对电厂影响大。

（3）吸收/解吸装置　常采用填料吸收塔和填料解吸塔。

3）$CO_2$ 烟气捕集工艺流程

设置在 FGD 后的 $CO_2$ 烟气捕集系统由洗涤塔、吸收塔、再生塔、贫富液换热器、溶液煮沸器、胺回收加热器、$CO_2$ 处理系统、供给水平衡系统等组成。其工艺流程：来自 FGD 的冷烟气由脱碳风机送入吸收塔，吸收塔中的胺溶液吸收烟道气中的 $CO_2$，尾气由塔顶排入大气。图 4-6 所示为典型的 $CO_2$ 捕集系统工艺流程。

富液泵将吸收 $CO_2$ 后的富液送入贫富液换热器，回收热量后的富液送入再生塔。送入再生塔的富液经煮沸化学吸收剂解析出 $CO_2$ 气体，经初步冷却、分离处理后送入精处理系统。解析出的 $CO_2$ 气体经过压缩加压、过滤器除杂、脱硫塔脱硫、分子筛除杂、提纯塔提纯、过冷器冷凝等工序，得到纯度较高的液态 $CO_2$。

### 4.2.1.3　封存技术

$CO_2$ 封存指的是将捕集、压缩后的 $CO_2$ 运输到指定地点进行长期安全封闭储存。包括地质封存、海洋封存、地表封存、生物封存和工业利用固存等。目前，比较知名的 $CO_2$ 封存项目有挪威 Sleipner 项目、加拿大 Weyburn 项目和阿尔及利亚 In Salah 项目等。

目前，各国都在积极进行 CCS 技术的探索和研究。美国、欧盟和加拿大等都制订了相应的技术研究规划，开展 CCS 技术的理论、试验、示范及应用研究。根据国际能源署的统计，截至目前，全世界共有碳捕集商业项目 131 个，捕集研发项目 42 个，地质埋存示范项目 20 个，地质埋存研发项目 61 个。

CCS 技术有望成为显著减少温室气体排放的关键技术，通过替代或改造不同类型的 $CO_2$ 直排电厂，CCS 技术可使来自大工业源和燃煤电厂的 $CO_2$ 排放量减少

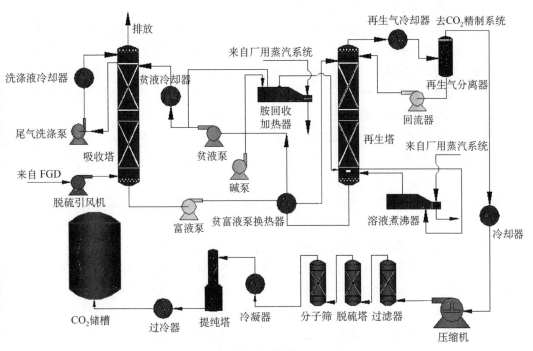

**图 4 - 6　典型的 $CO_2$ 捕集系统工艺流程**

85％左右。从而可以在不损坏气候安全的条件下继续使用化石燃料,确保能源安全,在经济发展与环境保护两个方面实现双赢局面。

### 4.2.2　CCS 的实践

2006 年,CCS 被列为我国控制温室气体排放和减缓气候变化的技术重点之一,先后组织了一系列的 CCS 科技攻关与示范活动,与国外同行开展了广泛的国际交流和项目合作。

#### 4.2.2.1　$CO_2$ 捕集与分离技术

我国燃煤电站烟气的 $CO_2$ 捕集研究尚处于起步阶段,但相关研究工作具有较好的基础。例如,在国外引进大化肥装置的消化、吸收和再创新方面积累了有益的经验,在中、小化肥厂的扩能、降耗方面取得了长足的进展等。化肥厂、合成氨厂的 $CO_2$ 吸收虽和电厂或钢铁厂的 $CO_2$ 捕集有很大的差别,但有关新型吸收剂、高效吸收设备和能量集成方面的经验仍具有重要的参考价值。

1) $CO_2$ 捕集技术

$CO_2$ 捕集技术已占据 90％的国内市场份额,其应用范围从传统的合成气 $CO_2$ 捕集拓展到天然气、炼厂气、环氧乙烷/乙二醇循环气、费-托(F - T)合成循环气、各种烟气、高炉气、窑气等众多$CO_2$捕集领域。

南化集团研究院采用分子设计与试验研究相结合的方法,开发了低分压(烟气等)$CO_2$捕集新技术[21]。该技术利用在原 MEA 法基础上取得的研究成果,采用的回收低分压复合胺溶剂是以 MEA 水溶液为主体,添加活性胺、抗氧化剂和缓释剂组成的 $CO_2$ 捕集配方溶剂。其 $CO_2$ 捕集能力大大高于 MEA 溶液,吸收和再生性能显著提高,捕集成本和能耗大幅降低。

烟气 $CO_2$ 捕集装置由吸收塔、再生塔、引风机、贫液泵、富液泵等组成,其工艺流程为富含 $CO_2$ 的烟气经过除尘、脱硫等步骤后,由引风机引入 $CO_2$ 吸收塔,吸收温度为 40℃,压力为常压;烟气中的 $CO_2$ 将会被复合胺溶剂吸收,与烟气分离,净化气由塔顶排入大气;吸收 $CO_2$ 的富液经贫富液换热器回收热量后由富液泵送入再生塔,再用蒸汽加热,让其解吸分离提纯 $CO_2$;解吸出 $CO_2$ 后的贫液经贫富液换热器换热用贫液泵送至水冷器,冷却后进入吸收塔;溶剂往返循环完成吸收和解吸 $CO_2$ 的工艺过程。经过这样分离、提纯后得到的 $CO_2$ 捕集率不低于 90%,纯度达到 99.5% 以上,整套工艺过程的蒸汽和溶液消耗及运行成本都达到了世界先进水平。

南化集团研究院的 $CO_2$ 捕集技术包括低供热源变压再生等催化热钾碱法新工艺、改良甲基二乙醇胺(MDEA)法脱碳技术、聚乙二醇二甲醚(NHD)物理法净化技术等。

2) $CO_2$ 分离技术

关键是怎样减少其能源消耗以达到实用,特别是物理法和化学法必须将吸收或吸附 $CO_2$ 的催化剂分离回收和再生。防止催化剂在烟气中的老化。

#### 4.2.2.2 $CO_2$ 埋存及 EOR 技术

减少 $CO_2$ 排放除了提高能源利用率、加强 $CO_2$ 捕集技术外,另一个重要途径是 $CO_2$ 的埋存。理论上,海洋和地层可以贮藏人类几千年间排放的 $CO_2$。

1) $CO_2$ 的埋存

从烟气中分离出的 $CO_2$ 量大且非常稳定。因此,处理技术比分离技术更为困难。

$CO_2$ 地质埋存方式包括 3 个环节:①分离提纯,在 $CO_2$ 排放源头利用一定技术分离出纯净的 $CO_2$;②运输,将分离出的 $CO_2$ 输送到使用或埋存 $CO_2$ 的地质埋存场所;③埋存,将输送的 $CO_2$ 埋存到地质或海洋中。

深部盐水储层。许多地下的含水层含有盐水,不能作为饮用水,但 $CO_2$ 可以溶解在水中,部分与矿物慢慢发生反应,形成碳酸盐,实现 $CO_2$ 的永久埋存。

我国松辽盆地咸含水层埋深大于 1 000 m,孔隙发育较好,盖层连续完整且封闭良好,决定了其可以作为储存 $CO_2$ 的地质储体。估算的 $CO_2$ 理论储存容量大约为 $6.92 \times 10^{12}$ t[22]。

2) $CO_2$ - EOR 技术

使用常规方法采油,将 $CO_2$ 作为驱油剂可提高采收率 10%～15%。$CO_2$ 驱油分为混相驱油和非混相驱油。$CO_2$ - EOR 混相驱油实施的储层地质条件:①储层深度范围为 1 000～3 000 m;②致密和高渗透率储层;③原油黏度为低或中等级别;④储层为砂岩或碳酸盐岩。

$CO_2$ - EOR 非混相驱油机理是:大量 $CO_2$ 溶解在原油中(13 立方米/桶),使原油膨胀,原油黏度下降 10 个级数,从而便于原油的采出。$CO_2$ 埋存的主要原理是使 $CO_2$ 溶解在储层的流体中。

适合 $CO_2$ - EOR 非混相驱油的条件如下:储层纵向上渗透率高;储层中大量的原油形成油柱;储层具有可以形成气顶的圈闭构造,储层连通性好;储层中没有导致驱油效率降低的断层和断裂。

$CO_2$ - EOR 技术主要有两大优势:一是该技术已经作为一项成熟的采油技术应用于油田生产;二是通过 $CO_2$ - EOR 技术的收益可以补偿一部分回收、捕集 $CO_2$ 的成本。但同时可能会由于现有井的封闭不完善或者 $CO_2$ 腐蚀井壁造成 $CO_2$ 的泄漏。

3) 中国 $CO_2$ 埋存及 EOR 现状

中国适合注气储量为 $3.5 \times 10^9$ t,能够增加可采储量 $3.5 \times 10^7$ t,相当于新发现一个 $1.1 \times 10^9$ t 储量的大油田。我国研究建立了适合中国地质特点的 $CO_2$ 埋存基本地质理论以及 $CO_2$ 埋存评价体系,开展了 $CO_2$ 提高采收率、高效廉价 $CO_2$ 捕集、$CO_2$ 储运、腐蚀与结垢等相关课题研究,中国石油天然气集团公司在吉林油田开展了提高采收率与埋存的先导性试验。

#### 4.2.2.3　化学利用方式

除了二氧化碳驱油($CO_2$ - EOR)及生产肥料等用途,$CO_2$ 还有其他利用方式——化学利用。化学利用指以 $CO_2$ 为原料生产一些能耗低、附加值高、使用量大和能永久储存 $CO_2$ 的化工产品。

### 4.2.3　CCS 技术的评估

目前,世界各国都在致力于 CCS 的研究开发和技术示范工作,但对于该领域的研究和探索尚处于起步阶段。

1) 发展 CCS/CCUS 面临的两大难题

CCS 面临着两大难题:一是高成本、高能耗、无效益(见图 4 - 7),二是储存的长期安全性和可靠性不确定。目前 $CO_2$ 封存利用的主要方法有地下封存、矿石封存、工业利用、生物固定、陆地生态系统储存等,特别是在项目封存选址、生态环境影响、环境监测、泄漏事故应急等环节的环境风险监管不足。再则,其 CCUS 项目的投资过大,难于较快回报等,对 CCUS 发展形成制约。

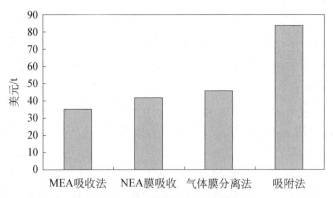

图 4-7　燃烧后 $CO_2$ 捕集成本(资料来源:IEA,2001)

据国际能源署的资料,1986 年非洲喀麦隆地震引发 $1.2×10^6$ t 的 $CO_2$ 从尼奥斯湖中泄漏出来,导致 170 人死亡;阿尔及利亚 Salah 项目的 $CO_2$ 封存工程现场监测数据表明,每年地表的拱起达 5 mm;美国得克萨斯州的油田高压注射钻井附近频繁发生微地震现象等。随着越来越多类似问题的暴露,让人们更难以预料 $CO_2$ 地质封存可能存在的风险,$CO_2$ 的封存将成为未来大规模推广 CCS 难以逾越的主要障碍。图 4-8 所示为 CCS 的 4 个潜在风险(泄漏、地表拱起、诱发地震、咸水层破坏)。

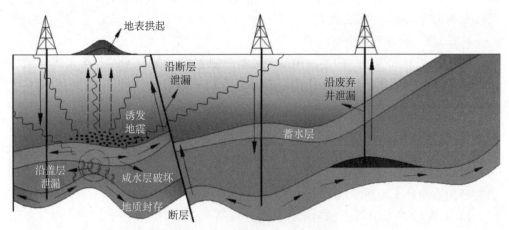

图 4-8　CCS 的 4 个潜在风险

2) 驱油和封存的性质差别

虽然目前 $CO_2$ 驱油被认为是一种较好的 $CO_2$ 埋存方法,但 $CO_2$ 驱油(即将 $CO_2$ 注入油层以提高采油率)和封存有着本质区别,即驱油对 $CO_2$ 的封存作用最长不超过 40 年,而 CCS 封存的时间跨度可达到几百年甚至几千年;并且驱油所用 $CO_2$ 约 2/3 会回到地表,而 CCS 封存可以将 $CO_2$ 永久封存于地下。因此 $CO_2$ 驱油只是短时期内开展 CCUS 项目的权宜之计,不能当作长期性的 CCS 封存方法。

**3) 不确定性的地质影响增加风险**

$CO_2$ 地质封存存在诸多的不确定性和潜在的风险。$CO_2$ 地质封存的地层深度一般超过 1 000 m。$CO_2$ 注入后,与地层中原有的岩石、地下水发生化学反应,并持续地增加地层的孔隙压力,这将破坏地层原始的渗透压力、应力、温度等物理化学平衡,带来的长期地质影响难以估量。不确定性的地质影响导致的风险包括如下几个方面:

第一,$CO_2$ 会沿断层或储层上方的盖层裂隙渗透而泄漏。

第二,长期的注入可能会导致地表拱起。

第三,$CO_2$ 注入岩层中后,溶于地下水,会改变地下水的化学性质,并且形成碳酸,可能会导致岩层中的金属、硫酸矿物或氯化物等成分运移,使得岩层中矿物成分和结构变化,从而人为影响地质结构的长期稳定。

第四,在较高的孔隙压力情况下,岩体内储存了大量弹性势能,如果受到微地震或其他因素导致内部弹性势能突然释放,容易诱发较大地震,一般 CCS 项目对灾害等的抵御能力低下,存在较大安全隐患。例如,美国科罗拉多州的 Rangely 油田的现场测试表明,将液体注入多孔介质中能够诱发微地震活动。

显然,市场需要更经济的 $CO_2$ 处理处置。

国内研究者者提出,大规模的 $CO_2$ 减排不应是 CCS,而应该是 CCU,也就是把 $CO_2$ 作为一种资源,在低能耗、低成本条件下利用 $CO_2$ 矿化转化天然矿物和固体废物联产出高附加值的化工产品,真正实现 $CO_2$ 的高效利用,包括氯化镁矿化 $CO_2$ 联产盐酸和碳酸镁、固废磷石膏矿化 $CO_2$ 联产硫基复合肥等技术。

## 4.3　CCU 与 CU 技术

由于 CCS 没有经济效益,存在上述的风险,要真正解决 $CO_2$ 末端减排的去碳技术应该开展 $CO_2$ 捕获和利用(CCU)。

### 4.3.1　简介

CCS 技术由 $CO_2$ 排放源捕捉与分离、$CO_2$ 压缩与输送和长期封存 3 部分组成。目前最受重视的是 $CO_2$ 捕集与地质封存的经济技术路线[8]。

近年来 $CO_2$ 地质封存由于其潜在的泄漏与环境危险无法解决而进展缓慢,例如,在印度、希腊、芬兰等国家没有足够的地质封存容量或者缺少合适的封存地层;在德国,$CO_2$ 陆上地下注入及监测的法规未能通过。而且有时 $CO_2$ 排放源与封存地点间距离较远,长距离管道运输成本昂贵。因此,$CO_2$ 地质封存需要其他的替代方法,如 $CO_2$ 矿化封存。

1) $CO_2$ 矿化研究的近期发展

世界上蛇纹石(serpentine)和橄榄石(olivine)等硅镁岩储量巨大、分布极广,大量的研究集中在使用硅镁岩的工艺研究领域。但 $CO_2$ 矿化的固气直接反应速率低,且需要高温(500℃)高压(340 bar[①])条件导致能耗过高,设备造价昂贵。现多采用矿石热处理后的固液气多相直接碳化或者化学处理后再液气间接碳化的工艺路线。

2000 年美国 Albany 研究中心开展为期 5 年的研究课题,开发出针对蛇纹石和橄榄石的热处理高温高压碳化技术。可是该工艺能耗高,存在化学试剂再生率低的缺陷,多次试剂改良后仍无法克服。该课题难点如下:

第一,降低预处理和反应所需能耗,开发新的预处理工艺。如降低反应所需温度和压力条件,使用更大粒径的矿石。由于矿石的特性,不同的矿石适用于不同的预处理技术,需要区分对待。

第二,加快反应速率,缩短反应时间,把 2~6 h 的反应时间降低到 30~60 min。

第三,开发具有更高矿石浸出率和强化碳酸效率的化学试剂。

2) $CO_2$ 矿化原料

富含钙镁的硅酸盐矿石可作为 $CO_2$ 矿化的原料,如蛇纹石($Mg_3Si_2O_5(OH)_4$)、镁橄榄石($Mg_2SiO_4$)和硅灰石($CaSiO_3$)。此外,某些不含钙镁的固体废弃物也可以作为 $CO_2$ 矿化的原料,如钢渣、粉煤灰、废弃的焚烧炉灰、废弃的建筑材料及金属冶炼过程中的尾矿等。我国粉煤灰、钢渣等固体废弃物年排放量已分别达到 $1×10^8$ t 和 $3×10^7$ t,且 CaO 含量较高。以消石灰为主要成分的电石渣每年排放量也逾千万吨。

3) $CO_2$ 矿化工艺

英国研究者在 2009 年提出了 $CO_2$ 捕捉和矿化一体化工艺,该工艺使用可再生铵盐($NH_4HSO_4$)从矿石(蛇纹石和橄榄石)中获得富含钙镁离子的浸出液,浸出剩余矿渣为氧化硅含量极高的小粒径(75~300 $\mu m$),浸出液分离除杂提纯贵重金属(得镍、铁等金属产品)后,部分溶液直接用于再生氨气的捕集得含钙镁的富氨液,富氨液常温捕捉 $CO_2$ 生成碳酸铵盐($NH_4HCO_3/(NH_4)_2CO_3$),再与另一部分浸出液快速反应沉淀出高纯度的碳酸镁(钙)盐产品,而尾液($(NH_4)_2SO_4$)进一步加热处理再生出铵盐($NH_4HSO_4$)和氨气供矿石预处理和 $CO_2$ 捕捉。$CO_2$ 捕捉和矿化一体化工艺流程如图 4-9 所示。工艺完全闭合循环大大减少了化学药剂用量和三废,各步反应效率均在 90% 以上,反应时间为 30~60 min,酸浸和碳化所需温度控制在 100℃ 以下,且全过程压力为 $5×10^5$ Pa,所得产物纯度高且能分离贵重金属,结合 $CO_2$ 捕捉可去

① 1 bar=$10^5$ Pa。

除 $SO_2$、$HCl$ 和部分 $NO_x$。

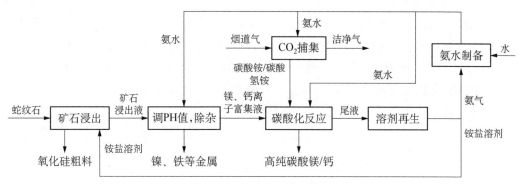

**图 4-9　$CO_2$ 捕捉和矿化一体化工艺流程**

该工艺可生产 3 类产品。第 1 类为矿石浸出后的尾矿渣,蛇纹石和镁橄榄石等硅酸岩在酸浸后析出钙、镁等金属离子,生成二氧化硅($SiO_2$,纯度在 85% 以上)。尾矿的粒径为 $75\sim300\ \mu m$,可以直接用作工业填料。而经过提纯加工后可得纯度更高的 $SiO_2$ 作为电子工业的原料。第 2 类产品为金属产品,主要有铁、镍、铜、锰等的氧化物。铁氧化物可以作为炼钢的原料,而其他金属氧化物经过除杂、提纯和加工后可得金属。南非有专门以蛇纹石为原料提炼镍的工厂,生产的镍可做电池等高附加值的产品。第 3 类为碳酸盐产品,主要有碳酸镁和碳酸钙及其水合物,可用作建筑材料,制作砖瓦或者用作铺路的地基。

近年来,国外一些公司(如美国 Calera、英国 Novacem)开始研究用碳酸镁做镁水泥来替代部分传统水泥。这将为今后 $CO_2$ 矿化提供一个稳定而庞大的市场,并推进 $CO_2$ 矿化快速进入大规模商业化阶段。根据实验数据,1 t $CO_2$ 将会产生 1 t 的 $SiO_2$ 尾矿、0.4 t 的金属氧化物及 2.6 t 的碳酸盐产品。开发 $CO_2$ 矿化的产品和应用将为 $CO_2$ 减排提供一个新的资源化利用的发展路线,产品的销售也能贴补 $CO_2$ 减排的成本,从而实现环境与经济的双赢模式。

4)$CO_2$ 矿化遇到的难题[23]

在常用的 $CO_2$ 回收利用的方法中,$CO_2$ 都是气态,需经吸附精馏法进一步纯净化、精馏液化,才能进行储存和运输。

那么不禁要问:用何种方法从组分复杂的烟气中捕集 $CO_2$?大量 $CO_2$ 直接矿化的条件是什么?矿化的产品有何经济价值?

## 4.3.2　发展 CCU 技术的可选路径

利用丰富的 $CO_2$ 资源来矿化,推行低廉成本、高附加价值的大规模减排 $CO_2$ 的

CCU 技术路线[24]。经过综合研究,CCU 技术发展可以选择如下 3 条参考途径。

1) 利用氯化镁矿化 $CO_2$ 联产盐酸和碳酸镁

我国氯化镁资源非常丰富。四大盐湖区镁盐储量达数十亿吨,我国海域中镁离子含量达到 0.13%。氯化镁溶液呈酸性,不能直接与 $CO_2$ 反应,其矿化过程分为两步:①加热六水合氯化镁,生成氢氧化镁和氯化氢气体;②碱性的氢氧化镁可与 $CO_2$ 反应生成较为稳定的粉体碳酸镁,氯化氢气体溶于水后可制成盐酸。

整个过程的化学反应为

$$MgCl_2 \cdot 6H_2O \longrightarrow Mg(OH)_2 + 4H_2O + 2HCl \tag{4-1}$$

$$Mg(OH)_2 + CO_2 \longrightarrow MgCO_3 + H_2O \tag{4-2}$$

结果表明:600℃下,过程(4-1)的转化率可达到 100%,过程(4-2)的转化率可超过 70%。换言之,每 10 t 六水合氯化镁可矿化 1.5 t $CO_2$,产氯化氢 1.8 t(约产 36% 的盐酸 5 t),产生碳酸镁 2.9 t,总体经济效益分析表明具有较好的利润空间。

产物碳酸镁可作为耐火材料、锅炉和管道的保温材料,以及食品、药品、化妆品等的添加剂,盐酸是重要的化工原料,利用氯化镁作为原料矿化 $CO_2$ 联产盐酸和碳酸镁可以将原料充分利用,是较好的 $CO_2$ 矿化利用的 CCU 途径。

2) 利用固废磷石膏矿化 $CO_2$ 联产硫基复合肥

磷石膏是湿法磷酸生产过程中产生的工业固废。据统计,我国每年约有 $5 \times 10^7$ t 的磷石膏产出量,已堆积的磷石膏固废超过了 $5 \times 10^8$ t。

实验发现,每 10 t 磷石膏能够矿化 2.5 t $CO_2$,产硫酸铵 7.6 t,产轻质碳酸钙 5.8 t。产物硫酸铵是重要的肥料,碳酸钙可用作水泥原料,也可作为涂料、油漆的添加剂。可将磷石膏变废为宝,转化为化肥及建筑材料。

3) 其他可能的 $CO_2$ 矿化利用技术

自然界中的钾长石中含有丰富的钾元素,且储量巨大。通过特殊的催化高温反应,钾长石可将 $CO_2$ 矿化为稳定的固体碳酸盐,与此同时,利用氯化钙作为助剂的钾长石矿化 $CO_2$ 过程还可生成可溶性氯化钾,用于生产钾肥。

由于我国水溶性钾盐(KCl)储量不多,仅占世界储量的 1%,钾肥进口量约占消费量的一半,导致国内氯化钾价格昂贵。利用天然钾长石进行 $CO_2$ 矿化的技术路线,不仅可以减排大量的 $CO_2$,而且联产钾肥还可带来可观的利用空间。

## 4.3.3　$CO_2$ 绿色利用技术

大力发展 $CO_2$ 的绿色化利用技术,发展绿色高新精细化工产业链,提高产品的附加值,降低能源消耗率,从源头上根除或大幅度减少三废污染势在必行[25]。

华东理工大学研究者研发了 $CO_2$ 绿色利用技术。该技术使 $CO_2$ 成为固定的绿色化工原料,进而自主开发出一条 $CO_2$ 绿色高新精细化工产业链。

研究团队发现环氧化合物生产二元醇过程中浪费了大量的活性和能量,而这些活性和能量正好可以用来激活 $CO_2$,通过过程耦合和产品耦合等方法,开发出一系列化工产品清洁生产新工艺,解决了 $CO_2$ 活性低的难题,并采用近临界催化反应、热循环节能、反应吸收耦合过程强化新技术,经碳酸丙(乙)烯酯,再合成绿色化工原料碳酸二甲酯并联产二元醇。

碳酸二甲酯(dimethyl carbonate,DMC)是一种用途非常广泛的绿色化学品,是重要的有机合成中间体。由于应用领域越来越广泛,因而 DMC 被称为当今有机合成的“新基石”。DMC 无毒、无污染,是一种新的环保调和型绿色化学品,是理想的替代物质。二元醇是重要的有机化工原料,为市场紧俏品。

每利用 1 t $CO_2$ 可以节约 2.55 t 标煤,减少 $CO_2$ 排放 7.38 t,减少废水排放 7.84 t,可以从根本上解决使用剧毒光气、硫酸二甲酯等存在的危险性,使反应过程绿色安全。同时,该项目相对传统工艺投资减少 30%～70%,节能 40%～70%,节水 50%～80%,具有非常显著的社会效益和经济效益。

### 4.3.4　CCU 的矿化新理念

鉴于目前 CCUS,尤其是 $CO_2$ 地质封存在政策上、技术上以及社会认知及接受程度上的种种障碍和制约,四川大学研究者特别提出实现 $CO_2$ 减排的 CCU 发展新理念,先避开 $CO_2$ 地质封存各种风险和不确定性,争取在 $CO_2$ 大规模利用技术上取得创新和突破。

1) CCU 的技术路径

事实上 $CO_2$ 利用已是全世界讨论的热点问题。工业上,利用 $CO_2$ 的一种途径是将 $CO_2$ 转化为有机物及高分子聚合物等化工产品,另一种途径是将 $CO_2$ 与水分解,转化为甲醇、石油等再生能源。但由于原料成本高,能耗高,碳循环周期短,工业规模小且 $CO_2$ 用量少,因此被认为不适合作为缓解温室效应的核心技术。

天然矿物或工业废料中蕴含着丰富的镁、钾、硫和钛等人类所需的资源,在此基础上,研究者提出了基于 $CO_2$ 矿化利用天然矿物和固废的 CCU 新理念和技术路线,即在低能耗低成本条件下利用 $CO_2$ 矿化转化联产高附加值的化工产品,将 $CO_2$ 作为一种资源,真正实现 $CO_2$ 的高效利用。

(1) 钙、镁、钾资源　研究表明,地壳中的天然钙、镁元素分别约占地壳质量的 3.45% 和 2%。利用地壳中 1% 的钙、镁离子进行 $CO_2$ 矿化利用,理论上以 50% 的转化率来计算,可矿化约 $2.56 \times 10^{15}$ t $CO_2$。按照全球 2010 年的 $CO_2$ 排放量约为 $3 \times 10^{10}$ t,这部分钙、镁离子可满足人类约 8.5 万年的 $CO_2$ 减排需求。

钾也是地壳中分布广泛的一种元素。其中,长石中钾长石总量约为 $9.56 \times 10^{13}$ t,

以理论上 50% 的转化率计算,这部分钾长石将处理超过 $3.82\times10^{12}$ t 的 $CO_2$。理论上,利用天然钾长石可吸收矿化全球约 127 年排放的 $CO_2$。

可行性研究证明,将一些可利用的工业废弃物矿化高附加值的产物,总体经济效益具有较好的利润,可作为循环经济的范例。

(2) 工业固废弃物　工业废料同样具有较好的矿化潜力,在 $CO_2$ 矿化的同时,生产化工产品或建筑材料,具有较好的利润空间。

目前,我国磷石膏($CaSO_4 \cdot 2H_2O$)固废每年产出约 $5\times10^7$ t,利用其中的钙离子进行 $CO_2$ 矿化,每年可消耗 $CO_2$ 约 $1.25\times10^7$ t。而我国目前堆积的磷石膏总量约为 $5\times10^8$ t,如果将其利用可消耗 $CO_2$ 约 $1.25\times10^8$ t。目前并没有处理磷石膏的有效方法,如何处理大量无法利用的磷石膏固废,是磷酸行业亟待解决的关键问题。

图 4-10 所示为四川大学研究者提出的尾气 $CO_2$ 矿化转化磷石膏的一步法工艺流程。该工艺的 $CO_2$ 转化率高于 70%,二水合硫酸钙的转化率超过 90%。

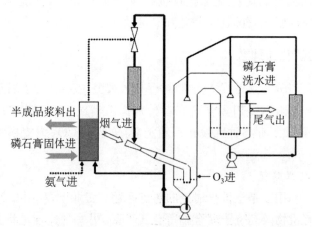

**图 4-10　尾气 $CO_2$ 矿化转化磷石膏的一步法工艺流程**

2) 研究团队的 CCU 的发展步骤

第一阶段,搭建国家产学研科技示范平台,组织科技攻关,对主要的大规模 $CO_2$ 矿化利用技术路线进行规模化实验,提出有关技术经济参数,对工程项目进行商业化可行性研究论证。

第二阶段,组建 $CO_2$ 矿化利用产业联盟,开展技术集成与示范工程,组织跨产业部门的技术集成与工业化 CCU 技术试验与示范。

第三阶段,全面实施工业化的 $CO_2$ 矿化的 CCU 路线。组织开展燃煤电厂的 $CO_2$ 捕捉工程,逐步延伸到钢铁、水泥、化工等高排放行业,展开全面的工业化 $CO_2$ 处理提纯、矿化,打造 CCU 产业链,以更好地实现将 $CO_2$ 作为资源,进行高效转化利用并大规模工业化应用。

研究团队正在探索低浓度 $CO_2$ 工业烟气直接矿化利用的新技术和新方法,即由 CCU 简化为 CU,不经过 $CO_2$ 捕集、分离、提纯过程,从而更好地实现将 $CO_2$ 作为资源高效转化利用并大规模工业化推广。

## 4.3.5  矿化技术的应用

中国石化和四川大学在尾气矿化磷石膏方面联合开展中试研究,开展了 $CO_2$ 矿化磷石膏"以废治废"的利用实践,比较了 $CO_2$ 捕集前直接矿化和捕集后矿化 2 种工艺的环境效益和社会效益,凸显了循环经济的威力。并为扩大容量 50 000 $m^3/h$ 示范工程建设做准备[14,26]。

### 4.3.5.1  CCU 应用规模

CCS 是对大规模碳排放的无奈之举,其成本之高是任何企业不能接受的。那么怎样降低 CCS 的成本?以 $CO_2$ 捕集前直接矿化和捕集后矿化 2 种工艺进行对照。先捕集 $CO_2$ 再利用的技术路线,无法降低 $CO_2$ 的捕集成本。这种捕集后矿化工艺约占 $CO_2$ 的 CCS 总成本的 80%。对于小规模、高附加值合成含碳产品是可行的,但对于大规模低浓度尾气 $CO_2$ 则难以实现经济、高效、资源化利用。

"尾气 $CO_2$ 直接矿化磷石膏联产硫基复肥工艺"涉及低浓度 $CO_2$ 减排。这与石化百万吨级 $CO_2$ 驱油和神华集团十万吨级 $CO_2$ 地下储存均为 CCUS 和 CCS 技术范畴,取得示范性效果。但据瓮福集团磷石膏制粒状硫酸铵技术和鲁北集团磷石膏制硫酸联产水泥技术数据显示,转化利用量占全国磷石膏固废产生量不足 5%,另有 10%～20% 通过净化和改性制作成非承重建筑材料;而工业固废磷石膏处理则是工业环保问题,每年磷石膏固废以 $5 \times 10^7$ t/a 的速度增长。四川大学在国内外率先提出低浓度尾气 $CO_2$ 直接矿化磷石膏联产硫基复肥与碳酸钙的一步法新工艺,其特点是以废治废,提高 $CO_2$ 和磷石膏资源化利用的经济性。若以 $5 \times 10^7$ t/a 磷石膏固废为例,可矿化资源化利用的 $CO_2$ 超过 $1.2 \times 10^7$ t/a[27]。

1) 直接矿化磷石膏工艺

由图 4-11 可见,该工艺流程主要由 3 个部分组成:主反应、碳捕集和氨吸收、尾气处理。

(1) 主反应  发生在三相反应器,进入三相反应器的有磷石膏、氨气和碳氨溶液,反应后产生的料浆为 $CaCO_3$(固)和 $(NH_4)_2SO_4$(溶液)的混合物,反应料浆送到结晶槽,结晶生长后的产品料浆从结晶槽送出界区处理。

(2) 碳捕集和氨吸收  进入三相反应器的碳氨溶液(阳离子为铵根离子,阴离子为碳酸根和碳酸氢根,另有部分游离氨构成的混合溶液体系)由吸氨和吸碳 2 个步骤循环完成。三相反应器中的氨被吸氨喷射器吸收,吸收了氨的富氨溶液再进入文丘

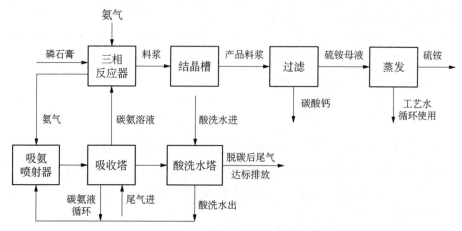

图 4-11 二氧化碳直接矿化磷石膏工艺流程

里反应器和含 $CO_2$ 尾气反应,吸收 $CO_2$ 后的溶液重新回到吸氨喷射器,在这一循环过程完成了对 $CO_2$ 的捕集,制备的碳氨溶液送入三相反应器参与主反应。

(3) 尾气处理 碳捕集后的尾气经过磷石膏酸洗水洗涤后,除去其中夹带的氨气后达标排放,吸收氨后的酸洗水送入吸氨喷射器作为制备碳氨液的水源。

2) $CO_2$ 捕集后矿化工艺

先将 $CO_2$ 捕集,再进行 $CO_2$ 的矿化,对磷石膏资源化利用的同时实现 $CO_2$ 减排,其工艺流程如图 4-12 所示。瓮福集团磷石膏制粒状硫酸铵技术也采用此工艺流程。

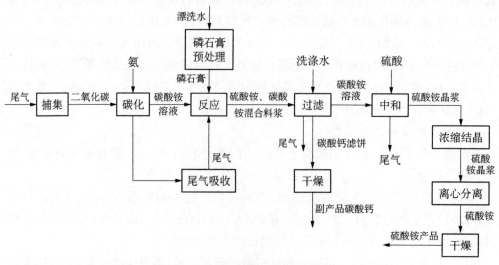

图 4-12 $CO_2$ 捕集后矿化工艺流程

工艺流程如下：

$CO_2$ 与氨水在碳化槽内反应得到碳氨溶液，碳氨溶液一部分与预处理过的磷石膏在反应器内反应进一步得到硫酸铵、碳酸铵的混合浆料；另一部分碳氨溶液与尾气返回碳化槽继续吸收 $CO_2$，同时对氨水进行定量补给。

混合浆料通过充分反应后对下层进行过滤洗涤得到碳酸钙滤饼，干燥后即得到副产物碳酸钙；上层硫酸铵、碳氨溶液采用稀硫酸中和得到硫酸铵晶浆，所产生尾气返回至碳化槽继续反应。硫酸铵晶浆通过结晶、离心分离、干燥等步骤后得到硫酸铵产品。分离产物返回硫酸铵反应器循环利用。

3）两种工艺比较

通过对以上两种工艺的比较，捕集前直接矿化的优缺点如下：

（1）优点　烟气捕集前直接矿化方法省去了捕集过程，直接以烟气做原料参与反应，工艺更加简单。与传统的捕集后矿化技术相比，直接矿化工艺还有如下几个创新点：

第一，"一步法"$CO_2$ 直接矿化磷石膏联产硫基复肥与碳酸钙，CCUS 技术路线创新。率先提出以工业固废磷石膏直接矿化低浓度尾气 $CO_2$ 联产硫基复肥与碳酸钙的 CCUS 技术路线，工艺系统具有循环利用技术路线上的创新性和热力学原理上的先进性。

第二，"全混流"氨促 $CO_2$ 矿化反应技术创新。率先提出以氨气为动力源、热源和反应促进剂的多相全混流氨促 $CO_2$ 矿化反应技术，替代传统的液固搅拌反应器和复杂的加热装置，缩短流程，减少设备，降低能耗，是支撑本项目技术经济优势的核心技术创新。

第三，"热力学势"多级利用系统技术创新。率先提出低浓度尾气 $CO_2$ 直接矿化磷石膏联产硫酸铵与碳酸钙的热力学系统优化组合，浓度梯度、温度梯度、压力梯度和速度梯度（统称热力学势）多级利用技术组合，对化工系统回收利用低位能具有普遍意义。通过多级利用减少环境排放是提高环境保护标准的先进技术路线。

（2）缺点　该方法尚无成熟技术，需要通过中试试验验证工艺，获取建设直接矿化示范工程所需的数据。

4）中试试验

目前，该技术需要工程中试，验证工艺，以获取建设直接矿化示范工程所需的数据。

从 2012 年起开始"尾气 $CO_2$ 直接矿化磷石膏联产硫基复肥新工艺"的中试研究。由中国石化中原油田普光分公司牵头，南京工程公司承担设计工作，南化集团研究院承担中试装置建设并全程参与中试试验。装置规模为尾气流量 $100\ m^3/h$($CO_2$ 体积分数为 15%)的中试装置。在全流程稳定运行前提下，试验获取 $50\,000\ m^3/h$ 示范工程设计所需的工艺包数据。

示范工程规模工业示范装置建设规模、产品方案及质量指标如下。

运行时间:7 200 h/a,每年 300 d,每天 24 h。

建设规模:处理尾气量 50 000 m³/h,其中 $CO_2$ 体积分数为 15%,捕获吸收 $CO_2$ 5 625 m³/h,$CO_2$ 吸收率达到 75%。

产品方案:生成硫酸铵 33.2 t/h,生成碳酸钙 25 t/h,处理磷石膏 43.2 t/h。

质量指标:产品硫酸铵组成达到肥料级一级品要求。

#### 4.3.5.2 氨化矿化合成三聚氰酸工艺

$CO_2$ 的氨化矿化技术是通过与氨反应得到三聚氰酸等,实现高附加值的有效封存的可利用产品[28]。

其反应方程式如下:

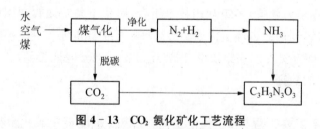

$CO_2$ 氨化矿化生成的产物是三聚氰酸和水。三聚氰酸是一种白色固体,无色无味,热稳定好,温度大于等于 350℃时热解。它具有三嗪结构,可发生加成、取代、缩合等反应,可生产三聚氰酸-甲醛树脂、环氧树脂、消毒剂、抗氧剂、黏合剂等工业产品。

1) 工艺流程

$CO_2$ 的氨化矿化是尿素合成工艺的进一步发展(见图 4-13),在工艺上是完全可行的。

水
空气 → 煤气化 —净化→ $N_2+H_2$ → $NH_3$
煤

煤气化 —脱碳↓→ $CO_2$ → $C_3H_3N_3O_3$

$NH_3$ ↓ → $C_3H_3N_3O_3$

**图 4-13 $CO_2$ 氨化矿化工艺流程**

2) 原料优势

在氨化反应工业生产中,原料需要空气、水和碳,反应方程式如下:

$$C + 2H_2O \longrightarrow CO_2 + 2H_2 \qquad (4-3)$$

$$N_2 + 3H_2 \longrightarrow 2NH_3 \qquad (4-4)$$

$$3CO_2 + 3NH_3 \longrightarrow C_3H_3N_3O_3 + 3H_2O \qquad (4-5)$$

在以煤为原料的 $CO_2$ 氨化过程中,氨是过剩的,可以说该是一条"负碳"工艺路线。以天然气和石油为原料可剩余更多的氨。

3)固碳能力强

通过对几种 $CO_2$ 化学利用方法的固碳能力进行对比,发现该方法的固碳能力强(见表 4-5)。

表 4-5 几种 $CO_2$ 化学利用方法的固碳能力对比

| $CO_2$ 利用方式 | 所需原料 | 固碳理论比/(kg/$CO_2$) |
|---|---|---|
| 矿石封存 | 含镁矿石 | 1.8:1 |
| | 含钙矿石 | 3.6:1 |
| 碳酸二甲酯 | 甲醇 | 1.45:1 |
| 聚碳酸酯 | 环氧丙烷 | 1:1 |
| 三聚氰酸 | $NH_3$ | 0.38:1 |

煤的化学利用过程(煤变油、煤制烯烃、煤制天然气等)中的原料通过改变反应过程和目标产品即可实现氨化矿化。例如,某煤制烯烃项目计划建设年产 $1.8 \times 10^6$ t甲醇装置和年产 $6.8 \times 10^5$ t甲醇制烯烃装置。该项目年副产 $CO_2$ $3.6 \times 10^6$ t,$N_2$ $1.3 \times 10^6$ t,纯度都在 95% 以上,公司提出了两种废气的综合利用。经估算,年产 $6.8 \times 10^5$ t烯烃可设计成年产 $3.5 \times 10^6$ t的三聚氰酸产品,同时没有 $CO_2$ 排放。

三聚氰酸的应用较广,可作为一种高反应活性的氨基还原剂,用于烟气脱硝;可用于缓施肥剂,可作为合成高分子材料等。

## 参考文献

[1] 谢和平. 发展低碳技术推进绿色经济[J]. 中国能源,2010,32(9):5-10.

[2] International Energy Agency. World energy outlook 2010 [R]. International Energy Agency,2010.

[3] 付允,马永欢,刘怡君,等. 低碳经济的发展模式研究[J]. 中国人口·资源与环境,2008,18(3):14-19.

[4] 傅莎,邹骥,张晓华,等. IPCC第五次评估报告历史排放趋势和未来减缓情景相关核心结论解读分析[J]. 气候变化研究进展,2014,10(5):323-330.

[5] 何建坤. $CO_2$ 排放峰值分析:中国的减排目标与对策[J]. 中国人口·资源与环境,2013,23(12):1-9.

［6］ 李小春,方志明,魏宁,等. 我国 $CO_2$ 捕集与封存的技术路线探讨[J]. 岩土力学,2009,30(9):2674-2678.

［7］ 常赵刚,敖迎春,杜维,等. 二氧化碳减排及固定的研究进展概述[J]. 资源节约与环保,2013,9:114.

［8］ 王晓龙,郜时旺,刘练波,等. 捕集并利用燃煤电厂二氧化碳生产高附加值产品的新工艺[J]. 中国电机工程学报,2012,32(S1):164-167.

［9］ 我国科学家首次研发二氧化碳矿化发电技术[J]. 有色冶金节能,2015,2:60-61.

［10］ 崔意华,杨会民,王宁波. $CO_2$ 资源化利用技术发展现状[J]. 中国资源综合利用,2012,30(12):37-40.

［11］ 罗金玲,高冉,黄文辉,等. 中国二氧化碳减排及利用技术发展趋势[J]. 资源与产业,2011,13(1):132-137.

［12］ 马倩倩,孙秀雅,孟波,等. 二氧化碳减排技术的研究进展[J]. 辽宁化工,2009,38(3):176-179.

［13］ 朱思斯. 中国特色"低碳经济"优化模型研究[J]. 工业技术经济,2016,12:100-106.

［14］ 谢和平,刘虹,吴刚. 中国未来二氧化碳减排技术应向CCU方向发展[J]. 中国能源,2012,34(10):15-18.

［15］ 晏水平,方梦祥,张卫风,等. 烟气中 $CO_2$ 化学吸收法脱除技术分析与进展[J]. 化工进展,2006,25(9):1018-1024.

［16］ Andersen H. Chapter 11—Pre-combustion decarbonisation technology summary [J]. Carbon Dioxide Capture for Storage in Deep Geologic Formations-Result from the $CO_2$ Capture Project, 2005,1:203-211.

［17］ Eimer D. Chapter 4—Post-combustion $CO_2$ separation technology summary [J]. Carbon Dioxide Capture for Storage in Deep Geologic Rormations-Result from the $CO_2$ Capture Project, 2005,1:91-97.

［18］ 郑晓峰,冯耀勋,贾明生. 富氧燃烧的节能特性及其对环境的影响[J]. 节能,2006,25(7):26-34.

［19］ 刘兴家. 提高锅炉热效率的新技术——富氧燃烧[J]. 工业锅炉,2007,1:10-12.

［20］ Hurst P, Miracca I. Chapter 33 — Chemical Looping Combustion (CLC) oxyfuel technology summary [J]. Carbon Dioxide Capture for Storage in Deep Geologic Formations-Result from the $CO_2$ Capture Project, 2005,1:583-586.

［21］ 汪家铭. $CO_2$ 捕集与利用技术研究进展[J]. 石油化工技术与经济,2012,28(6):43-47.

［22］ 巫润建,李国敏,黎明,等. 松辽盆地咸含水层埋存 $CO_2$ 储存容量初步估算[J]. 工程地质学报,2009,17(1):100-104.

［23］ 韩秀峰. 烟道气中二氧化碳矿化利用研究[J]. 鸡西大学学报,2015,15(8):48-50.

［24］ 谢和平,谢凌志,王昱飞,等. 全球二氧化碳减排不应是CCS,应是CCU [J]. 四川大学学报(工程科学版),2012,44(4):1-5.

[25] 田恒水,李峰. 发展二氧化碳的绿色高新精细化工产业链[J]. 氮肥技术,2011,32 (6):27-32.

[26] 崔文鹏,刘亚龙,卫巍,等. 尾气二氧化碳直接矿化磷石膏理论与实践[J]. 能源化工,2015, 36(3):53-56.

[27] 刘山当. 磷石膏——氨水悬浮液脱碳净化合成氨原料气并制备硫酸铵的初步研究[D]. 成都:四川大学,2004.

[28] 朱维群. 二氧化碳的高值有效封存利用——二氧化碳的氨化矿化[C]. 2013 北京国际环境技术研讨会论文集,北京,2013.

# 第 5 章　火电厂节水与废污水处理

　　水是生命之源,也是人类及自然界赖以生存的最重要物质之一,已经成为一个国家综合国力的有机组成部分。20 世纪 80 年代,联合国水资源大会曾向世界各国多次警告,由于缺水,全球经济和社会的持续发展肯定受到制约。未来,缺水将成为一场深刻的社会危机。因此,20 世纪 90 年代以来,水资源的可持续发展问题已成为世界各国专家和学者研究和关注的焦点和热点。

　　我国是水资源极度匮乏的国家,特别是在北方地区,水资源尤其珍贵。随着经济社会的发展,资源型和水质型缺水已成为制约我国现代化发展、城市化进程及人与自然和谐发展的瓶颈。火电行业是我国国民经济的基础产业,同时,也是耗水大户,其用水量约占工业用水量的 30%～40%,仅次于农业用水量。而且,与国外先进水平对比,存在巨大差距,我国燃煤电厂装机平均水耗为国外的 8～10 倍,因此,火电行业节水存在着极大空间。近年来,随着环保监管力度的加强,特别是水资源费和排污费征收更趋合理,水的成本在电厂运行成本中所占份额越来越大。火电厂节约用水、提高水的重复利用率、减少废水排放的实施势在必行,意义重大,节水工作的开展与否直接影响电力企业的生产经营和可持续发展。

## 5.1　概述

　　随着我国人口的不断增长和经济的快速发展,水资源危机正与日俱增,特别是一些干旱地区和大中型城市,水源水质问题已成燃眉之急。在水资源短缺的今天,开展水资源可持续发展研究,实现水资源可持续开发、利用、保护及其定量评价愈显迫切和重要。

### 5.1.1　水资源可持续发展

　　水资源是基础性的自然资源和战略性的经济资源,是经济社会可持续发展、维系生态平衡与和谐环境的重要基础。我国的水资源分布大体上呈南多北少,东多西少的态势。总体上,我国多年平均水资源总量约为 $2.84 \times 10^{12}$ $m^3$,多年平均地表水资

源量约为 $2.74 \times 10^{12}$ m³/a。全国人均占有水资源量为 2 200 m³,仅为世界人均占有量的 28%。我国水资源可利用总量仅占水资源总量的 31%,地表水资源可利用率仅为 29% 左右。因此,水资源总量中能够为经济社会利用的水资源量十分有限。

1) 水资源的地域特征

随着国民经济的发展,我国水资源的地域特征明显。南方地区属水质型缺水,污染严重;北方地区为资源型缺水;西北内陆地区则水资源无序利用,造成引水过多、土地荒漠化。水资源十分珍贵。全国水资源不均衡地利用、消耗、排放,严重影响区域的经济发展(见表 5 - 1),水资源的分布直接影响电力行业的发展。

表 5 - 1　近年全国水资源利用、消耗、排放总量

| 年份 | 2000 | 2005 | 2010 | 2014 | 2015 | 2016[1] | 2020① |
|---|---|---|---|---|---|---|---|
| 全国水资源总量/($10^8$/m³) | 27 701 | 28 053 | 30 906.4 | 27 266.9 | 28 306 | 32 466.4 | |
| 全国平均产水量/($10^4$ m³/km²) | 29.2 | 29.6 | 32.6 | 28.8 | 29.5 | 33.8 | |
| 全国总供水量/($10^8$/m³) | 5 531 | 5 633 | 6 022.0 | 6 095 | 6 180 | 6 040.2 | 6 700 |
| 耗水率/% | 55 | 53 | 53 | 53 | 52.7 | 52.9 | a. 重点开展火电等高耗水行业节水的技术改造 b. 近期比 2015 年万元 GDP 用水量降低 23% c. 利用海水 $1 \times 10^{11}$ t |
| 用水消耗总量/($10^8$/m³) | 3 012 | 2 960 | 3 182.2 | 3 222 | 3 217 | 3 192.9 | |
| 全国人均用水量/m³ | 430 | 432 | 450 | 447 | 445 | 438 | |
| 全国废污水排放总量/($10^8$/m³)(不含火电冷却水) | 620 | 717 | 792 | 771 | 770 | 765 | |
| 万元 GDP(当年价)用水量/m³ | 78 | 304 | 150 | 96 | 90.2② | 123.2 | |
| 全国海水直接利用量/($10^8$/m³) | 141 | 237 | 488.0 | 714(火电、核电) | | 887.1 | |

① "十三五"水资源消耗总量和强度双控行动方案,水资源[2016]379 号,水利部、国家发展改革委,2016.10;
② 2015 年国民经济和社会发展统计公报,中华人民共和国国家统计局,2016 年 2 月 29 日。

2) 节约用水

电厂用水的可持续发展,归根到底就是解决生态系统及水资源的良性循环问题。

关键在于完善用水法制建设,充分利用经济杠杆,开展用水技术改造,合理规划利用水资源(见图 5-1)。

图 5-1　火电厂节水效益与成本关系

## 5.1.2　电厂用水规划

我国火力发电以燃煤为主。2015 年全国总发电量约为 $5.74 \times 10^{12}$ kW·h,其中燃煤火电机组发电量约为 $3.9 \times 10^{12}$ kW·h,占总发电总量的 67.9%。电厂对用水的需求量很大。

2015 年 4 月 2 日国务院发布《水污染防治行动计划》,专项整治用水的十大重点行业。

1)总体要求

大力推进生态文明建设,以改善水环境质量为核心,按照"节水优先、空间均衡、系统治理、两手发力"原则,贯彻"安全、清洁、健康"方针,强化源头控制,科学治理,系统推进水污染防治、水生态保护和水资源管理,为美丽中国而奋斗。

中国水环境治理总体规划如表 5-2 所示。

表 5-2　中国水环境治理总体规划

| 年代 | 目标[①] | 要求 |
| --- | --- | --- |
| 2020 | 全国水环境质量得到阶段性改善,污染严重水体较大幅度减少 | (1) 七大重点流域水质优良(达到或优于Ⅲ类)比例总体大于 70%<br>(2) 全国用水总量控制在 $6.7 \times 10^{11}$ m³ 以内<br>(3) 电力等高耗水行业达到先进定额标准 |

（续表）

| 年代 | 目标① | 要求 |
|---|---|---|
| 2030 | 力争全国水环境质量总体改善，水生态系统功能初步恢复 | 全国七大重点流域水质优良比例总体达到75%以上 |
| 2050 | 生态环境质量全面改善，生态系统实现良性循环 | |

① 摘自国务院 2015 年 4 月 2 日发布的《水污染防治行动计划》。

2）电厂水平衡

电厂水平衡是关系到电厂合理用水管理的一项基础工作，具有很强的综合性与技术性，有利于优化废污水"零排放"工艺[3]。

电厂通过水平衡测试，全面掌控全厂用水、排放和损耗之间的平衡关系。优化各系统用水、节水的环节，合理制订用水规划、中水回用、按水质梯级利用，最大限度地减少电厂的总用水量，提高水资源的利用率。

## 5.1.3　电厂用水与废污水治理现状

电厂废水通常有循环冷却排污水、除灰水、脱硫废水、含油废水、含煤废水、排泥废水、其他工业废水和生活污水等。其中循环冷却排污水、除灰水量大，脱硫废水处理难度高。

电厂用水工艺的全面改造和废水"零排放"处理迫在眉睫。

1）废水"零排放"

所谓废水"零排放"是指不向电厂界外环境排放有害水质、沉淀的污泥等物质，以适当的方式处理处置。早在 20 世纪 70 年代，美国、加拿大提出废污水"零排放"。至今，废污水处理工艺基本成熟，取得了一定的经济和社会效益。

我国电厂废污水"零排放"的节水改造起步较晚。2000 年启动完成西柏坡火电厂废水"零排放"的科研项目，达到了合同预期目标和要求的主要技术经济指标[4]，并引领国内电力行业废污水"零排放"处理的迅速发展。

电力行业既是用水大户，也是废污水排放大户（见表 5-3）。电厂废水处理的共性问题主要如下：

（1）用水量约占工业用水量的 30%～40%，而水价和排污费逐年提高，加重企业的经济负担。

（2）大多数火电厂中循环系统排污水量最大，其中脱硫废水处理尤为难点[5]。

（3）电厂末端废水处理投资高，需要技术创新。

表 5-3　火电厂水资源消耗及脱硫废水

| 机组功率/MW | 2×300 | 2×600 | 2×1 000 |
|---|---|---|---|
| 每天耗水量/(m³/d) | 34 548 | 66 072～80 000 | 101 256 |
| 脱硫废水/(m³/h) | 6～15 | ～30 | ～60 |

2）废水处理技术集成

膜技术的开发使电厂的水处理技术上了新的台阶，并成功地应用在废水分离处理中。针对各种废水，采用各种技术集成，实现了废水"零排放"。

（1）反渗透技术　应用反渗透（RO）技术并组合超滤、微滤等技术可净化和分离水溶液中的颗粒、有机物。在火电厂废水处理中，反渗透技术主要用于循环系统排污水、锅炉酸洗废液和电厂综合废水处理。

通常采用连续微滤（CMF）＋反渗透处理工艺处理循环冷却水，回用水量占处理水量的 7/8，出水水质基本可满足系统补充水的水质要求；在北方某空冷机组上采用"气浮除油→石灰软化→重力滤池→离子交换软化→反渗透"工艺处理电厂辅机冷却系统排污水、化水车间排污水、冲洗水等废水，系统整体出水水质满足设计要求。

但在实际运行过程中，火电厂的废水水质差，尤其对于高含盐量、高腐蚀性的脱硫废水，反渗透膜极易被污染，导致清洗和再生频繁，不仅降低废水的回收率，缩短了反渗透膜的使用寿命，同时也极大地增加了运行成本，因此，反渗透技术极少单独应用于脱硫废水的处理。

（2）蒸发结晶技术　该技术适用于脱硫废水处理，通过蒸发浓缩液，达到盐水分离。实际应用中常见多效蒸发（MED）结晶技术和机械蒸汽再浓缩（MVR 或 MVC）技术。

多效蒸发结晶技术：蒸发系统一般分为热输入单元、热回收单元、结晶单元和附属系统单位 4 个单元。常规处理后的废水经过多级蒸发室的加热浓缩后成为盐浆，盐浆经离心、干燥后得到盐结晶，运输出厂出售或掩埋。

机械蒸汽再浓缩技术：该技术将二次蒸汽绝热压缩升温后送入加热室，重新作为热源使用，降低了蒸汽用量，能耗相对较低。中科院理化所的研究者在 MVR 技术的产业化方面取得实质性的进展[6]。

（3）烟道蒸发工艺　将脱硫废水经废水泵送往空气预热器后的烟道内，并采用雾化喷嘴将脱硫废水雾化，雾化状态的脱硫废水即刻在高温烟道内蒸发，蒸发后残留的杂质与飞灰一起随烟气进入除尘设备，经过除尘器后，颗粒物被捕集下来随飞灰一起外排。该工艺系统简单，投资少，但影响机组热效率，降低灰的利用价值。

3）水资源的综合利用

随着经济社会发展和生态环境保护用水需求的不断增加，未来我国水资源的供需形势将更为严峻。水资源节约与综合利用是节约水资源、提高水资源利用水平的最主要途径,也是电力工业可持续发展的一项紧迫的战略性任务。

(1) 火电厂用水现状 2000 年我国火电厂耗水状况如表 5-4 所示。在火电总装机容量中,直流冷却(含空冷)约占 42.6%,装机耗水率为 0.37 $m^3/(s \cdot GW)$;循环冷却的装机约占 57.4%,大多分布在内陆地区,装机耗水率为 1.32 $m^3/(s \cdot GW)$;全国火电厂 2000 年的平均(包括循环冷却和直流冷却电厂)装机耗水率为 0.92 $m^3/(s \cdot GW)$。全国火电厂在各种情况下(包括循环冷却及直流冷却电厂等)共耗水约为 $4.58 \times 10^9$ $m^3$。

表 5-4 2000 年我国火电厂耗水状况[7]

| 项目 | 统计值 | | |
|---|---|---|---|
| 机组冷却方式 | 直流冷却 | 循环冷却 | 全国 |
| 火电装机/$10^8$ kW | 1.008 | 1.360 | 2.368 |
| 装机比例/% | 42.6 | 57.4 | 100 |
| 耗水量/$10^8$ $m^3$ | 7.97 | 37.82 | 45.79 |
| 耗水指标/[$m^3/(s \cdot GW)$] | 0.37 | 1.32 | 0.92 |

说明:直流冷却电厂耗水量为除直流冷却水量外的其他耗水量。

2000 年,全国火电厂发电耗水量平均为 4.13 kg/(kW·h);发达国家为 2.52 kg/(kW·h),南非仅为 1.25 kg/(kW·h);发达国家二次循环供水系统的设计耗水指标为 0.6 $m^3/(s \cdot GW)$,我国同类机组的实际耗水指标为 1.32 $m^3/(s \cdot GW)$。可见在我国火电行业用水量大的同时,水资源使用效率总体水平较低,资源浪费比较严重。

国内 300 MW 机组及其以上耗水指标如表 5-5 所示。

表 5-5 国内 300 MW 机组及其以上耗水指标[8]　　　　单位:$m^3/(s \cdot GW)$

| 冷却方式 | 标准规定值① | 设计控制值 | 电厂实际耗水量 | | | 国外罗伊特西部电厂 | 目前国内多数 300 MW 以上淡水冷却电厂 |
|---|---|---|---|---|---|---|---|
| | | | 2000 年 | 2005 年 | 新建机组② | | |
| 淡水循环 | 0.6~0.8 | 0.8 | 1.147 | 0.860 | 大型空冷机组耗水指标小于 0.18 | 总耗水定值为 0.500,其中包括冷却塔 0.45,脱硫塔 0.04,锅炉补给 0.01 | 设计值为 0.62,采取干法除渣、干法脱硫、加强节水管理后为 0.467 |
| 海水直流 | 0.06~0.12 | 0.12 | | | | | |
| 空气冷却 | 0.13~0.2 | 0.15 | | | | | |

① 引自《火力发电厂节水导则》(DL/T 783—2001);
② 引自国家发展改革委员会印发的[2004]864 号《关于燃煤机组项目规划和建设有关要求的通知》。

火电厂设计耗水指标是电厂重要的经济评价指标,如表 5-6 所示。

表 5-6　火电厂设计耗水指标规定[2]

| 冷却方式 | 百万千瓦设计耗水指标规定/(m³/(s·GW)) | | | |
| --- | --- | --- | --- | --- |
| 单机容量 600 MW 以上的湿冷机组 | 火力发电厂节水导则(DL/T 783—2001) | 取水定额(GB/T 18916.1—2012) | 大中型火力发电设计规范(GB 50660—2011) | 节水型企业火力发电行业 [GB/T 7119—2006(征求意见稿)] |
| | 0.6~0.8 | ≤0.77 | ≤0.7 | 废水达标排放率100%,循环冷却水排水利用率大于90% |

(2)火力发电厂水资源利用对策　严格执行国家节水政策和用水标准。北方缺水地区新建、扩建电厂时,应禁止取用地下水,严格控制使用地表水,鼓励利用中水或其他废水。原则上应建设大型空冷机组。坑口电站应首先考虑使用矿井疏矸水。沿海缺水地区建厂时,鼓励利用火电厂余热进行海水淡化。

火电厂设计中严格执行《火力发电厂节水导则》(DL/T 783—2001)规定的节约用水技术原则,火力发电厂的取水定额不高于《取水定额》(GB/T 18916.1—2012)的规定。

设计采用节水新技术、新工艺。加强电厂水务管理,严格执行水利部、国家发展改革委员会印发的水资源[2016]379号《"十三五"水资源消耗总量和强度双控行动方案》。

## 5.2　火电厂节水技术探究

火电厂节水技术按途径不同可以分为"开源"和"节流"两类,"开源"类是指利用常规水源之外的水源作为补充水;"节流"类是指减少耗水量。只有这两方面并举,才能得到比较好的节水效果。

### 5.2.1　节水开源

除了存储雨水、利用海水资源条件外,按照水资源[2016]379号尽量减少利用地下水的要求下,开发燃煤中的大量水资源很有必要,尤其是采用 WFGD 的系统,排放烟气的水蒸气呈饱和状态。冷凝烟气中的水蒸气成为节水开源的热点。

1)冷凝烟气水蒸气法

该方法具有以下优点:利用"相变凝聚+热泳"原理,从冷凝烟气中获取水资源;有利于细管水膜惯性除尘,凝聚液滴,消除 $PM_{2.5}$ 颗粒物,消除烟囱冒白烟的现象;进一步消除酸性溶液,降低对烟囱内衬的腐蚀作用;利用水蒸气的汽化潜热加热冷烟气,有利于提升烟气排放的扩散能力。

(1) SPERI 烟气相变凝聚提水提质　该技术通过换热器内的热媒介质与吸收塔出口净烟气进行热交换,使烟气温度降低 5~10℃,达到水露点温度(50~60℃)以下,使烟气中的湿饱和水蒸气冷凝成水。冷凝液经处理后回收利用,可作为脱硫塔补水或供热网。在烟气降温过程中,水蒸气的凝结过程伴随颗粒物多重的团聚长大过程,并被冷凝液水洗吸收,从而起到很好的除尘净化效果[9]。

(2) 冷凝法烟气除湿技术　上海外三电厂利用低温水源冷凝烟气水蒸气取得了有效的节水示范效果(见图 5-2)。上海外三电厂机组采用石灰石-石膏湿法烟气脱硫技术,脱硫湿烟气含有大量的水汽,经烟囱排出。虽然经过前期的石膏雨治理,但烟气仍携带一定酸度的水汽排放大气。运行证明,除湿装置能有效去除剩余 $SO_2$/$SO_3$,去除多污染物,节水,减排粉尘。平均可凝结出水量 45 t/h(随季节变化),冬季循环水温极限最低 5℃时,析出最大水量 78.2 t/h。冷凝水用于脱硫除雾器冲洗。烟囱出口烟气中的水蒸气分压力下降,有效改善白烟现象[10]。

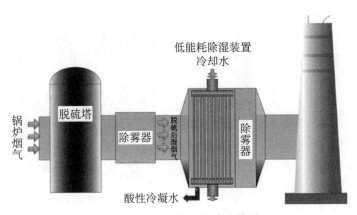

图 5-2　冷凝法除湿减排装置

(3) DEMISTER 公司的冷凝法　该方法根据饱和湿烟气水蒸气含量与温度的关系(见图 5-3),在 WFGD 的除雾器上做了改进(见图 5-4),通过外部的制冷装置,为除雾器空心叶片提供冷源,实现冷凝除尘,换热温降为 0.5~1.5℃。这套装备已经投运了 30 套,能适应煤种、负荷变化,改造周期短[11]。

2)"煤中取水"法

"煤中取水"是项可取的技术。国内研发的"基于炉烟干燥及水回收的风扇磨仓储式制粉系统的高效褐煤发电技术"简称为"煤中取水"[12]。其工作原理:将风扇磨煤机出口的含有高浓度水蒸气的混合气体与煤粉分离后进入"节能水回收装置",降温

| 净烟气温度/℃ | 含水量/(g/kg) |
|---|---|
| 40 | 49.568 |
| 41 | 52.503 |
| 42 | 55.597 |
| 43 | 60.362 |
| 44 | 62.329 |
| 45 | 65.977 |
| 46 | 69.803 |
| 47 | 72.611 |
| 48 | 78.214 |
| 49 | 81.531 |
| 50 | 87.560 |
| 51 | 92.696 |
| 52 | 98.074 |
| 53 | 103.788 |
| 54 | 109.851 |
| 55 | 116.279 |
| 56 | 123.089 |
| 57 | 130.298 |
| 58 | 138.020 |
| 59 | 146.186 |
| 60 | 154.820 |

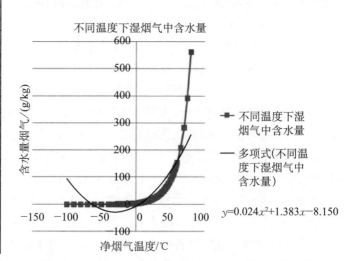

图 5-3 湿烟气饱和水蒸气含量与温度的关系

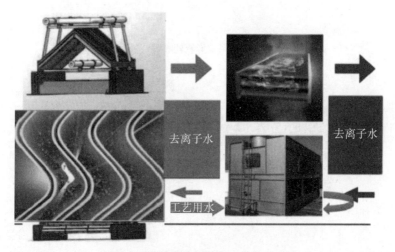

图 5-4 除雾器冷凝烟气水蒸气示意图

后成为凝结水,进入水处理系统回收使用。600 MW 超临界机组燃用高水分褐煤时每年可节水超过 $5 \times 10^5$ m³,满足空冷机组全年的水耗指标,实现电厂"零补水"的目的(见表 5-7)。

3) 冷却塔节水

在湿式冷却的火力发电厂中,循环冷却水占总用水量的 65%～75%。其水损耗主要包括蒸发损失、风吹损失和排污损失三部分。蒸发损失约为循环水总量的 1.2%～

表 5-7　600 MW 机组"煤中取水"技术的主要技术指标

| 参数 | 胜利煤 | 白音华煤 |
|---|---|---|
| 汽轮机运行背压/kPa | 9 | 9 |
| 原煤水分/% | 36.0 | 30.3 |
| 高效系统"煤中取水"量/(t/h) | 114.54 | 80.18 |
| 每 $10^6$ kW 水耗指标 0.05 m³/s 的耗水量/(t/h) | 108 | 108 |
| 机组发电煤耗/[g/(kW·h)] | 283.23 | 280.94 |
| 热效率/% | 43.369 | 43.21 |

1.6%,占电厂耗水总量的 30%～55%,是电厂耗水项目中的最大项。

研究者[13]利用工质凝结相变原理,尝试各种措施如水蒸气凝结法、热管法、改进湿式逆流冷却塔等降低蒸发水耗;提高循环冷却水的浓缩倍率 4～10 倍,减少排污水耗。干式冷却塔能最大限度地实现电厂节水。例如大同发电公司 2×600 MW 直接空冷机组生产水耗设计为 0.193 m³/(s·GW),实际运行水耗还要低于设计值,为 0.135 m³/(s·GW),但供电煤耗增加 3%～8%。

利用循环水-热泵技术节水,当凝汽器入口循环水温降 2℃时,循环水系统节约补水量 111.9 t/h。以 300 MW 机组对应的自然通风逆流湿式冷却塔为例,夏、冬季工况下冷却塔进水温每降低 1℃,出塔水温分别降低约 0.11℃和 0.2℃,蒸发损失减少约 54 t/h 和 19 t/h。

## 5.2.2　膜技术应用

膜技术处理废水的基本原理是利用水溶液中的水分子具有穿透性的特征,使得分离膜能够保持穿过的物质不相变,并且在外力的作用下水溶液与溶质或其他杂质能够起到分离的效果,最终获得较为纯净的水,达到处理废水、提高水质的目的。

### 5.2.2.1　简述

膜分离技术的发展历史悠久。20 世纪 50 年代首次合成高分子阴阳离子交换膜,开展微生物的膜分离应用。60 年代随着微滤(MF)、反渗透、超滤(UF)、电渗析技术的发展,开始了中空纤维膜、醋酸纤维素反渗透膜、液膜、无机陶瓷膜等产品的工业化生产。根据不同物质分离所选用的分离膜如图 5-5 所示。

1958 年我国开始离子交换膜和电渗析的研究。1966 年开始 RO、UF、MF、液膜、气体分离等膜分离过程的应用与开发;80 年代后期国内进入渗透汽化、膜萃取、膜蒸馏和膜反应等新膜过程的研究,并着手薄膜技术的推广应用。

近十几年来,国内膜研制与应用高速发展,有数十家企业规模生产 MF、UF 和

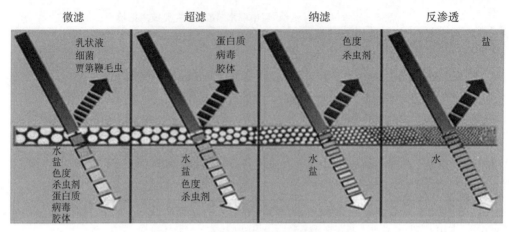

图5-5 不同物质分离所选用的分离膜

RO膜,非溶剂致相分离(NIPS)和热致相分离(TIPS)法生产的聚偏氟乙烯(PDVF)中空纤维 MF、UF 膜性能已接近或达到国际先进水平。

1) 膜分类

根据膜的材质,从相态上可分为固体膜和液体膜;从来源上,可分为天然膜和合成膜,合成膜包括无机和有机高分子膜;按照膜的结构,有多孔膜和致密膜之分;膜在功能上有离子交换膜、渗析膜、微滤膜、超滤膜、反渗透膜、渗透汽化膜和气体渗透膜等;根据膜的形状,可分为平板膜、管式膜、中空纤维膜和核孔膜等。膜材料指膜管、膜片、膜丝等(见图 5-6 和图 5-7)。

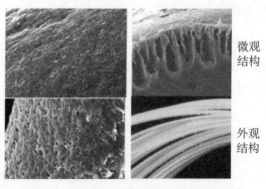

图5-6 膜材料——聚偏氟乙烯中空纤维膜

2) 特性

膜分离——借助选择性分离功能的膜材料,实现各种组分分离、纯化、浓缩的过程。与传统过滤的不同在于膜可以在分子范围内进行分离,并且是一个物理过程,不

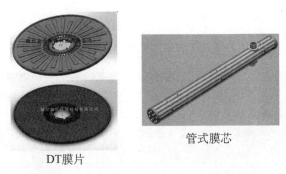

管式膜芯

DT膜片

图 5-7 膜材料——DT膜片和管式膜膜芯

需要发生相的变化和添加助剂。它是一种无相变、低能耗、高效率、污染小、工艺简单、操作方便的分离技术,便于与其他技术综合集成应用。

功能特征如下。①浓缩:除去溶剂,使截留物从低浓度增高;②纯化:除去杂质;③分离:将混合物组分分成两种或多种目的产物。

膜促进化学反应:经过化学或生化反应连续取出产物,提高反应速率或提高产品质量。

3) 分离膜孔径

膜的孔径一般为微米级,按膜的孔径大小可将膜分为微滤膜、超滤膜、纳滤膜和反渗透膜,图 5-8 显示了膜的孔径与截留物质之间的关联。

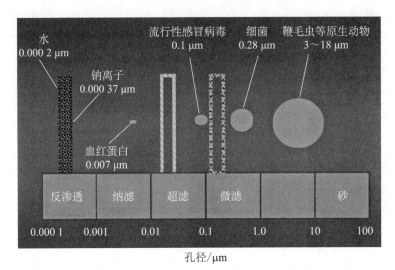

图 5-8 膜的孔径与截留物质之间的关联

微滤(MF)0.1~10 μm;超滤(UF)0.001~0.1 μm;纳滤(NF)0.000 5~0.005 μm;反渗透(RO)0.000 1~0.001 μm。

4）膜组件

膜组件分为中空纤维式、卷式、管式和板框式等，各类膜组件如图5－9所示。

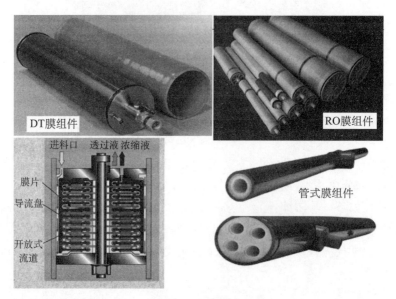

图 5－9　膜组件

### 5.2.2.2　膜分离技术

膜材料技术长足的进展改变了传统的废污水处理工艺，推动废污水"零排放"，开创了中水回用和循环经济的新领域。典型的废水处理工艺流程如图5－10所示。

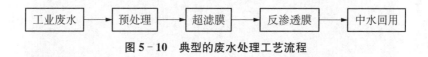

图 5－10　典型的废水处理工艺流程

1）分离原理

根据膜的不同分离过程特性，有反渗透（reverse osmosis，RO）、正渗透（forward osmosis，FO）和减压渗透（pressure retarded osmosis，PRO）过程（见图5－11）。PRO是反渗透和正渗透的中间过程。这三个过程可以用下式描述：

$$J_w = A(\sigma \Delta \pi - \Delta P) \tag{5-1}$$

式中，$J_w$ 为水通量；$A$ 为膜的水渗透性常数；$\sigma$ 为反扩散系数；$\Delta \pi$ 为膜两侧的渗透压差；$\Delta P$ 为膜两侧的压力差。

2）反渗透

反渗透现象是1950年美国科学家 Dr. S. Sourirajan 从海鸟饮用海水的启迪，通过仿

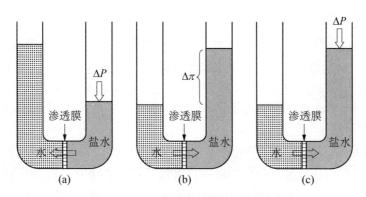

图 5‑11　不同分离过程的工作原理

（a）反渗透　（b）正渗透　（c）减压渗透

生开创了反渗透理论。渗透压的大小取决于溶液的固有性质,与浓溶液的种类、浓度和温度有关而与半透膜的性质无关。于是,业内对反渗透现象形成了 3 种解释:①溶解-扩散模型;②优先吸附-毛细孔流理论;③氢键理论。反渗透膜技术在应用中,结合超滤、微滤等技术可净化和分离水溶液中的颗粒、有机物。在废水处理中,反渗透技术主要用于循环水排污水、锅炉酸洗废液和电厂综合废水处理。

3）正渗透

正渗透是近年来发展起来的一种浓度驱动的新型膜分离技术[14],它是依靠选择性渗透膜两侧的渗透压差为驱动力自发实现水传递的膜分离过程,是目前世界膜分离领域研究的热点之一。它区别于压力驱动的膜分离过程如微滤、超滤和反渗透技术,可以低压甚至无压操作,能耗低,具有低膜污染特征。正渗透的工作原理是依靠汲取液与原料液的渗透压差自发实现膜分离。只要具备如下 3 个条件,就能实现膜分离。

（1）截留其他溶质分子或离子的选择性渗透膜及膜组件,不亲水。

（2）汲取液的驱动液体系,不需要外界压力推动分离过程。

（3）稀释后的汲取液分离浓缩后再回用。如以 $NH_4HCO_3$ 为溶质,通过简单热挥发冷凝的方法实现产品水的分离和溶质的循环利用。

近年来,正渗透成为海水淡化中主导技术的热点。应用表明,盐截留高于 $95\%$,水通量大于 $25\ L/(m^2 \cdot h)$,整个 FO 过程电能消耗为 $0.25\ kW \cdot h/m^3$,低于目前脱盐技术的电能消耗。

### 5.2.2.3　膜分离功能

如何用好水、节省水成为当今社会各行各业迫切需要解决的课题[15-16]。高效率的膜分离广泛应用在水处理中。从常规的源头水处理(如反渗透海水淡化、微滤膜预处理雨水)扩展到终端的特种或非常规污染水处理。相对于传统的处理方法,膜处理法是最有效的处理方法之一。

1）非常规污染水

超滤＋反渗透联用，可除去放射性离子；超滤或者结合离子交换和电渗析工艺（EDI），以获得高核素去除率。纳滤可去除高价离子，主要应用于核工业含硼、钴的废水和燃料铀的回用处理。例如美国的一些核电站都采用反渗透技术处理放射性废水。膜技术对水体中生化试剂类非常规污染物的去除效果甚好。纳滤有机污染物的去除率超过90％。

2）中水回用

大量中水回用是火电厂的自产水源。通常采用两段中水处理，包括预处理和主处理两个阶段。根据水源水质及中水用途的不同，采用不同的环保、经济处理方法，包括混凝沉淀、过滤、活性炭吸附、活性污泥、生物接触氧化等处理工艺。膜技术与常规工艺相比，其水质达标下的成本降低明显。

（1）火电厂冷却水　水火电厂的冷却水一直是中水回用技术的重要应用领域，其消耗量巨大，回用技术的处理效果和效率是其成功应用的关键。有研究者采用微滤＋反渗透系统，可截留中水中98％的盐，出水水质较好，且处理周期仅为传统化学处理法的35％；有的采用反渗透处理中水，出水水质各项指标远小于再生水用作工业用水的水质标准限值，大大减少耗水量。

（2）污水处理　膜分离过程与生物处理相结合的膜生物反应器（MBR）可以使污泥保持较高活性，实现污水中污染物的有效降解和去除，既减少了中水系统的占地面积，又有效解决了传统生物法污泥产率较高的缺陷。

为了进一步降低污水处理的成本，一种将厌氧发酵与膜分离相结合的新型厌氧膜生物反应器（AM-BR）技术受到关注，该技术在去除污染物的同时产生大量的沼气，有效降低了过程的能耗。

（3）全膜法处理工业废水组合工艺流程　对于排量大、污染物种类复杂的污染废水，从整体经济成本考虑，通过不同膜过程的组合来满足不同的废水处理要求，图5-12所示为全膜法废水处理组合工艺流程。

纳滤可以有效截留水中药物、染料等有机物，成为废水处理组合工艺中的核心技术。采用纳滤-反渗透双膜法对总溶解固体（TDS）和COD的去除率分别达到了95.3％和99.5％。

电渗析具有良好的离子交换选择性，在处理含盐离子的废水领域有着明显优势，广泛应用于含有贵金属离子或其他高浓度酸碱的废水处理。

#### 5.2.2.4　高效反渗透废水处理工艺

神华亿利煤矸石电厂安装有4×200 MW空冷发电机组，采用循环流化床脱硫工艺。该厂高效反渗透废水处理工艺系统[17]采用"石灰石软化＋过滤＋离子交换＋反渗透"处理工艺，包括废水收集、输送系统、RO浓水回用系统、加药系统、压缩空气系统。

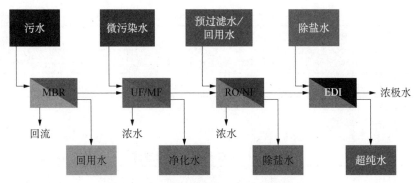

**图5-12　全膜法废水处理组合工艺流程**

高效反渗透技术（HERO）为改进工艺，解决了常见的问题，处理各种工业循环废水。与常规反渗透（RO）性能比较，采用的反渗透元件——PROC-10性能参数及测试指标分别如表5-8、表5-9和表5-10所示。

**表5-8　高效反渗透与常规反渗透性能比较**

| 项目 | 高效反渗透 | 常规反渗透 |
|---|---|---|
| 产水回收率 | 高达95%，减少蒸发系统投资和运行费 | <75%，浓缩液排量大 |
| 预处理系统 | 进水需要除硬度，对SDI①没限制 | SDI<5。预处理中需配置超滤或微滤系统，增加投资 |
| 膜清洗 | 在高pH值环境下运行，可有效防止有机物污染，无须复杂的清洗工艺，减少污堵 | 小分子有机物等可透过超滤，存在有机物污染，需在线反洗或定期化学清洗，控制复杂 |
| 药剂消耗 | 预处理中已经去除Ba、Sr及硬度等多价离子，不产生CaF₂等难溶物，无需添加昂贵的阻垢剂，减少清洗次数和停机时间，降低运行费用 | 回收率取决于水中难溶物，有些盐（如Ba、Sr及Mg的硫酸盐、氟化物）与pH值无关，需要投加昂贵的阻垢剂，清洗频繁，每次30 min，需加酸、碱反洗，投资及运行费用高 |
| 运行效果 | 运行稳定，在高pH值条件下除硅效果佳，可解决SiO₂的高回收率问题 | 无法解决SiO₂的高回收率问题 |
| 投资 | 不需要使用投资高的超滤系统，浓缩液量少，只有5%，投资省 | 需要使用投资高的超滤系统，浓缩液量大，25%作用，需增加蒸发器，增加投资 |
| 运行费用 | 比常规反渗透省15%~20% | 需投加阻垢剂及清洗系统，运行费用高 |
| 应用 | 国外较广泛应用，国内不是很普遍，如罗斯韦尔125/165 MW联合循环电厂等15家；国内有裕华热电1 200 m³/h污水项目 | 国内外应用比较广泛 |

① SDI是指出水污染指数（silting density index）。

表 5-9 反渗透元件——PROC-10 性能参数

| 型号 | 有效膜面积 | 公称产水量 | 脱盐率/% | | 给水隔网厚度/mil② |
|---|---|---|---|---|---|
| | ft²/m²① | GDP/(m²/d) | 公称 | 最低 | |
| PROC-10 | 400/37.2 | 10/500/39.7 | 99.75 | 99.6 | 34 |

① 1 ft=3.048×10⁻¹ m;

② 1 mil=2.54×10⁻⁵ m。

表 5-10 西安热工院测量数值

| 测试项目 | 测试内容 | 平均测试结果 | 单位 |
|---|---|---|---|
| 反渗透系统 | RO 出水浊度 | 0.146 | NTU① |
| | RO 出水水温 | 28.4 | ℃ |
| | RO 出水 COD_Mn | 0.48 | mg/L |
| | RO 出水游离氯 | ～0 | mg/L |
| | RO 出水铁(以 Fe 表示) | 13.66 | μg/L |
| | RO 浓水硬度 | 0.14 | mmol/L |
| | RO 浓水含盐量/RO 进水含盐量 | 21.8 | — |
| | RO 浓水 pH 值 | 7.15 | — |
| | 1# 反渗透脱盐率 | 95.19 | % |
| | 2# 反渗透脱盐率 | 95.57 | % |
| 重力滤池出水 | 浊度 | 0.66 | NTU |
| | 硬度 | 3.88 | mmol/L |
| 弱酸阳床出水 | 硬度 | 0.055 | mmol/L |

① NTU 用以评价水体受有机物污染的程度。

(1) 反渗透的回收率和脱盐率分别为 95% 和 95% 左右,达到设计指标。

(2) 反渗透运行稳定。采用美国海德能公司的宽流道抗污染型 PROC-10S 反渗透膜元件,反渗透进水 pH 值维持在 8～9 之间,反渗透装置的段间压差、产水水量、水质等均维持基本稳定。

(3) 在预处理中控制水中钙、镁、铁等二价、三价金属离子的结垢倾向。在石灰软化和离子交换的前处理工艺中去除硬度,除碳器中去除水中残留的游离 $CO_2$,原水中结垢性成分已经得到了去除。实际运行过程中,控制钠离子交换器的失效终点为 200 μmol/L 硬度,弱酸离子交换器失效终点为 100 μmol/L 硬度。

(4) 澄清池去除了一部分原水中的二氧化硅,反渗透入口投加少量控制硅污染的阻垢剂(FILCORETREAT－2010 型,加投量 1 ppm),该阻垢剂同时还具有控制钙镁垢的作用。

(5) 对悬浮物污染、有机物和微生物的控制。电厂废水的有机物含量较低,且石灰澄清池软化工艺具有消毒、沉淀有机物的功能,运行过程中没有出现有机物和微生物。

### 5.2.3  用水与节水

火力发电厂节水应根据厂址地区的水资源条件,因地制宜,合理控制耗水指标。做到既要满足电厂安全、经济、文明生产的需要,又应符合当地水利规划、水资源利用规划和水资源保护管理规划的要求。

1) 节水挖潜

新建机组的用水标准应严格遵循《火力发电厂节水导则》(DL/T 783—2001)。

已建机组的节水途径如下:回收雨排水、海水淡化、降低设备正常运行下的冷却用水量、管控跑冒滴漏,合理调节和技改以降低锅炉补水率。如某电厂经过技改,几台机组凝汽器的补水率为 0.31%～0.68%,均优于《火力发电厂节水导则》中 200 MW 以上机组低于锅炉额定蒸发量(1.5%)要求。

减少生活用水量,宜控制在地区用水定额(城市居民生活用水 120～180 升/人·日)之内。

2) 大港电厂用水案例[18]

大港发电厂位于天津市大港区,总装机容量为 1 314 MW,是京津唐电网主力调峰电厂之一。该厂于 2001 年 10 月对 1 号和 2 号机组进行燃煤改造,并于 2005 年 5 月竣工投产,同年,一期脱硫岛投运。

(1) 电厂供水情况  全厂总体供水水源分为两部分:地表水和地下水。其中,地表水源为海水,地下水源为深井水,供水情况如表 5-11 所示。

表 5-11  2007—2008 年大港电厂供水情况          单位:$10^4$ t/a

| 年份 | 地表水 | | 地下水 | | |
| --- | --- | --- | --- | --- | --- |
| | 海水循环量 | 闭式循环打水量 | 冲灰水 | 脱硫水 | 其他用途 |
| 2007 | 118 194 | 17 493 | 448 | 87.6 | 32 |
| 2008 | 125 948 | 21 892 | 434 | 114.0 | 45 |

(2) 电厂用水情况  电厂用水分内外两部分:一部分为外部供发电机组的冷却系统,直接利用海水进行冷却;另一部分为内部锅炉用水。电厂 2006—2008 年发电及用水情况如表 5-12 所示。

表 5 - 12  电厂 2006—2008 年发电及用水情况

| 年份 | 发电量 /MW·h | 海水 /$10^4$ t | 淡水 /$10^4$ t | 产值 /$10^4$ t | 万元产值取海水量/ (万吨/万元) | 重复利用量 /$10^4$ t | 发电量用水单耗(淡水) /(t/MW·h) |
|------|------|------|------|------|------|------|------|
| 2006 | 7 773 417 | 120 216.9 | 120.0 | 214 742 | 0.606 4 | 109 005 | 0.154 4 |
| 2007 | 7 895 938 | 118 194.5 | 119.6 | 221 831 | 0.629 5 | 106 659 | 0.151 5 |
| 2008 | 6 892 421 | 125 948.8 | 159.5 | 199 963 | 0.629 7 | 113 354 | 0.231 4 |

该厂工业冷却水系统采用海水冷却的二次循环供水系统。海水经循环水泵、射水泵、氢冷泵对凝汽器和厂房内辅机设备冷却后,大部分海水回海洋,少部分海水被损耗,损耗部分由闭式循环吸入海水补充。

海水冲灰系统将 ESP 系统捕集的粉煤灰经水冲入渣浆泵房;锅炉排渣后经捞渣机捞出,碎渣机破碎后排入渣浆池;省煤器灰斗的沉降灰由箱式冲灰器制浆后流入渣浆泵房。经混合后的渣浆在浓缩池浓缩,溢流水返回到回水池循环利用。系统补充水为二次水和海水,二次水包括污水、泵房水、循环泵冷却水、轴封冷却水等。

脱硫水系统采用深井水。石膏浆液脱水过程中产生的溢流废水经污水处理后的中水用作炉底密封和冲灰系统。

污水处理系统,锅炉排污水、设备冲洗废水、化学排放的其他废水、小油区隔油池的含油废水和部分生活废水等经处理后的中水部分用于锅炉炉低密封,部分送到灰浆泵房再利用,高含盐量的再生水、清洗废水进入工业废水处理站,经调节中和后用于冲灰系统。全厂的工业废水除冲灰水外,回用率已经达到 100%,实现了零排放。

(3)用水管理  2008 年,电厂对地下水利用情况进行水平衡测试,结果认为可实现最大限度的水回收再利用。但污水处理水质不高,只能用于喷淋、灰浆泵用水;中水利用率低。为了提高水资源利用率、降低成本,需加大污水深加工,加装中水反渗透脱盐装置回收,减少工艺用的新鲜水;改进脱硫系统,降低耗水量;最大限度地提高海水的利用比例包括淡化海水的使用比例。

## 5.2.4  回水分类与利用

火电厂废水"零排放"是一项复杂的系统工程,必须统筹规划,完善水系统水量平衡,采取水资源梯度循序使用、自身循环使用及处理后回用等措施,兼顾治水、管水、节水,以确保火电厂废水"零排放"。

电厂废水主要分为以下几类:工艺水盐份浓缩的废水,主要是循环水排污水、脱硫废水和化学车间废水;含油的废水,主要是油库区的含油废水,这部分水水量小,为非连续性工业废水;悬浮物增加的水,包括主厂房地面冲洗水和无阀滤池反洗排水;

温度较高的锅炉排污水和疏放水。

通常锅炉补给水系统采用超滤、反渗透、离子交换除盐工艺。

常见的废水按照含盐量大致分为中等含盐废水和高含盐废水,其水质特点如表5-13所示。

表5-13　600 MW机组中、高含盐废水特征

| 废水 | $\rho$(盐)/(g/L) | 水量特征/(m³/h) | 主要来源 | 常规处理或利用途径 |
|------|----------|-----------|---------|---------------|
| 中等含盐 | 1.5~3.0 | 大:100~200 | 主、辅机循环冷却等 | 用于脱硫工艺水、煤渣系统用水、化学制水水源等,因水量大,而难以全部回收利用 |
| 高含盐 | 20~50 | 小:5~10 | 脱硫废水、化学再生 | 含盐量高,水质恶劣,基本没有直接复用的途径,常规手段也无法处理回用 |

火电厂水资源综合利用原则如下:

(1)开展全厂水平衡测试,掌控电厂全年运行和变负荷运行下的水工况。

(2)系统回水分级、分质,梯级利用,循环利用或降级使用。

(3)浓缩废水,减少末级产出或配套蒸发等措施。

(4)系统具备回水量可调性,在任何工况下实现废水零排放。

## 5.2.5　空冷机组的废水处理

目前,火电厂一般采用的是水冷却系统(即湿冷),需要大量的冷却水,在水资源尤其重要的今天,怎样解决用水显得十分重要。空冷技术的出现和发展就很好地解决了这个问题。

1)用水与用水指标

电厂用水量主要取决于湿冷与空冷机组的类型、循环水系统、除灰以及其他用水系统的选择。燃煤电厂中耗水量最大的是汽轮机排汽冷却系统,湿冷机组的耗水量占全厂的60%~70%。因此,主冷系统采用空冷技术、取消循环冷却水是解决上述矛盾的关键措施。

湿冷与空冷机组设计指标如表5-14和表5-15所示。

表5-14　湿冷与空冷机组耗水指标一览表

| 序号 | 项目 | 空冷机组百万千瓦耗水/[m³/(s·GW)] | 湿冷机组百万千瓦耗水 |
|------|------|-------------------|-----------------|
| 1 | 《火力发电厂设计技术规程》(DL 5000—2000) | — | ≤0.8 |

（续表）

| 序号 | 项目 | 空冷机组百万千瓦耗水/[m³/(s·GW)] | 湿冷机组百万千瓦耗水 |
|---|---|---|---|
| 2 | 国电公司电规总院 1999 年推荐燃煤电厂设计耗水指标 | 0.18 | 0.74 |
| 3 | 国电公司 2001 年 7 月制定的《国家电力公司火电厂节约用水管理办法》规定的耗水指标 | ≤0.2 | ≤0.8 |
| 4 | 《火电厂节水设计导则》规定的扩建电厂耗水指标 | 0.1~0.2 | 0.6~0.8 |
| 5 | 国家发改委《电力产业发展政策》（征求意见稿） | 0.15 | — |
| 6 | 本工程 2×600 MW 空冷机组（汽动给水泵湿式冷却方案系统时年平均给水） | 0.135 | — |
| 7 | 本工程 2×600 MW 空冷机组（汽动给水泵采用间接空冷方案时年平均给水） | 0.098 | — |

表 5-15　工程与清洁生产标准指标的比较　　单位：m³/(s·GW)

| 项目 | | 国内电厂情况 | | | 扩建工程 |
|---|---|---|---|---|---|
| | | 一级 | 二级 | 三级 | |
| 发电水耗 | 湿冷 | ≤0.6 | ≤0.7 | ≤0.8 | 0.791（现有工程） |
| | 空冷 | ≤0.12 | ≤0.16 | ≤0.2 | 0.164（扩建工程） |

　　当采用空冷方案时，该系统正常运行时的耗水量几乎为零。采用湿式冷却方式时，全年各季节所对应的循环水系统耗水量如表 5-16 所示。由此可见，采用空冷方案的水耗最小。

表 5-16　循环水系统耗水量(机力塔)[19]

| 项目 | 夏季 | 春秋季 | 冬季 | 寒冬季 |
|---|---|---|---|---|
| 循环水量/(m³/h) | 15 690 | 11 180 | 11 180 | 8 385 |
| 水塔蒸发损失率/% | 1.305 | 1.213 | 1.012 | 1.274 |
| 水塔风吹损失率/% | 0.1 | 0.1 | 0.1 | 0.1 |
| 循环水排污损失率/% | 0.553 | 0.506 | 0.406 | 0.537 |
| 水塔蒸发损失水量/(m³/h) | 205 | 136 | 113 | 107 |

（续表）

| 项目 | 夏季 | 春秋季 | 冬季 | 寒冬季 |
|---|---|---|---|---|
| 水塔风吹损失水量/(m³/h) | 16 | 11 | 11 | 8 |
| 循环水排污损失/(m³/h) | 87 | 57 | 45 | 45 |
| 合计水量/(m³/h) | 308 | 204 | 169 | 160 |
| 各季节运行小时/h | 1 375 | 1 833 | 917 | 1 375 |

2) 空冷机组节水优势

空冷机组节水优势明显(见表 5-17)，但投资高、单位发电煤耗高[20]。采用空冷和湿冷两种不同的冷却方案，会造成工程部分系统投资估算的差异，使得工程动态总投资空冷方案较湿冷方案增加 12 650 万元，静态总投资增加 11 948 万元(见表 5-18)。

表 5-17　空冷机组和湿冷机组供水方案比较

| 项目 | 湿冷机组 | 直接空冷机组 |
|---|---|---|
| 夏季最大耗水量/(m³/h) | 1 600 | 303 |
| 日耗水量/(m³/d) | 38 400 | 7 272 |
| 冬季耗水量/(m³/h) | 1 151 | 267 |
| 日耗水量/(m³/d) | 27 624 | 6 408 |
| 耗水指标/[m³/(s·GW)] | 0.637 | 0.13 |
| 年平均耗水量/(m³/h) | 1 376 | 285 |
| 日均耗水量/(m³/d) | 33 024 | 6 840 |
| 全年耗水量/(10⁴ m³/a) | 1 032 | 214 |
| 补给水供水管径 | 2×DN800 | 2×DN250 |

表 5-18　空冷和湿冷机组经济指标对比

| 序号 | 名称 | 空冷机组 | 湿冷机组 |
|---|---|---|---|
| 1 | 发电工程静态投资/万元 | 255 254 | 243 306 |
| 2 | 发电工程单位投资(静态)/(元/千瓦) | 4 254 | 4 055 |
| 3 | 发电工程动态投资/万元 | 270 258 | 257 608 |
| 4 | 发电工程单位投资(动态)/(元/千瓦) | 4 504 | 4 293 |
| 5 | 建设项目计划总资金/万元 | 271 086 | 258 413 |

（续表）

| 序号 | 名称 | 空冷机组 | 湿冷机组 |
|---|---|---|---|
| 6 | 平均发电标准煤耗率/[g/(kW·h)] | 329 | 314 |
| 7 | 全厂年平均厂用电率/% | 9.2 | 8.8 |
| 8 | 贷款偿还年限/年 | 15 | 15 |
| 9 | 投资回收期(全部投资)/a | 11.98 | 11.98 |
| 10 | 投资回收期(自有资金)/a | 16.00 | 16.00 |
| 11 | 投资利润率/% | 4.06 | 4.06 |
| 12 | 投资利税率/% | 6.85 | 6.85 |
| 13 | 资本金净利润率/% | 13.76 | 13.76 |
| 14 | 内部收益率(全部投资)/% | 7.65 | 7.65 |
| 15 | 内部收益率(自有资金)/% | 9.76 | 9.76 |
| 16 | 含税上网电价/(元/兆瓦时) | 233.87 | 223.76 |

3) 运行问题

北方某电厂 4×200 MW 空冷发电机组为降低单位发电耗水量,机组配置 CFB 锅炉、干灰干渣系统,采用废水零排放系统,收集各种废水,深度处理后回用[21]。

废水零排放系统采用"气浮除油、石灰软化、重力滤池、离子交换软化、反渗透"水处理工艺(见图 5-13)。系统主要有辅机冷却水系统排污水,化学车间排污水(包括超滤反洗水、反渗透浓排水、中和处理后的离子交换树脂再生废水),净水站无阀滤池反洗排水,主厂房地面冲洗水,锅炉的定排水、疏放水及冬季采暖疏水等。

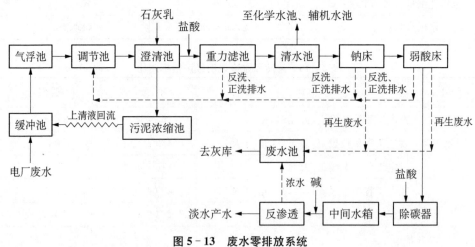

图 5-13　废水零排放系统

系统于 2010 年 9 月进行了废水零排放系统性能试验,监测结果如 5 - 19 表所示。由表 5 - 19 可见,系统出水水质满足设计要求。

表 5 - 19 废水零排放系统出水水质监测值

| 测试项目 | 平均值 | 设计值 |
|---|---|---|
| 浊度/NTU | 0.14 | ≤2 |
| 水温/℃ | 30.6 | 5~40 |
| $COD_{Mn}$/(mg/L) | 0.52 | ≤2 |
| 游离氯/(mg/L) | ≈0 | ≤0.1 |
| 铁(以 Fe 表示)/(mg/L) | 0.015 | ≤0.3 |

该设备自用水的统计结果表明,除重力滤池符合设计的自用水率外,而钠离子交换器、弱酸阳离子交换器均超出设计值,整个系统的自用水率超过设计值 5%,达 7.03%。

系统自用水率偏高的主要原因如下:①预处理系统石灰加药量不稳定,澄清池第二反应区的 pH 值变化较大,澄清池出水的硬度和碱度较高,导致钠离子交换器运行周期短、再生频率高等问题;②离子交换设备每个再生周期都进行反洗,正洗时间较长,以致自用水率增加,反渗透化学清洗频繁。

反渗透化学清洗频繁的主要原因如下:反渗透进水的 pH 值控制偏低,仅 8.5 左右,容易在膜上形成有机物和硅的混合垢。

对于薄型复合膜,反渗透进水的最佳 pH 值控制范围为 10~11。然而,该电厂废水零排放系统选用的反渗透膜在 pH 值为 6.8 时脱盐率最高,权衡利弊,pH 值实际控制为 8.5。

## 5.3 废水"零排放"技术应用

近年随着水处理技术和化学药剂的不断更新,设备材质升级,电厂的废水处理从常规向深度废水处理发展。主要采用离子交换法和膜交换法。膜技术衍生出多种浓缩单元,包括反渗透、正渗透、高压反渗透、高效反渗透和纳滤等,还开发有电吸附技术(EST)、电渗析技术和末级热法蒸发浓缩结晶单元等。

### 5.3.1 循环废水处理

由于循环水排污量的流量大(600 MW 机组达到 100~150 m³/h),为了减少循环水的废污水排放量,其浓缩倍率有着提升空间。对于内陆缺水地区的电厂,废水"零排放"的处理尤为紧迫。循环水零排放技术路线如图 5-14 所示[22]。

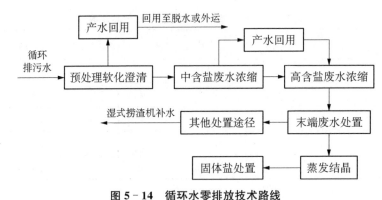

**图 5-14 循环水零排放技术路线**

1) 循环废水特点

电厂循环排污水有两大特点:水量大,含盐量高。

循环冷却水用量和排污量分别占用水总量和废水总量的 80% 和 70%~80%。废水含有悬浮物、胶体、有机物、无机盐和微生物、藻类等。

循环冷却水中含有许多镁离子、钙离子、硫酸根离子等,在热交换过程中,这些离子对悬浮物和固体的溶解性增加,导致杂物、可溶性气体进入水循环系统中,形成结垢、腐蚀。这成为电厂循环冷却水处理中的两个主要问题。

2) 处理工艺

目前主要有三种深度处理工艺:石灰-混凝澄清过滤法、全膜法以及 MBR 膜处理后回用等。

(1) 石灰-混凝澄清过滤法 华电国际邹县发电厂 2×1 000 MW 机组石灰-混凝法中水回用工艺流程如图 5-15 所示,无论是处理水量还是出水的水质均达到了预期的设计要求[23]。

(2) 全膜法 超滤膜技术是一种先进的环保型技术。全膜法(IMT)集成电渗析和离子交换的优势,通过电渗析极化使水电离产生氢离子和氢氧离子,实现树脂再生,克服了电渗析过程中的极化不能深度脱盐的不足。

华能海拉尔热电厂 2×200 MW 供热机组采用两级反渗透+电去离子全膜法工艺处理锅炉补给水,符合电厂锅炉补给水水质要求,具有占地面积小、运行费用低的优势。同时控制原水中的电导升高,避免影响树脂再生效果。

(3) MBR 膜处理 MBR 膜生物反应器工艺是膜分离与生物反应器串联的结合工艺,常规生化池中的二沉池被膜分离技术所替代,实现了较好的处理效果。超滤回

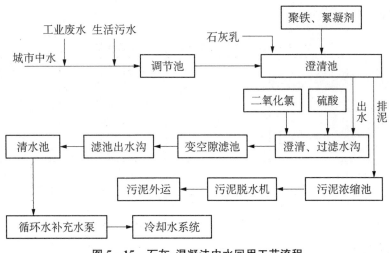

**图 5 - 15　石灰-混凝法中水回用工艺流程**

流液经好氧生物硝化作用后,生成有机氮和氧化氨氮,转化为硝酸盐和亚硝酸盐,最终经反硝化池污泥作用,还原为氮气后排出,实现火电厂污水的脱氮效果。

3) 应用情况

膜处理技术具有高效、实用、可调、节能和精密分离等优点,它在电厂废水处理领域已得到广泛应用。

(1) 供给除盐车间和循环冷却塔回收　某电厂循环水排污废水回收系统采用 Aquapure 微滤膜加反渗透的工艺[24]。出水污染指数(SDI)不大于 2,解决了反渗透入口水质较差和不稳定的问题,不需要原水预处理,设备占地面积较小,为 1 050 m²,并实现全自动化操控。其工艺流程如下:排污水经微滤设备预处理后进入清水箱,通过保安过滤器、高压泵加压后由反渗透组件脱盐,反渗透的出水进淡水箱,再经提升泵回收利用。反渗透产生的浓水泵入渣场和输煤栈桥除尘管线。

(2) 锅炉补给水的水源　选择了循环水来水斗混凝、澄清—双介质过滤—超滤斗反渗透斗、一级除盐加混床作为锅炉补给水处理系统[25]。

选择反渗透+后置除盐系统,是高含盐量水质脱盐最为经济有效的方法。其脱盐率可达到 98% 以上,单根膜脱盐率可达 99% 以上,且酸碱耗量低。

若用水库水作为水源,不经过反渗透而直接进离子交换,虽然投资会稍低些,但运行费用上升,每年需消耗 30% 盐酸 1 400 t,30% 氢氧化钠 1 000 t,既不利于环保,又增强运行人员的劳动强度。

(3) 400 t/h 循环水排污零排放项目　设计采用预处理+三级浓缩+回收水工艺,满足循环水补给水水质要求;末端废水和蒸发结晶或汇入脱硫废水一起,或通过其他处置途径。预处理污泥可脱水后集中处理或回收利用。电厂循环水排污处理水质指标如表 5-20 所示。

表 5-20 电厂循环水排污处理水质指标

| 项目 | 数值 | 项目/($\mu g/L$) | 数值 |
|---|---|---|---|
| pH 值 | 9.70 | $Ca^{2+}$ 含量 | 454.14 |
| $\rho(SS)/(mg/L)$ | 173.65 | $Mg^{2+}$ 含量 | 155.57 |
| $\rho(TDS)/(mg/L)$ | 3 627 | $HCO_3^{2-}$ 含量 | 378.89 |
| 碱度 $P/(mmol/L)$ | 0.98 | $CO_3^{2-}$ 含量 | 6.21 |
| 碱度 $M/(mmol/L)$ | 8.16 | $Cl^-$ 含量 | 600.30 |
| 暂时硬度/(mmol/L) | 6.69 | $SO_4^{2-}$ 含量 | 1 209 |
| 永久硬度/(mmol/L) | 8.17 | $SiO_3^{2-}$ 含量 | 39.31 |
| COD/(mg/L) | 12.97 | | |

配置设备：高效沉淀池、超滤和 2 级反渗透装置、高压反渗透装置、加药装置、电控装置等。不含其他费用,工程设备报价 3 360 万元,设备折合成本 8.4 万元/吨。

运行成本：未计入设备折旧和膜更换费,折算运行成本约为 5.1 元/吨。

经济效益：循环排污水回收利用,减少循环水取水成本和排污成本。按 400 t/h 回收水量,每天回收水量为 $9.6 \times 10^3$ t,按机组运行 300 d/a 计算,每年减少取水量约 $2.88 \times 10^8$ t。

各分部技术成熟,但系统复杂、投资大、运行费用高,经济回报较低。

### 5.3.2 脱硫废水

脱硫系统排出的废水,其 pH 值为 4～6.5,同时含有大量的悬浮物(石膏颗粒、二氧化硅、铝和铁的氢氧化物)、氟化物和微量的重金属,如砷、镉、铬和汞等,如果废水直接排放将对环境造成严重危害,因此这部分废水经处理后一般用于干灰调湿或者灰场喷洒。随着《水污染防治行动计划》(水十条)的颁布及脱硫废水"零排放"概念的提出,尽可能回用脱硫废水并回收废水中的有用资源,是火力发电厂脱硫废水系统研究的一个重要方向。

#### 5.3.2.1 简述

脱硫废水"零排放"难度大,已为市场关注。

据美国 2014 年样本调查统计：脱硫废水处理技术主要包括沉降池(占比 44%)、化学沉降(占比 25%)、生物处理(占比 4%)、零排放技术(蒸发池、完全循环、与飞灰混合等占比 19%)、其他技术(人造湿地、蒸汽浓缩蒸发等占比 8%)等。

就脱硫废水处理工艺而言，几种脱硫废水处理技术如图 5-16 所示。

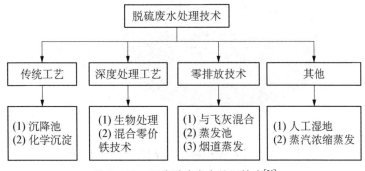

**图 5-16　几种脱硫废水处理技术**[26]

1）脱硫废水的水质

为防止脱硫系统材料的腐蚀，浆液中氯离子与微细粉尘的浓度需要维持在一定水平，以维持脱硫系统的正常运行。脱硫废水的水质如表 5-21 所示。

**表 5-21　脱硫废水的水质**

| 脱硫废水 | 水质 | 悬浮物 | COD、氟化物、重金属 | 盐分 |
|---|---|---|---|---|
| 特性 | 弱酸性 | 质量浓度高 | 超标 | 含量高 |
| 数值 | pH ＝ 4.0～6.0 | ～$10^4$ mg/L | 包括第 1 类污染物，如砷、汞、铅等 | $SO_4^{2-}$、$SO_3^{2-}$ 和 $Cl^-$ 等离子，其中 $Cl^-$ 质量分数约为 0.04 |

脱硫废水具有如下特点：

（1）含盐量很高。脱硫废水中的含盐量很高，变化范围大，一般为 30 000～6 000 mg/L。

（2）悬浮物含量高。脱硫废水中的悬浮物大多在 10 000 mg/L 以上，且受煤种变化和脱硫运行工况的影响，极端情况下，悬浮物质量浓度甚至可高达 60 000 mg/L。

（3）硬度高导致易结垢。脱硫废水中的 $Ca^{2+}$、$SO_4^{2-}$ 和 $Mg^{2+}$ 含量高，其中 $SO_4^{2-}$ 在 4 000 mg/L 以上，$Ca^{2+}$ 为 1 500～5 000 mg/L，$Mg^{2+}$ 为 3 000～6 000 mg/L，并且 $CaSO_4$ 处于过饱和状态，在加热浓缩过程中容易结垢。

（4）腐蚀性强。脱硫废水中含盐量高，尤其是 $Cl^-$ 含量高，且呈酸性（pH 值为 4～6.5），腐蚀性强，对管道、设备等材料防腐蚀要求高。

（5）水质随时间和工况不同而变化。废水中主要含有 $Cl^-$、$Na^+$、$K^+$、$Ca^{2+}$ 和 $Mg^{2+}$ 等离子，并且组分变化大。

图 5-17 展示了燃煤锅炉净烟气及副产物中氯的分布数据。总的来看，煤中 9.19％～15.95％的氯转移到石膏中，68.88％～77.31％的氯通过脱硫废水排放。

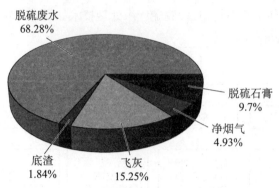

**图 5‑17 燃煤锅炉净烟气及副产品中氯的分布**

2）废水排放标准

脱硫废水水质的行业标准《火电厂石灰石‑石膏湿法脱硫废水水质控制指标》（DL/T 997—2006）（见表 5‑22）对脱硫废水总汞、总铬、总镉、总铅、总镍、悬浮物等指标有限制，但是总量偏低。表 5‑22 中对重金属、悬浮物及 COD 的排放浓度做了限定，要求相对比较宽松。

**表 5‑22　火电厂石灰石‑石膏湿法脱硫废水水质控制指标（DL/T 997—2006）**

| 序号 | 项目 | 数值 |
|---|---|---|
| 1 | 总汞/(mg/L) | 0.05 |
| 2 | 总镉/(mg/L) | 0.1 |
| 3 | 总铬/(mg/L) | 1.5 |
| 4 | 总砷/(mg/L) | 0.5 |
| 5 | 总铅/(mg/L) | 1.0 |
| 6 | 总镍/(mg/L) | 1.0 |
| 7 | 总锌/(mg/L) | 2.0 |
| 8 | pH 值 | 6～9 |
| 9 | 悬浮物/(mg/L) | 70 |
| 10 | 化学耗氧量($COD_{Cr}$)/(mg/L) | 150 |
| 11 | 氟化物/(mg/L) | 30 |
| 12 | 硫化物/(mg/L) | 1.0 |

2015 年 4 月 16 日，国务院发布《水污染行动计划》（水十条），加大对各类水污染的治理力度。燃煤是脱硫废水污染物的主要来源，一部分污染物来源于石灰石，成分

复杂的脱硫废水尤为引人关注。

3）影响脱硫废水水质的因素

影响脱硫废水水质的主要影响因素如下：煤含硫量高；煤含氯分高，需控制氯离子浓度水平，也增加脱硫浆液的排放量。

脱硫系统的设计及运行对脱硫废水水质的影响主要体现在添加剂的使用、氧化方式或氧化程度以及脱硫系统的建设材料等方面。研究表明：使用酸性添加剂，对脱硫废水中的 $BOD_5$ 有很高的贡献率；在强制氧化系统中或氧化充分的情况下，脱硫废水中的硒以硒酸盐的形式存在；反之，硒以亚硒酸盐的形式存在，$Se^{4+}$ 的毒性比 $Se^{6+}$ 大，前者可通过铁的共沉淀去除，而 $Se^{6+}$ 不易去除，只能生物处理；设备材料耐腐性影响脱硫浆液的循环次数。

脱硫塔前污染物控制设备对脱硫废水的影响主要指除尘设备和脱硝设备的影响。除尘效率高低影响细颗粒组分，导致脱硫废水中某些金属含量的变化；SCR 增加烟气中 Cr 转化为 $Cr^{6+}$ 的比例，增大废水铬的浓度；逃逸氨的部分进入脱硫废水，增加废液中氨氮的浓度。

另外，高效的水力旋流器及石膏脱水系统，可降低总悬浮颗粒物浓度（固含量为 $1\% \sim 2\%$，甚至更低）。

4）脱硫废水处理技术

基于脱硫废水的复杂性，必须对其单独处理。典型的石灰石-石膏法脱硫工艺脱硫废水产生流程如图 5-18 所示。

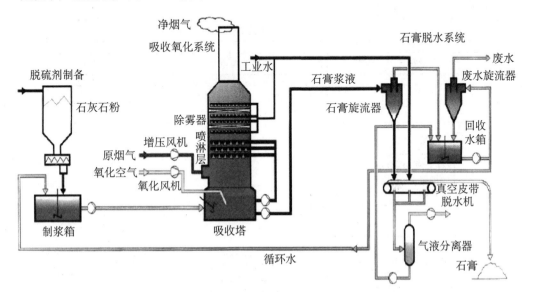

**图 5-18　石灰石-石膏法脱硫工艺脱硫废水产生流程**

### 5.3.2.2 传统工艺——三联箱处理工艺

一般系统可分为废水处理系统和污泥处理系统。三联箱处理工艺应用较为普遍,工艺成熟,建设成本以及运行费用都比较低,可以实现固体悬浮物及重金属的有效去除,但是溶解性盐难以去除。检测该方法的出水氯离子、硫酸根离子、钠离子、钙离子、镁离子、TDS等含量依然很高(见表5-23),不能实现脱硫废水的"零排放"。再则传统工艺存在显著的不足,使用药剂会产生污泥,费用高;压滤机故障多。改变处理工艺,实现脱硫废水"零排放"尤为必要(见图5-19)。

表5-23 脱硫废水经传统方法处理后的出水水质

| 项目 | 质量浓度/(mg/L) | 项目 | 质量浓度/(mg/L) |
|---|---|---|---|
| pH值 | 6~9① | 全硅(SiO$_2$) | 10~20 |
| 色度(稀释倍数) | 30~50① | 钠离子(Na$^+$) | 1 500~4 500 |
| 悬浮物(SS) | ≤70 | 钙离子(Ca$^{2+}$) | 1 000~2 000 |
| 化学需氧量(COD) | ≤100 | 镁离子(Mg$^{2+}$) | 100~500 |
| 氨氮 | 15~30 | 总铁(Fe) | 10~20 |
| 硫化物 | ≤1.0 | 总铜(Cu) | ≤0.5 |
| 氟化物 | ≤15 | 总汞(Hg) | ≤0.05 |
| 氯离子(Cl$^-$) | 15 000 | 总镉(Cd) | ≤0.1 |
| 硫酸根离子(SO$_4^{2-}$) | 1 000~2 000 | 总含盐量(TDS) | 15 000~25 000 |

① 无单位。

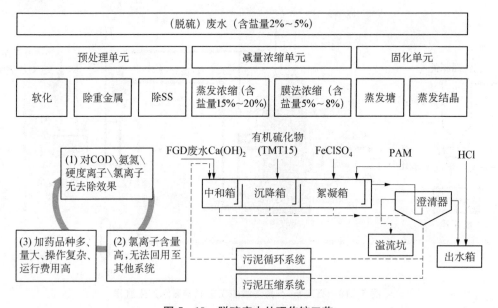

图5-19 脱硫废水处理传统工艺

湿法脱硫废水处理系统大多采用传统的加药絮凝沉淀工艺,但整体投运率低。去除 SS 和 COD 的效率较高,且无法除去水中的 Cl$^-$[27]。

图 5 - 20 所示是脱硫废水处理技术发展与评价[26],目前,国内脱硫废水的处理主要依靠化学沉淀工艺,其能满足现有脱硫废水排放标准的要求,但是随着《水污染防治行动计划》(水十条)的发布,限制了化学沉淀法的应用,飞灰的资源化也不再是将废水混合于飞灰的简单处理。再则硒、汞的排放标准不高,深度处理还需时日。

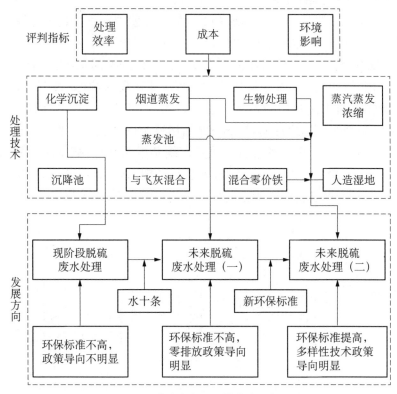

**图 5 - 20　脱硫废水处理技术发展与评价**

### 5.3.2.3　蒸发结晶法

常规废水零排放处理方法即为多效蒸发结晶工艺,含 4 个单元:热(蒸汽)输入单元、热回收单元、结晶单元、附属系统单元[28]。

应用中也存在复杂混合盐和进水未软化处理的问题。卧式热交换器的浓缩产物将作为成本极高的危险固体废弃物处理;后者则易引发严重结垢,清洗频繁。热交换器改为立式结构后,有效解决存在的不足,并获得示范推广。

1)工程案例

三水恒益电厂 2×600 MW 机组采用两级卧式 MVC＋两级卧式 MED 工艺,常规处理工艺未设置预处理系统,主要处理树脂再生酸、碱废水和脱硫废水。废水零排放系统包含两级卧式喷淋薄膜机械蒸汽压缩蒸发浓缩系统、两级卧式喷淋薄膜蒸发结晶系统、结晶物分离干燥系统等。

2)脱硫废水深度处理工艺

脱硫废水深度处理组合工艺主要有蒸发+结晶工艺;硫酸盐还原菌(SRB)厌氧生物技术;预处理系统+蒸发浓缩系统(MVR/MVC);预处理系统+结晶蒸发+分离干燥包装;MVR蒸发结晶工艺[29]。

(1)膜浓缩法　膜浓缩法有微滤、超滤、纳滤、反渗透和正渗透工艺等分离技术。由于脱硫废水水质复杂,采用单独膜浓缩法的可行性非常低。

(2)蒸发浓缩法　多效强制循环蒸发系统(强制循环MED)是一种广泛应用的热法蒸发工艺,但能耗高。立管降膜机械蒸汽压缩蒸发系统(立管MVC)是以机械蒸汽压缩机作为回收潜热的一种新型蒸发系统,能耗仅是MED的10%。但预处理严格,对结垢型水质适应性差,换热管结垢堵死难以恢复[30]。图5-21所示为多效蒸发结晶工艺流程。卧式喷淋机械蒸汽压缩蒸发系统(卧式MVC)的热耗与立式MVC相当,对结垢型水质适应性强,易修复处理,运行监控方便,施工安装要求低,但传热面积大,设备价格昂贵。此外还包括正渗透系统(MBC)和低温蒸发系统(CWT)等。

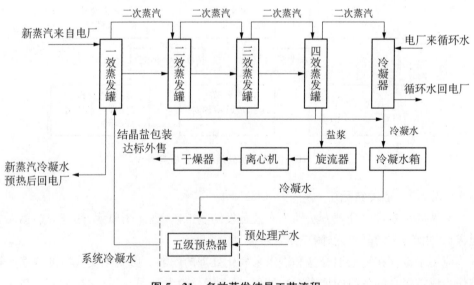

图5-21　多效蒸发结晶工艺流程

(3)机械蒸汽再压缩(MVR)蒸发结晶工艺　MVR蒸发结晶工艺已经应用于全球多个废水零排放实际工程,以威立雅HPD为例,其代表的工程实例如表5-24所示。威立雅 HPD、GE 等公司处理脱硫废水零排放,选用立式降膜蒸发器,其具有传热效率高,料液走管程(壳程可选用远低于换热管的材质如 316 或 316L)等优点。

表 5-24　蒸发结晶废水零排放工艺在全球的工程实例

| 公司名称 | 地点 | 投产时间 | 废水来源 | 水质指标/(mg/L) | 处理量/(m³/h) | 工艺 | 出水水质TDS/(mg/L) |
|---|---|---|---|---|---|---|---|
| 蒙法尔科内燃煤电厂 | 意大利 | 2009年 | 燃煤电厂脱硫废水 | COD:500,TDS:30 000 | 16 | 软化+蒸发+结晶工艺 | <20 |
| 杜克能源 | 美国 | 2009年 | 燃煤电厂脱硫废水 | COD:181,TDS:16 000 | 68 | 软化+MVR蒸发+结晶 | <22 |
| 拉斯拉凡烯烃公司 | 卡塔尔 | 2009年 | 炼油厂综合废水 | COD:1 500,TDS:1 000 | 首期:3×235 | 生化+RO+软化+MVR蒸发+结晶 | <150 |
| 康索尔能源 | 美国 | 2011年 | 矿山废水 | COD:40,TDS:3 000 | 540 | RO+MVR蒸发+结晶 | <20 |
| 澳大利亚能源资源公司 | 澳大利亚 | 2012年 | 燃煤电厂脱硫废水 | COD:180,TDS:12 000 | 110 | 软化+MVR蒸发+结晶 | <20 |

近年来国内开始引进机械蒸汽再压缩技术(MVR 蒸发器,见图 5-22),相对于多效蒸发结晶技术,能耗降低。

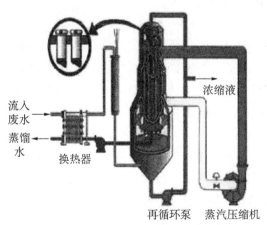

图 5-22　机械蒸汽再压缩(MVR)蒸发结晶工艺

废水适当软化后,采用 MVR 立式降膜蒸发器+强制循环闪蒸罐结晶离心脱水工艺对脱硫废水进行零排放处理,可使燃煤电厂真正实现废水零排放。

强制循环结晶器(见图5-23)是效率最高的结晶系统。适用于易结垢液体、高黏度液体,非常适合盐溶液的结晶。蒸馏水可作为高品质用水工艺的补给水,晶体产物可回收利用,如制成食盐、硫酸铵等。

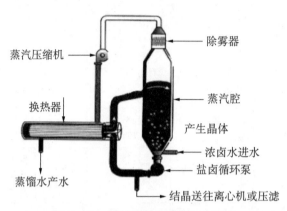

**图5-23 强制循环结晶器工作原理**

膜蒸馏工艺基本停留在实验室阶段,原因是其放大困难,潜热回收难度高等问题阻碍了膜蒸馏的工业应用[31]。

火力发电厂可接收脱硫预处理后的高含盐废水的用水点主要是灰库、灰场、输煤系统和除渣系统。为此,专业人员经过工艺流程、经济指标和占地等指标的比对,发现熟石灰、碳酸钠两级软化＋卧式MVC蒸发浓缩＋卧式MV蒸发结晶为最佳方案,又能获得高品质再利用的工业盐。

3)结晶单元

脱硫废水结晶单元主要包括MED、卧式MVC、强制循环MVC、CWT、自然晾晒等,处理浓缩单元产生的高浓度盐水,处理水量约为总废水量的10%~20%。

(1)多效强制循环蒸发结晶系统(MED) 河源电厂的4效强制循环蒸发系统的前2效为浓缩单元,后2效为结晶单元。自1效至4效的蒸汽温度由70~80℃逐渐上升至100~110℃。

(2)卧式喷淋机械蒸汽压缩蒸发结晶系统(卧式MVC) 三水电厂卧式MED结晶系统改造成卧式MVC结晶系统。卧式MVC结晶系统的工艺成熟。

(3)强制循环机械蒸汽压缩蒸发结晶系统(强制循环MVC) 强制循环MVC系统在国际上应用广泛,工艺成熟,蒸汽消耗为50~60 kg/t(水),耗电为50~80 kW·h/t(水)。

(4)自然晾晒结晶 自然晾晒结晶工艺采用传统晾晒池的工艺,在北方干旱少雨地区可考虑采用该工艺,是最为经济的方案。但自然晾晒结晶工艺受场地和气候条件限制很大,应用狭窄。

　　4）固体废弃物处置

　　预处理系统的污泥处置可以抛弃到灰场或送至垃圾填埋场处置。常规处理系统的结晶盐中含有有毒、有害重金属化合物,必须作为危险固体废弃物送专业的固废处理中心处置,费用高。采用充分软化的深度处理,结晶盐可以作为工业盐销售。

### 5.3.2.4　烟道烟气处理法

　　烟道烟气处理法是在烟道内对废水进行喷雾蒸发处理的一种方法。该工艺先对脱硫废水固液分离预处理,随之将雾化废水喷入烟道并利用锅炉尾部烟气的余热使之快速蒸发,含盐结晶颗粒物附在烟尘上,被除尘器捕获外排。废水蒸发的蒸汽进入脱硫吸收塔循环利用,实现脱硫废水零排放。

　　该系统按布置方式可分为烟道蒸发法和烟气引入结晶蒸发器两种(见图 5-24 和图 5-25)。

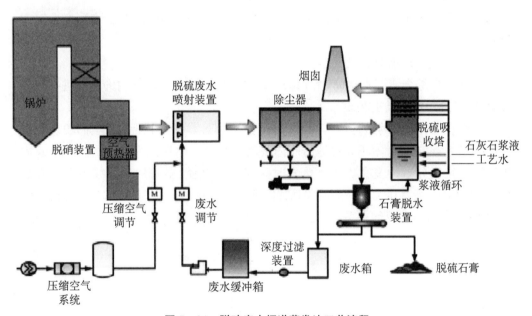

图 5-24　脱硫废水烟道蒸发法工艺流程

　　脱硫废水烟道蒸发系统主要由预处理单元、减量化单元和固化单元三部分组成。

　　在预处理单元中投入石灰乳、碳酸钠和碱液等药剂去除水中的硬度离子、悬浮物等,絮凝后溶液进行固水分离。

　　在减量化单元中用盐酸调节 pH 值至中性,输送至微滤系统。60% 以上的水回收利用,40% 的浓水在烟道上的喷嘴雾化进入高温烟气蒸发,结晶随烟气在 ESP 中收集。

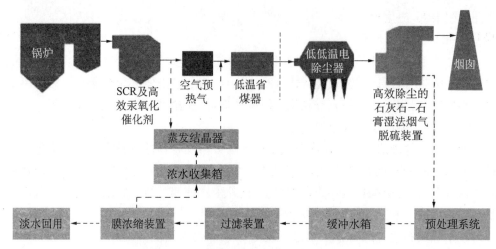

图 5-25　烟气引入结晶蒸发器工艺流程

在固化单元中,将反渗透的浓水蒸发为水蒸气,使其中的盐分结晶成为固态盐品。

1) 脱硫废水烟道蒸发数值模拟

研究者[32]综合诸因素建模,用 Fluent 软件对废水液滴在烟道内的蒸发进行模拟雾化液滴计算,直径控制在 $60~\mu m$。

实验采用耐腐蚀的钛材精密滤芯,过滤孔径为 $2.5~\mu m$,用现场采集的脱硫废水进行深度过滤实验,考察不同过滤时间内脱硫废水中固体悬浮物含量(含固量)及固体悬浮物粒径分布的变化。废水蒸发时间与液滴直径、温度的关系如图 5-26 和图 5-27 所示,喷雾压力与参数的关系如图 5-28 所示,图 5-29 所示为粉尘比电阻与除尘率、电压和电流的关系。

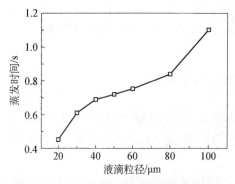

图 5-26　废水蒸发时间与液滴直径的关系

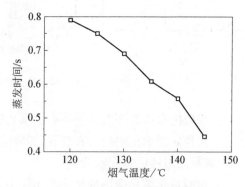

图 5-27　废水蒸发时间与烟温的关系

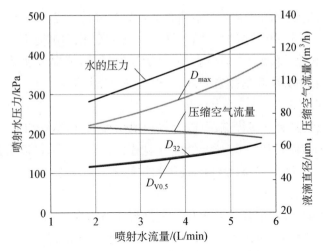

图 5‒28　FMX090 喷嘴雾化变量之间的关系

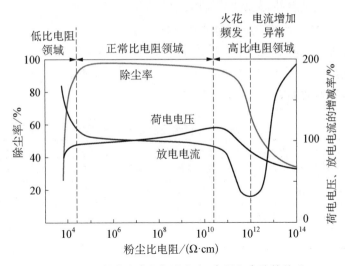

图 5‒29　粉尘比电阻与除尘率、电压和电流的关系

　　在脱硫废水烟道蒸发工艺中,存在喷嘴容易被水中的悬浮颗粒堵塞以及废水雾化蒸发不完全的问题。系统必须配套固液深度分离预处理系统并对雾化粒径的控制。脱硫废水中悬浮物质量浓度可降低到 40 mg/L,水中 99％以上的固体颗粒粒径小于 1 μm。

　　2) 烟道处理工艺实施要求

　　烟道雾化蒸发系统的工艺要求如下:烟道雾化蒸发烟气温度不低于 110℃;烟道雾化需要直管段烟道不小于 9 m;烟气温度越低,蒸发水量越少,要求机组负荷尽量稳定;适用于静电和电袋除尘器,不适用于布袋除尘器。

空预器前引出烟气的结晶蒸发系统的工艺要求如下:布置第一级"预沉淀+深度过滤",深度过滤去除固体颗粒物。用纯物理过滤替代"化学沉淀+反渗透"物理化学浓缩技术,系统简化,降低投资运行费用,避免膜结垢等,但要增加结晶蒸发器设备。第二级,在蒸发器中雾化喷射蒸发处理,实现蒸发结晶除盐。

3)烟道雾化蒸发

烟道雾化蒸发具有众多优点:可以有效利用烟气余热,温降约为4℃;高效除盐:$Cl^-$和重金属等;液滴粒径为60 $\mu m$,处理后烟温不小于110℃;可以增大烟气湿度,减少脱硫工艺补水量;降低粉尘比电阻,促进颗粒的荷电和迁移,促进颗粒团聚沉降。

雾化蒸发处理后评估:

除尘性能影响,湿度增幅不大于0.5%,烟温降幅约为4℃;

脱硫塔水平衡影响,单机脱硫废水导致不平衡率小于3.75%;

粉煤灰品质影响,结晶盐质量占粉煤灰质量小于0.1%;

尾端设备腐蚀风险性,蒸发后烟温大于110℃。

4)哈发电厂脱硫废水烟道雾化蒸发项目[33]

(1)项目实施的效果及影响  哈发电厂脱硫废水水量约为2.8 t/h(三台25 MW机组,满负荷运行),单台机组烟气量为2.8×$10^5$ $m^3$/h,烟温为140℃左右。单台机组蒸发废水运行参数如表5-25所示。

表5-25  单台机组蒸发废水运行参数

| 时间 | 废水流量<br>/(t/h) | 废水压力<br>/MPa | 压缩空气<br>压力/MPa | 烟气温降<br>/℃ | 烟气流量<br>/(m³/h) | 排烟温度<br>/℃ |
|---|---|---|---|---|---|---|
| 3月30日10:40—13:00 | 0.62 | 0.65 | 0.72 | 3.1 | 127 081 | 131/132.2 |
| 3月31日17:30—19:35 | 0.76 | 0.65 | 0.66 | 3.4 | 129 115 | 133.5/133.8 |
| 4月1日10:00—11:45 | 0.94 | 0.65 | 0.70 | 5.45 | 133 650 | 136.3/136.3 |
| 4月2日09:15—11:30 | 1.1 | 0.65 | 0.68 | 6.54 | 128 785 | 127.4/129.3 |
| 4月4日09:10—20:05 | 0.91 | 0.65 | 0.74 | 5.5 | 131 055 | 127.6/130.3 |

(2)对除尘系统的影响  哈发电厂的除尘系统为电-袋除尘系统。对电-袋除尘系统一、二电场的一次电流和一次电压,二次电流和二次电压,布袋压差进行监测,发现脱硫废水烟道处理系统的运行对电除尘一、二电场的电流、电压及布袋压差无明显影响。

(3)烟道内腐蚀及积灰情况  观察烟道内喷射后积灰和腐蚀情况,没有出现腐蚀和烟道壁积灰现象;在电厂A仓取灰样分析,干基氯含量由0.014%上升至0.018%。

（4）对脱硫系统的影响 哈发电厂脱硫废水烟道雾化蒸发系统成本估算如表 5-26 所示,上网电费增加 0.029 元/兆瓦时。

表 5-26 脱硫废水烟道雾化蒸发系统成本估算

| 序号 | 项目 | 单位 | 数值 |
|------|------|------|------|
| 1 | 项目总投资 | 万元 | 160 |
| 2 | 年利用小时 | h | 3 000 |
| 3 | 厂用电率 | % | 9.02 |
| 4 | 年售电量 | GW·h | 851 |
| 5 | 生产成本 | | |
| | 工资 | 万元 | 0 |
| | 折旧费 | 万元 | 3.04 |
| | 修理费 | 万元 | 3.2 |
| | 电耗费用 | 万元 | 1.05 |
| | 节约水费用 | 万元 | -4.83 |
| | 总计 | 万元 | 2.46 |
| 7 | 增加上网电费 | 元/兆瓦时 | 0.029 |

### 5.3.2.5 几种脱硫废水工艺的比较

几种脱硫废水“零排放”技术经济性对比如表 5-27 所示。

表 5-27 几种脱硫废水“零排放”技术经济性对比[34]

| 项目 | 河源电厂 | 长兴电厂 | 万方铝业热电厂 |
|------|---------|---------|--------------|
| 处理工艺 | 预处理＋多效蒸发结晶 | “三联箱”＋树脂软化＋反渗透＋蒸发结晶处理工艺 | 高效多维极相电絮凝耦合双碱法＋双膜法＋烟道蒸发技术 |
| 投资金额/万元 | 9 800 | 7 000 | 3 500 |
| 占地面积/m² | 3 000 | 1 000 | 318 |
| 年运行费用/万元 | 4 952 | 2 134.4 | 854.8 |

由表 5-27 可见,三种脱硫废水“零排放”处理技术中,蒸发法投资最大,运行费用最高,占地也最大;膜处理工艺法投资较大,运行费用较高,占地较大;烟道蒸发处理法投资最少,运行费用最少,占地也最小。脱硫废水“零排放”改造方案应根据建设

条件及其他限制条件选择。

### 5.3.3　设计与施工

《大中型火力发电厂设计规范》(GB 50660—2011)规定:循环供水系统应根据环保要求全厂水量、水质平衡和补给水源确定排污量及浓缩倍率。当采用非海水水源时,浓缩倍率宜为 3～5 倍,逐步淘汰浓缩倍率小于 3 倍的水处理运行技术。

在脱硫废水处理设计中,应依据脱硫废水高含悬浮物、盐分和强腐蚀性的特点,从系统设计、运行两方面处理系统的主要设计问题和实施难点[35]。

#### 5.3.3.1　常见脱硫废水处理工艺的问题

该系统包括中和箱、反应箱和絮凝箱,称为"三联箱处理＋澄清"工艺(见图 5‑30)。

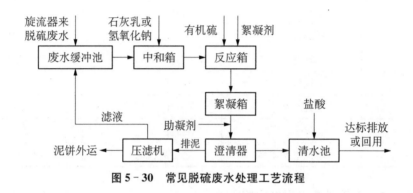

图 5‑30　常见脱硫废水处理工艺流程

1) 设计问题

废水旋流器选型不当直接导致废水含固量高,引发管线沉积堵塞。

由于设计未设废水缓冲池,当接纳间断性且流量变化大的废水时,会造成下游设备尤其是澄清池负荷过大而水质变差。

三联箱处理系统的设计容量不够,废水停留时间短,絮凝反应效果差,形成的矾花颗粒不够大,泥水分离效果差,出水浊度和悬浮物含量高,水质变差。

氟离子和硫酸根含量超标,这是因为一些电厂脱硫废水加药系统投加 NaOH溶液。

系统管路存在缺陷,宜采取法兰连接方式,法兰间距宜小于 6 m,少用弯头。

2) 运行问题

石灰贮藏给料系统故障,多见于机械振打和气压流化出料方式。

石灰乳配制和投加问题,关键在于加药控制采用中和箱 pH 计输出的模拟信号,实现石灰乳加药泵的变频调节。石灰纯度不够就会造成进料不稳。

系统设置停运自动冲洗措施,防止污泥堵塞板结。

压滤机故障问题。多见国产板框压滤机故障高,压滤机污泥含水率偏高,泥饼黏结滤布严重,造成不能自动卸泥。

运行调整方式不合理。加药量与实际废水水量、污染物含量不匹配。

3）措施

旋流器确保脱硫废水处理系统进水固体的质量分数小于1%,减轻废水处理系统负担。

增设预沉池和废水缓冲池[36],预沉池停留时间至少为4 h。

三联箱系统的停留时间应大于30 min。宜设2列布置以适应负荷变化。

石灰给料装置选用石灰粉仓＋破拱刮片给料机＋计量输送机(带防潮保护器)。同时,使用防潮投加器及石灰粉仓除尘器,避免水汽上升至粉仓内,有效防止板结现象。

在反应箱内设置pH计,精准测量投加石灰乳后水的pH值。

设置污泥缓冲罐,选用带自动清洗装置的压滤机。

管路采用衬塑管道或法兰连接的其他防腐管道,减少弯头数量。同时,污泥和石灰乳管路设置冲洗水管和自动冲洗阀门。

#### 5.3.3.2　烟气超净排放对废水零排放体系的影响

废水零排放和烟气超净排放改造两者之间互相影响,对已经实现废水零排放的电厂进行烟气超净排放改造,会打破电厂原有的水量平衡和废水零排放体系[37]。某电厂脱硫系统配置与参数如表5-28所示。

表5-28　某电厂脱硫系统配置与参数

| 参数 | 一期 | 二期 |
|---|---|---|
| 机组容量/MW | 2×600 | 2×600 |
| 系统配置 | 不设GGH和烟气冷却器 | 不设GGH,设烟气冷却器 |
| 锅炉排烟温度/℃ | 125 | 126 |
| 吸收塔入口温度/℃ | 120 | 95 |
| 蒸发水量/(m³/h) | 173 | 105 |
| 总补水量/(m³/h) | 183 | 113 |

1）对脱硫系统用水量的影响

在电厂2×600 MW机组改造中,烟气超净排放改造脱硫系统取消了GGH,增设烟气冷却器,使吸收塔入口烟气温度降低至95℃,烟气进入吸收塔的温度降低31℃,烟气系统蒸发水量减少68 m³/h,脱硫系统总耗水量降低了38.1%。运行情况表明,脱硫系统的蒸发水量占整个脱硫系统总补水量的80%～90%,设置烟气冷却器后,吸收塔入口烟气温度在 90～95℃之间,烟气温度明显降低,脱硫系统总补水量减少了 35%～40%。

2) 对脱硝系统用水量的影响

烟气超净排放改造中的脱硝系统一般采用锅炉低氮燃烧改造、SCR 脱硝装置提效和省煤器分级等措施,实现烟气 $NO_x$ 排放质量浓度不大于 50 $mg/m^3$ 的要求。火电厂脱硝系统用水包括设备冷却用水和尿素溶解用水。其中,设备冷却水回水可直接回至冷却塔。尿素溶解用水量很小,基本在 1.0 $m^3/h$ 以内,以水蒸气形式消耗。在脱硝系统提效改造中,对水量的影响很小而不计。

3) 对除尘系统用水量的影响

目前,国内火电厂粉尘控制技术主要采用干式电除尘器、湿法脱硫装置、湿式电除尘器,使粉尘排放质量浓度小于 5 $mg/m^3$。其中,干式电除尘器不消耗水。对典型的低低温 ESP＋WFGD＋WESP 系统,湿式电除尘器设置在脱硫塔顶部,需定期冲洗极板、极线,冲洗水进入到脱硫浆液中,平均流量为 1～3 $m^3/h$,脱硫系统耗水量节省 1～3 $m^3/h$。湿式电除尘极板冲洗水量小,对废水零排放体系的影响较小。

4) 解决措施

对于空冷和直流冷却机组、湿冷机组可采取不同的解决措施建立新的废水零排放水量平衡体系。

(1) 空冷和直流冷却机组　不同电厂空冷和直流冷却机组脱硫系统补水为工业水和少量废水(见表 5-29)。烟气超净排放改造后脱硫系统用水量将减少 35%～40%,可通过减少工业水补水量实现脱硫系统新的水量平衡。

表 5-29　不同电厂空冷和直流冷却机组脱硫系统补水量

| 电厂 | 机组类型 | 脱硫系统补水量/($m^3/h$) | |
| --- | --- | --- | --- |
| | | 工业水 | 废水 |
| 南京某电厂 | 直流机组 | 130 | 0 |
| 浙江某电厂 | 直流机组 | 147 | 0 |
| 辽宁某电厂 | 直流机组 | 105 | 0 |
| 陕西某电厂 | 空冷机组 | 108 | 0 |
| 宁夏某电厂 | 空冷机组 | 108 | 37 |
| 山西某电厂 | 空冷机组 | 76 | 136 |

(2) 湿冷机组　以广东某电厂为例,电厂废水零排放水平衡系统如图 5-31 所示。烟气超净排放改造后,脱硫系统补水量降低约 42 $m^3/h$,但复用水池无法消纳 42 $m^3/h$ 废水。

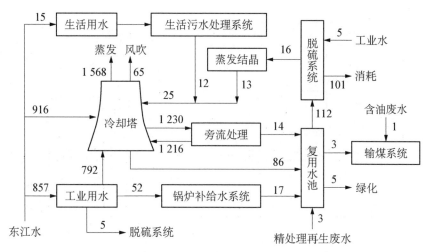

**图5-31　电厂废水零排放水平衡系统(单位:m³/h)**

对策1:对富余废水进行脱盐处理回用。

对策2:提高循环水浓缩倍率,减少冷却塔排污水量。

对于湿冷机组脱硫系统补水基本为全厂产生的各类废水。采用低低温ESP后,脱硫系统用水量减少,富余的废水无法直接消耗,打破电厂原有的水量平衡和废水零排放体系。

a. 富余废水脱盐处理　复用水池水源包括旁流过滤器反洗水量14 m³/h、冷却塔排污水量86 m³/h、反渗透浓排水量17 m³/h以及精处理再生废水量3 m³/h,合计120 m³/h。

精处理再生废水为经常性非连续排放的酸、碱废水,水量偏小,且氨氮超标。因此,可作为输煤补水。其余水量和水质相对稳定,混合均匀后引出一部分采用反渗透脱盐技术,进行脱盐处理。

根据增设反渗透脱盐装置后废水零排放平衡体系(见图5-32)的水平衡核算结果,需要对57 m³/h的废水进行脱盐处理,回收率设计值为75%。反渗透产水作为循环水补水,浓水作为脱硫工艺用水。

建立新的零排放体系,电厂耗水量将减少42 m³/h,可消耗复用水池富余废水。

以复用水池的高含盐废水为反渗透系统水源预处理要求高,而且反渗透浓水含盐量偏高,将其作为脱硫工艺用水,可能影响脱硫效率和石膏品质,并产生脱硫浆液起泡以及设备腐蚀等问题。

b. 提高循环水浓缩倍率　目前电厂循环水浓缩倍率控制在10.5倍,循环水排污水量(包括冷却塔排污和旁流过滤设备反洗水)为100 m³/h。增设烟气冷却器后,根据水量计算,需要将循环水浓缩倍率提高至13.7倍,循环水排污水合计58 m³/h,排

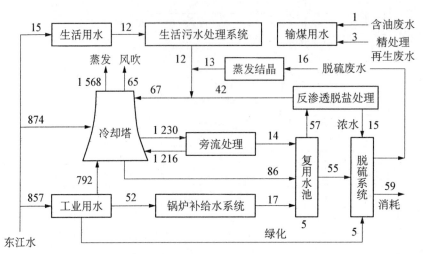

图 5－32　增设反渗透脱盐装置后废水零排放水平衡体系（单位：m³/h）

污量减少了 42 m³/h，与脱硫系统节约水耗一致。可实现复用水池水量和后续脱硫系统、输煤系统及绿化用水水量的平衡。

　　该电厂原水含盐量为 70 mg/L，总硬度约为 0.7 mmol/L，Cl⁻ 质量浓度约为 68 mg/L，水源水质优良。计算表明：将循环水浓缩倍率提高至 13.7 倍，循环水 Cl⁻ 质量浓度控制在 110 mg/L 左右，硬度约为 10 mmol/L，循环水系统可以实现稳定运行。

　　5）小结

　　对于水源水质优良的电厂，可以采用提高循环水浓缩倍率的方式达到水量平衡。

　　对于水源水质较差的电厂，可通过废水脱盐处理回用的方式消化富余废水，但需要研究高含盐的反渗透浓排水对脱硫性能的影响。

### 5.3.4　应用案例

#### 5.3.4.1　水平衡案例

　　电厂作为一个用水体系，通过水平衡试验调查某电厂用水输入、输出和损失之间的联系[38]。全厂系统用水状况如表 5－30 所示。

表 5－30　全厂（2×660 MW 机组）系统用水状况

| 系统名称 | 新鲜取水量 /(m³/h) | 用水量占总取水量/% | 循环水量 /(m³/h) | 回用量（进） /(m³/h) | 回用量（出） /(m³/h) | 消耗量 /(m³/h) |
|---|---|---|---|---|---|---|
| 辅机冷却水系统 | 170.7 | 47.2 | 17 929 | 61 | 82.2 | 149.5 |
| 化学除盐水系统 | 89 | 24.5 | 3 213.2 | 0 | 62.8 | 26.2 |

（续表）

| 系统名称 | 新鲜取水量 /（m³/h） | 用水量占总取水量/% | 循环水量 /（m³/h） | 回用量（进） /（m³/h） | 回用量（出） /（m³/h） | 消耗量 /（m³/h） |
|---|---|---|---|---|---|---|
| 生活水系统 | 22.3 | 6.2 | 0 | 0 | 13 | 9.3 |
| 工业消防及脱硫 | 74 | 20.4 | 0 | 133 | 0 | 171 |
| 其他用户 | 6.0 | 1.7 | 0 | 0 | 0 | 6 |
| 合计 | 362 | 100 | 21 142.2 | 194 | 158 | 362 |

依据试验执行《火力发电厂节水导则》（DL/T 783—2001）、《企业水平衡试验通则》（GB/T 12452—2008）、《火力发电厂能量平衡导则第 5 部分：水平衡试验》（DL/T 606—2009）等标准。

设备冷却用水采用闭式循环水冷却方式；辅机冷却水和闭式循环热交换器冷却水采用开式循环冷却＋机力通风塔方式，散发热量。这种直接空冷方式导致辅机循环冷却水以冷却塔蒸发和风吹损失为主要耗水量，占全厂总取水量的 47.2%。

化学除盐水系统包括锅炉补给水处理系统、闭式冷却水系统及机组补水系统，取水量占全厂用水量的 24.5%。工业消防水及脱硫系统包括该系统辅机冷却水、工艺用水以及烟气携带水损等，约合 20.4%。

上述三项为电厂的主要用水量。图 5-33 为某燃煤电厂（在电负荷 1 095.4 MW时）全厂的用水、耗水平衡图。

由图可见，全厂复用水率＝（循环水量＋工艺回用水量）/总用水量＝98.3%。

全厂平均单位发电取水量 ＝ 发电耗新鲜水量/全厂平均发电量 ＝ 0.34 m³/（MW·h）。

脱硫废水处理后的浓液排至灰场降尘。外排水量为 0。

通过水平衡测试，梯级利用水资源可实现废水"零排放"，其措施如下：采用干除灰、干除渣减少用水量；回收雨水用于脱硫系统；生活污水、化学再生废水及精处理再生废水经工业废水处理系统后供脱硫系统；辅机循环水排污水作为脱硫系统补水；输煤栈桥的冲洗水为经过处理后的工业废水。

目前辅机循环水的浓缩倍率为 3.0 倍，可以提高到 4.0~6.0 倍。

### 5.3.4.2　废水"零排放"工程案例

目前，国内已投入脱硫废水"零排放"系统的燃煤电厂较多[39-41]，下文主要介绍西柏坡电厂和河源电厂。西柏坡电厂采用"二级预处理＋反渗透"工艺，河源电厂采用"二级预处理＋蒸发结晶"工艺。

1）西柏坡电厂一期工程为 4×300 MW

厂区原设计排水为分流制，即生活污水排水系统和雨水排水系统分流，工业废水

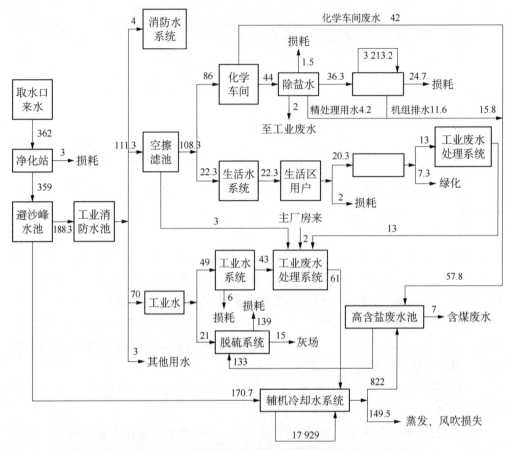

图 5-33 全厂的用水、耗水平衡图(单位:m³/h)

经雨水管道排入电厂附近水系,因污染水库被治理。

我国首例工程废水零排放项目在各方通力协作下,于 1999 年 10 月投运。整个废水零排放项目分为废水处理和回收利用[39]。

系统回收生活污水、酸及碱废水、凝结水精处理排水、冷却水塔检修时排水、主厂房地面冲洗水和杂用水,回收废水用于除灰、渣或经处理后回用。

废水处理包括弱酸处理、反渗透和外排系统。以此再生电厂废水,重复使用。废水回收系统流程及工程平面布置如图 5-34 和图 5-35 所示。

弱酸处理系统采用离子交换法处理废水,利用氢氧根离子置换水中的阴离子。废水从交换器底部排出。交换柱反冲洗,去除树脂层内截流的固体再生。阳离子交换树脂一般采用强酸(硫酸或盐酸)再生,而阴离子交换树脂通常用氢氧化钠再生。

反渗透装置由半透膜装置及支撑结构、容器及高压泵组成。废水通过半透膜过

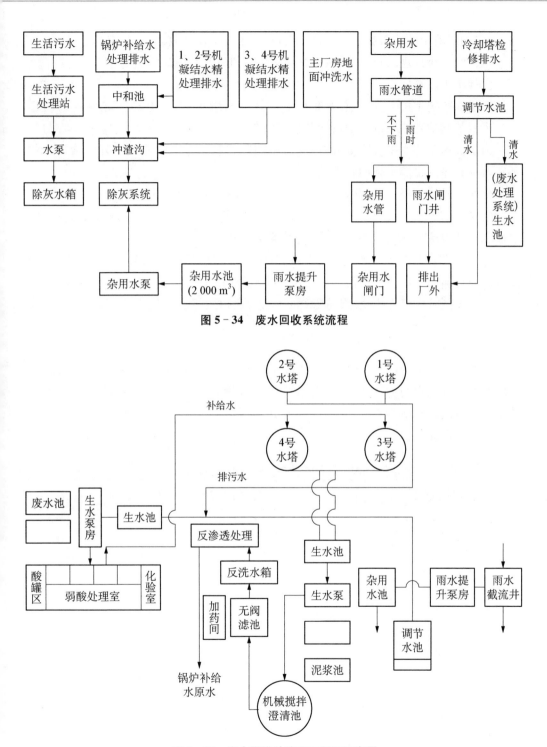

图 5‑34　废水回收系统流程

图 5‑35　废水零排放治理工程平面布置

滤,使水和溶液中的溶解盐发生分离。为使反渗透装置高效运行,控制进水水质,一般废水先经二级处理,再经过滤或活性炭吸附后进入反渗透装置。

设计施工注意要点:

零排放系统中的室外管道需要与电厂补给水管道过渡(在电厂正常运行时连接);还要与其他工业系统及炉后除灰系统过渡。

为了提高工艺水平及降低成本,尝试应用新材料、新工艺,采用国外广为流行的环氧石英砂厚层自流平地面新工艺。

化学要求:20%硫(盐)酸,浸泡 10 天无变化;20%碱(NaOH)液,浸泡 10 天无变化;光洁度 90%;当承受 366 N/m 冲击时无损坏,耐压强度 2 720 N/cm$^2$ 时无损坏;耐磨性 0.043 g/m$^2$。施工验收,各项指标均满足要求。

零排放安装工作量主要是汽机设备、管道和水泵等形成水循环;还有电气、仪表和调试等方面的工作量。建设者认为,土建与安装交叉施工前的策划极为重要,包括土建与安装图纸应事先审查,设备地线安装、管道衬胶等工作应事先落实,以免二次返工。

2) 河源电厂

河源电厂 2×600 MW 机组经常性废水量为 165～244 m$^3$/h,每次大小修期间产生的非经常性废水约为 3 400 t。因此,全厂需水量为 2 939 m$^3$/h。按设计利用小时数 5 500 h 计算,每年则有 5.967×10$^6$ m$^3$ 废水或冷却水外排。河源电厂 2×600 MW 机组水耗统计如表 5-31 所示。

表 5-31　河源电厂 2×600 MW 机组水耗统计　　　　单位:m$^3$/h

| 系统名称 | | 需水量 | 废水量 | 耗水量 |
|---|---|---|---|---|
| 净水站[①] | | 30 | 30 | 0 |
| 冷却塔蒸发损失 | 春季 | 1 605 | 0 | 1 605 |
| | 秋季 | 1 790 | 0 | 1 790 |
| 冷却塔风吹损失 | 春季 | 70 | 0 | 70 |
| | 秋季 | 81 | 0 | 81 |
| 循环水系统浓缩排污损失 | 春季 | 331 | 0 | 331 |
| | 秋季 | 367 | 0 | 367 |
| 锅炉补给水系统 | | 64 | 24 | 40 |
| 凝结水精处理装置 | | 16 | 16 | 0 |
| 烟气脱硫系统 | | 120 | 7 | 113 |

（续表）

| 系统名称 | | 需水量 | 废水量 | 耗水量 |
|---|---|---|---|---|
| 主厂房区干渣搅拌机用水 | | 1 | 0 | 1 |
| 设备冷却用水 | | 670 | 660 | 10 |
| 煤场喷淋、栈桥冲洗 | | 8 | 7 | 1 |
| 厂区喷洒绿化 | | 4 | 0 | 4 |
| 生活用水 | | 20 | 10 | 10 |

① 净水站需水量为弥补废水的排放量。

（1）零排放系统　依据"一水多用、梯级使用、循环利用"原则,采用了循环冷却水系统 10 倍以上的高浓缩倍率应用技术与"二级预处理＋蒸发结晶"末端废水处理工艺,成功将废水中的污泥与盐分进行了分离,处理后的水质接近蒸馏水,回用于冷却塔,实现水量的梯级浓缩、节省用水和循环复用,达到全厂水平衡;设置足够的事故应急水池,确保系统全过程中没有任何废水排放(见图 5 - 36)[28]。

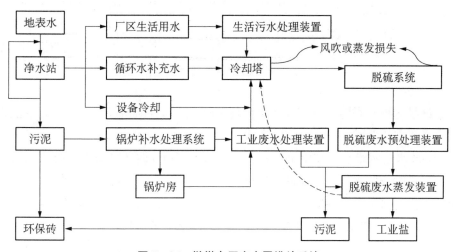

图 5 - 36　燃煤电厂废水零排放系统

脱硫废水为全厂的末端废水,其 pH 值为 5～6,盐质量浓度为 25～55 g/L,含有氯离子、悬浮物、过饱和亚硫酸盐、硫酸盐与重金属等,该废水易结垢,腐蚀性强。常规工艺处理存在废水硬度高、氯离子未减少,且腐蚀性强,必须去除氯离子和硬度,否则不能复用。脱硫废水处理工艺流程如图 5 - 37 所示,脱硫废水蒸发结晶流程如图 5 - 38 所示。

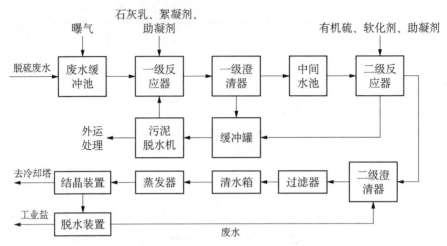

图 5－37　脱硫废水处理工艺流程

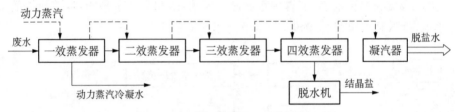

图 5－38　脱硫废水蒸发结晶流程

　　系统投运数据表明，处理 1 t 废水消耗蒸汽 0.28 t，综合费用（含药耗、能耗、设备折旧与人工费用等）约为 180 元/立方米。

　　（2）节水技术难点　在常规的循环水浓缩倍率下，循环冷却水系统浓缩排污水量与全厂最大的废水复用点脱硫系统的需水量相差较大。按照水量平衡，循环冷却系统浓缩排污水量须控制的范围为 80～90 m³/h，其计算浓缩倍率则在 10 左右。系统（见图 5－39）试验在 10.5 以内的浓缩倍率（以氯离子或碱度计）工况下，可控其腐蚀与结垢趋势。

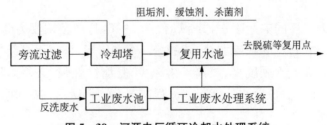

图 5－39　河源电厂循环冷却水处理系统

在图 5 - 39 中,设置循环冷却系统旁流过滤装置,保证循环水水质浊度小于 20 NTU;旁路过滤器的容量大小取决于冷却塔补水水质和冷却塔周围空气质量;旁流过滤器反洗废水主要污染物为悬浮物,其盐含量同循环水,进入电厂工业废水处理系统。若循环水盐度或硬度或硅含量或氯离子含量接近设定值,则排出部分循环水至复用水池,并及时补充新鲜水,确保循环水管线不结垢、不腐蚀。

### 5.3.4.3  直排型冷却电厂深度改造

湖北某直流冷却型火电厂配置 4 台 300 MW(1~4 号)和 2 台 600 MW(5~6 号)机组。总用水量合计 2 522 m³/h,全厂外排水率高达 43.1%。全厂产生的废水总量约为 1 036 m³/h,约 474 m³/h 废水需外排。全厂各系统原耗水、排水水量如表 5 - 32 所示,全厂产生及可消耗废水量如表 5 - 33 所示。

表 5 - 32  全厂各系统原耗水、排水水量　　　　　　单位:m³/h

| 系统名称 | 耗水量 | 排水量 | 备　　　注 |
|---|---|---|---|
| 工业水系统 | 85 | 422 | 排水部分回用于脱硫,部分外排 |
| 化学除盐 | 89 | 39 | 经工业废水处理站处理后外排 |
| 脱硫系统 | 513 | 29 | — |
| 灰渣系统 | 718 | 35 | — |
| 其他系统 | 31 | 561 | 临时用水未计入耗水量 |
| 合计 | 1 436 | 1 086 | |

表 5 - 33  全厂产生及可消耗废水量　　　　　　单位:m³/h

| 产生废水系统 | 产生废水量 | 可消耗废水系统 | 可消耗废水量 |
|---|---|---|---|
| 工业水系统 | 844 | 灰渣系统 | 15 |
| 化学除盐水系统 | 39 | 输煤系统 | 5 |
| 生消系统 | 91 | 脱硫系统 | 542 |
| 净化站 | 62 | | |
| 合计 | 1 036 | | 562 |

1) 直排型冷凝电厂用水问题[41]

南方多水。沿江地区的电厂由于不重视节水的理念,导致水质较好的工业水系统冷却水外排,"高质低用"等直接外排的现象较为严重。

由于脱硫废水含固量大,直接进入三联箱易造成搅拌机扭矩过大,烧毁搅拌机,运行故障频发,再则受石膏品质、镁离子、氯离子的控制,脱硫废水实际水量大于设计能力,需扩容改造。

### 2) 废水系统深度改造

电厂对各系统进行深度改造(见图 5-40),末端废水处理没有采用蒸发结晶工艺,脱硫废水经过常规工艺处理,去除废水中对环境危害较大的重金属等有害物质,出水为高含盐废水,经监测达标后排放。实现外排水量降至 49 m³/h,每年减少外排水量 5.70×10⁶ m³,全厂单位发电量取水量由 1.05 m³/(MW·h)降至 0.36 m³/(MW·h),达到节约型火电厂单位发电量取水量要求。

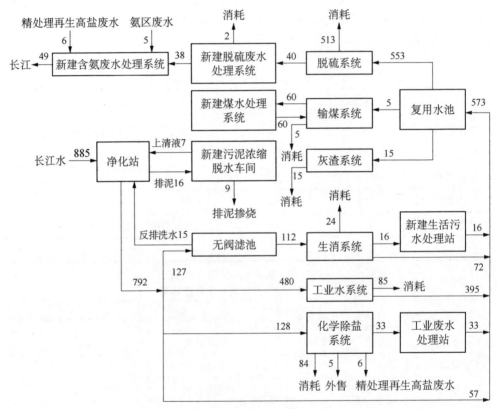

图 5-40 某厂深度节水后水平衡体系(单位:m³/h)

## 5.4 问题与建议

(1) 随着经济的快速发展、生态环境的恶化,整治废水排放刻不容缓。但是,在实施中存在对水资源的认识偏差,存在技术与资金等实际问题,各级管理层需要加强节水、用水的宣传,提高全民节水、用水的意识。调动专业人员的主观能动性,发挥创新的积极性,投入到节水、用水的活动中来。

(2) 制定用水、节水的政策激励机制,充分利用经济杠杆,加强企业管理,限期整治。

(3) 根据不同地区的生态环境条件和电厂建设规模,完善相应的用水标准和法规,从可行性研究、系统设计、装备制造和运行管理,全面贯彻执行新的环保法规,并上升到国家标准。

(4) 电厂在《水十条》等指导文件的执行中,查清电厂全年用水的水平衡,严格电厂用水规划,进行有效的废水"零排放"技术改造。

(5) 运用在线检测措施,加强企业、区域的监督管理。在废水处理系统的使用期内,严格控制废水排放指标,包括处理中产出的固体废弃物的处置,真正实现废水"零排放"。

## 参考文献

[1] 中华人民共和国水利部. 2016 年中国水资源公报[M].

[2] 李波. 1 000 MW 湿冷机组火电厂水平衡优化分析[J]. 给水排水,2013,39(10):64-69.

[3] 姜喜洋. 火电厂水平衡试验与废水零排放的优化探讨[J]. 农家科技,2015,12:327.

[4] 李锐,何世德,杜云贵,等. 火电厂废水"零排放"系统简述[J]. 四川电力技术,2008,301
  (2):88-90.

[5] 魏军. 火力发电厂废水零排放技术研究[J]. 科学与财富,2016,10:810.

[6] 中国科学院理化技术研究所. 理化所热泵蒸发浓缩结晶技术产业化取得新进展[J]. 硅酸
  盐通报,2015,10:2844.

[7] 赵洁,谢秋野,朱京兴. 火力发电厂水资源综合利用对策[J]. 电力环境保护,2007,23(1):
  2-6.

[8] 韩买良. 火力发电行业用水分析及对策[J]. 工业水处理,2010,30(2):4-7.

[9] 朱晓磊. 燃煤机组节能减排新技术与一体化集成应用[C]. 2016 年燃煤发电清洁燃烧与污
  染物综合技术研讨会,上海,2016.

[10] 施敏. 节能型低成本超低排放系列技术[C]. 亚洲绿色煤电高峰论坛,上海:2017.

[11] Steven X. Condensation dust-removal technology for ultra-low emission of coal-fired
  power plant[C]. Asia Green Fossil Power Plant Summit, shanghai, 2017.

[12] 裴育峰,丛东升. 水资源对内蒙古火力发电的限制及对策[J]. 吉林电力,2014,42
  (3):1-4.

[13] 吕杨. 冷却塔水损失变化规律及节水方法的研究[D]. 济南:山东大学,2009.

[14] 正渗透膜水处理技术[EB/OL]. 中国污水处理工程网,2015-04-29. http://www.
  dowater.com/jishu/2015-04-29/336443.html.

[15] 刘洋.膜技术在水处理中的应用与发展[J].中国资源综合利用,2017,35(5):25-27.

[16] 侯立安,张林.膜分离技术:开源减排保障水安全[J].中国工程科学,2014,16(12):10-16.

[17] 胡小武.高效反渗透废水处理工艺在电厂废水零排放中的应用[J].神华科技,2011,9(5):92-96.

[18] 徐廷云,马旭丽,文丰涛,等.大港电厂用水现状及节水潜力分析[J].天津农学院学报,2010,17(4):57-59.

[19] 葛新杰.燃煤电厂废水零排放研究[D].石家庄:河北科技大学,2009.

[20] 孟文俊,杨文静.北方电厂冷却方式的选择[J].内蒙古水利,2010,2:82-83.

[21] 苏艳,许臻,王正江,等.废水零排放系统在北方某空冷机组电厂的应用[J].热力发电,2011,40(10):74-77.

[22] 汪岚,孙灏,张利权,等.火电厂循环水零排放工艺路线及可行性分析[J].水处理技术,2015,41(6):125-128.

[23] 徐露.火力发电厂中水回用工艺及问题对策[J].资源节约与环保,2016,8:30.

[24] 沙中魁,谢长血,李杰.火电厂循环水排污水的回收利用[J].电力建设,2001,22(8):50-52.

[25] 徐秀萍.利用循环水排污水做锅炉补给水处理系统的选择[J].山东电力技术,2006,4:50-51.

[26] 马双忱,于伟静,贾绍广,等.燃煤电厂脱硫废水处理技术研究与应用进展[J].化工进展,2016,35(1):255-262.

[27] 马越,刘宪斌.脱硫废水零排放深度处理的工艺分析[J].科技与创新,2015,18:12-13.

[28] 莫华,吴来贵,周加桂.燃煤电厂废水零排放系统开发与工程应用[J].合肥工业大学学报(自然科学版),2013,36(11):1368-1372.

[29] 司晨浩,孟冠华,魏旺,等.湿法脱硫废水处理技术进展[J].电力科技与环保,2017,33(1):25-27.

[30] 张广文,孙墨杰,张蒲璇,等.燃煤火力电厂脱硫废水零排放可行性研究[J].东北电力大学学报,2014,34(5):87-91.

[31] 胡石,丁绍峰,樊兆世.燃煤电厂脱硫废水零排放工艺研究[J].洁净煤技术,2015,21(2):129-133.

[32] 晋银佳,王帅,姬海宏,等.深度过滤——烟道蒸发处理脱硫废水的数值模拟[J].中国电力,2016,49(12):174-179.

[33] 朱跃.脱硫废水处理技术及工程实例[C].亚洲绿电高峰论坛,上海,2017.

[34] 杜乐,于佳冉.燃煤电厂脱硫废水零排放方案比选研究[J].环境与发展,2017,29(1):28-32.

[35] 王冬梅,夏春雷,崔伟强,等.脱硫废水处理系统设计问题和运行难点对策分析[J].水处理技术,2015,41(12):126-128.

[36] 陈超,徐志侠,石朋,等.建设电厂事故污水缓冲池的研究与应用[J].水电能源科学,2011,29(7):149-152.

[37] 李亚娟,王正江,余耀宏,等.烟气超净排放改造对废水零排放水量平衡体系影响的处理措施[J].热力发电,2015,44(12):129-132.

[38] 张建斌.空冷机组水平衡试验及废水"零排放"[J].清洗世界,2016,32(8):44-47.

[39] 张福常,杨培育.西柏坡电厂废水零排放工程的设计与施工[J].电力建设,2001,22(1):23-27.

[40] 崔连军,张静,李进,等.张家口发电厂"零排放"节水技术分析[J].华北电力技术,2010,4:17-24.

[41] 胡大龙,于学斌,余耀宏,等.直流冷却型火电厂深度节水方案[J].热力发电,2016,45(9):134-139.

# 第6章　城市生活垃圾清洁发电

　　我国城镇化建设发展之快,固体废弃物日产出量之大,增长速度之高,历年垃圾堆存量之多,占地之广,十分惊人。尤其是城市垃圾填埋场满溢告急,加重市政建设的压力。

　　我国是经济发展中的国家。在不同地区,有着不同的垃圾处理方法。常见的三大垃圾处理方法(卫生填埋、堆肥和焚烧)还存在诸多亟待解决的技术和社会问题。固体废弃物发电是垃圾资源化的重要途径。如何清洁发电不仅在于环保技术与装备的先进性,还在于人们对垃圾处理的认识和生产、生活习惯,更在于制定的政策和社会的评价标准。

## 6.1　概述

　　自从 1989 年深圳引进垃圾焚烧发电项目成功示范以来,国内垃圾焚烧发电项目快速兴建,垃圾减容成效显著(见图 6-1);同时促进了城市生活垃圾处理处置技术的多样化,推动垃圾无害化、减量化和资源化技术装备及系统的发展。但是,早期的垃圾焚烧处理、垃圾发电限于当时经济发展、装备制造以及人们对焚烧处理垃圾的认识,虽能缓解垃圾"围城",却暴露出严重的二次污染,造成人们心理上对垃圾焚烧发电的恐惧。各地多次发生严重的"邻避效应",带来深层次的社会问题。

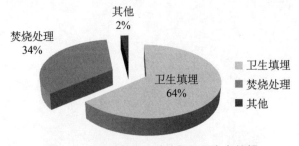

图 6-1　2015 年度几种垃圾处理占有份额

　　城市生活垃圾焚烧发电一定要安全清洁利用。也就是说,从垃圾产生的源头减量、从垃圾处理过程的清洁净化、垃圾处理的末端治理和最终产物的循环经济利用都关系到垃圾资源产业化的发展。尤其是城市生活垃圾的过程处理,包括垃圾密闭,垃圾车卸料、储存、输送、焚烧、烟气净化、灰渣及渗滤液处理过程的每个环节,都要符合环保标准的排放限值。

　　垃圾焚烧发电与燃煤发电有着许多共同点,更有着不同的内容。垃圾发电是固体废弃物资源利用的一种形式,以消纳城市生活垃圾、可燃工业垃圾和农林业加工残留废弃物为主,是典型的环保和环卫产业。在机组的参数等级上仅相当于小型火电,在燃料上更多是低热值、高水分的垃圾;在“三废”处理中,它除了燃煤电厂一样的烟气除灰、脱硫、脱硝处理外,特殊处理的污染物有烟气中剧毒的二噁英、高盐分的渗滤液和高危害性的纤尘细灰。这是摆在市政建设面前的重大课题。

　　在 21 世纪新起点上,2016 年修订的《中华人民共和国固体废物污染环境防治法》和《“十三五”全国城镇生活垃圾无害化处理设施建设规划》针对目前城市生活垃圾分类执行不严、机制设计瑕疵以及利益分配不平衡,以至造成前置环节压力传导,末端处置负荷沉重等问题,从制度上提出管理的顶层设计,提出了更高的生态环保目标,贯彻“避免制造垃圾”“分类回收垃圾”和“环保处理垃圾”的管理理念。积极推广“互联网＋资源回收”等创新模式,实现垃圾污染物“近零排放”、垃圾高效资源化和绿色资源产业化[1]。

### 6.1.1　国外垃圾发电现状

　　从 1896 年德国汉堡建立人类历史上第一座垃圾焚烧厂算起,垃圾焚烧距今已有超过 120 年的历史[2]。如今,垃圾发电污染处理进入“近零排放”时代。

　　世界各国依据具体情况,实施着不同的垃圾处理方式。各国垃圾焚烧量占垃圾产生总量的比例如图 6-2 所示。表 6-1 给出了一些国家近年生活垃圾焚烧处理情况。

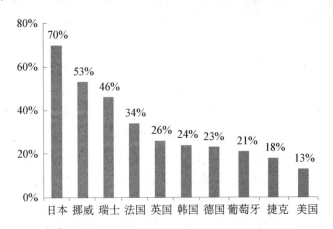

**图 6-2　各国垃圾焚烧量占垃圾产生总量的比例**

注:日本为 2013 年的数据,其余国家为 2014 年的数据[数据来源:
美国环境保护署(USEPA)]

表 6-1 一些国家近年生活垃圾焚烧处理情况

| 国家 | 产量/<br>(10⁴ t/a) | 人均产量/<br>[千克/(人·年)] | 热值/<br>(MJ/kg) | 发电占总<br>量比/% | 垃圾焚烧/<br>10⁴ t | 占总<br>比/% |
|---|---|---|---|---|---|---|
| 英国 | 3 113(2004 年) | 577/482(2000 年) | 8～11 | 7 | 826 | 26.5[3] |
| 德国 | 4 975.9 | 616(2012 年) | 7～18(平均 10) | | 2 190 | 44 |
| 美国 | 25 850(2014 年) | 1.98 kg/d | | | 2 900 | 11.7[4] |
| 日本 | 12 415(2011 年) | 0.975 kg/d① | | | 3 451.7<br>(2010) | 79.1[5] |

① 服部雄一郎,谷津(译)日本垃圾焚烧全报告(2013)。

科技的发展使城市生活垃圾发电技术和装备日臻完善,如今已经被纳入污染物"近零排放"的绿色经济范畴。一些先进国家提出了"固体废弃物零排放"的概念,所谓"5R",即减量(reduce)、回收(recover)、再利用(reuse)、循环(recycle)和优化置换(replece)。

以 2016 年欧洲冰岛为例,用于焚烧/发电的垃圾量占 67.41%[6]。

维也纳施比特劳垃圾焚烧站矗立于闹市中央(见图 6-3),垃圾发电厂厂房和谐地融入城市建筑,成为一个城市知名的旅游景点,实现了化"腐朽"为神奇的理想状态。

维也纳第六次登顶世界最宜居城市,蓝天白云、干净环保显示着"自然与人共存"的创新理念,使工程与建筑艺术融合于一体,变城市生活垃圾为社会的绿色资源。

维也纳施比特劳垃圾焚烧站的成功在于维也纳市政部门对待垃圾处理的三大重要理念:"避免制造垃圾""分类回收垃圾"和"环保处理垃圾"。

图 6-3 维也纳施比特劳垃圾焚烧站外观

维也纳政府统筹负责垃圾清运,负责垃圾处理的咨询、科普、培训以及宣传,每年组织"城市清洁行动",对青少年环保垃圾处理进行针对性的教育和宣传,自 2009 年起,维也纳市率先实现了无垃圾堆放。

在垃圾处理工艺上,采用封闭运行的垃圾站,收集就近地区的生活垃圾,汇集于垃圾池;经过 1 150℃ 高温焚烧、20 多道工序净化处理,排放烟气达到世界顶级清洁度;废水达到管道输送水指标,回放多瑙河。

企业与周边用户实现利益共享,变"邻避效应"为"邻利效益"。供热供电的垃圾站的热电转换率高达 85%。热网管线长约 900 km,可以供应周围约 20 万户居民和

4 400个工业用户使用[7]。

### 6.1.2　国内垃圾清洁利用现状

随着经济的不断发展,人民生活水平日益提高,城市生活垃圾的产量和热值也不断增长。据国家统计局调查,我国城市垃圾正以每年8%~10%的速度递增,垃圾已给城市环境及人民生活带来了极大的危害。面对垃圾泛滥成灾的状况,世界各国的专家已不仅限于控制和销毁垃圾这种被动"防守",而是积极采取有力措施,科学合理地综合处理、利用垃圾。我国有丰富的垃圾资源,其中存在极大的潜在效益。

1) 环境治理

这些年来,国内的城市垃圾处理卓有成效。历年城市生活垃圾的处理情况如表6-2所示。《"十三五"全国城镇生活垃圾无害化处理设施建设规划》指出,截至2015年,全国设市城市和县城生活垃圾无害化处理能力达到$7.58 \times 10^5$ t/d,比2010年增加$3.01 \times 10^5$ t/d,生活垃圾无害化处理率达到90.2%,其中设市城市94.1%,县城79.0%,超额完成"十二五"规划确定的无害化处理率目标。2015年全国城市生活垃圾无害化的大数为$1.80 \times 10^8$ t[8]。2016年清运量为$1.85 \times 10^8$ t。

**表6-2　城市生活垃圾的处理处置情况(统计城市:246个;2014年261个)**

| 年份 | 工业废弃物/$10^8$ t | 工业危险废物/$10^4$ t | 医疗废物/$10^4$ t | 清运量/$10^8$ t | 焚烧/% | 卫生填埋/% | 堆肥/% | 垃圾发电厂/座 |
|---|---|---|---|---|---|---|---|---|
| 2013 | 23.8 | 2 937.0 | 54.75 | 1.61① | 15.9 | 61.4 | 2.6 | 169 |
| 2014 | 19.2 | 2 436.7 | 62.2 | 1.68② | 35 | 59 | 6(其他) | 200 |
| 2015 | 19.1 | 2 801.8 | 68.9 | 1.85③ | 34 | 64 | 2 | 224 |
| 2020 |  |  |  |  | 50 |  |  |  |

① 环境保护部《2014年全国大、中城市固体废物污染环境防治年报》,中国环境报2015-1-5;
② 《2015年全国大、中城市固体废物污染环境防治年报》,中国环境报2015-12-8;
③ 《2016年全国大、中城市固体废物污染环境防治年报》,中国环境报2016-11-23。

全国垃圾焚烧厂历年投运数量如图6-4所示。由图可知,我国垃圾焚烧厂的投运数量逐年增加,由2000年之前的2座快速增加到2015年底的224座,总焚烧规模约为$2.08 \times 10^5$ t/d,约占无害化处理能力的40%[9]。到2019年底已建成的生活垃圾焚烧厂近400座。预计到2021年底,中国生活垃圾焚烧厂将达600座,发电装机容量为$1.35 \times 10^7$ kW。在实施解决垃圾围城之际,人们注意到:我国村镇生活垃圾的年产生量已经超过城市的生活垃圾清运量[10]。

不少地区建设了固体废弃物综合处理的高科技静脉产业园区,起点高,技术水准一流,综合经济显著。垃圾处理处置的发展趋势是形成一个有机的整体,其可分为三个主

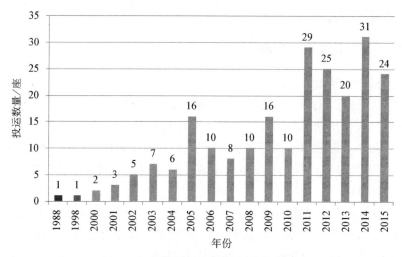

图 6-4　全国垃圾焚烧厂历年投运数量

要链接:即污染物治理链,从固体废弃物处理、烟气污染物净化到垃圾处理、污水处理;热电产业链和综合资源再生链。综合资源包括回收重金属、熔融玻璃渣的裂化建材等。

2) 垃圾发电产业

我国城市垃圾处理产业化发展可划分为初步产业化和全面产业化两个阶段的发展模式。先决条件是企业化和市场化,包括进行城市垃圾管理体制改革、实行经济核算、合理组织生产、建立和完善相应的法规。

为此,我国大部分省市依据相关政策,制定建设规划、环保评审乃至企业的设计、制造、安装建设,很快形成配套服务的产业链,吸引大批国内外的承包商。除了引进项目的样板工程外,本地化的垃圾发电配套主辅机逐渐占领市场。垃圾发电已经成为市场中不可或缺的重要产业,在这里面各行业有着重要的经济利益。

举例国内某些垃圾焚烧发电工程(不完全统计),一些城市生活垃圾焚烧发电经典工程如表 6-3 所示[11]。

表 6-3　一些城市生活垃圾焚烧发电经典工程

| 名称 | 规模、设备及烟气净化 | 特点 |
|------|----------------------|------|
| 杭州市杭州绿能环保 | 装机 7.5 MW,处理垃圾量 600 t/d($2\times10^5$ t/a)左右。$3\times150$ t/d 逆推炉排式垃圾焚烧炉,日本三菱重工和原杭州锅炉厂合作生产的配套余热锅炉,原杭州锅炉厂(新世纪环保)和中科院热物理研究所合作研发的循环流化+活性炭喷射+布袋烟气处理(Remedial®)+SNCR 脱硝系统+烟气在线监控系统等组成的垃圾焚烧处理生产线 | BOT 管理运作,成立于 2002 年。国家高新技术产业化示范工程建设重点项目,浙江省重点项目和杭州市重要基础设施项目 |

（续表）

| 名称 | 规模、设备及烟气净化 | 特点 |
|---|---|---|
| 海口市中电新能源 | 装机 $2\times12$ MW，$2\times600$ t/d 炉排垃圾焚烧炉，"干法脱硫（Turbo-Sorp）＋干法除尘（GORE）＋SNCR"工艺 | 达标排放，优于欧盟标准的排放限值 |
| 太原市同舟能源 | 3 台日处理 333 t 的日本荏原（EBARA）的 TIF 双内循环流化床垃圾焚烧炉，2 台 12 MW 汽轮发电机组，处理量 1 300 t/d，年垃圾处理量 $5\times10^5$ t/a，余热发电 1.1 亿度/年，建设期总投资 4.8 亿元。烟气净化采用"炉内加钙脱硫＋SNCR（炉内喷氨水）＋半干法＋干法（NaHCO₃）＋活性炭喷射＋高效布袋除尘及 PCDD/F（Remedia®）"方法 | 二噁英控制在新国标 GB 18485—2014 及欧盟标准内，并实现超低排放。山西省首家垃圾焚烧发电企业，成立于 2003 年 11 月。2009 年"山西省优秀企业""碧水蓝天工程先进单位" |
| 天津市泰达双港 | 处理垃圾量 $3\times400$ t/d（$4\times10^5$ t/a），年发电量 1.2 亿度。投资 5.8 亿元，采用世界先进成熟的炉排焚烧技术，烟气净化系统采用"旋转喷雾半干法＋活性炭喷射＋高效布袋（Superflex）"工艺 | 2006 年建设部"科技示范工程"。率先通过 ISO9000、ISO14000、OHSAS18000 质量环境职业健康安全的"三标一体化"认证 |
| 宁波市康恒鄞州 | 建设规模 $3\times750$ t/d，年处理垃圾 $7.5\times10^5$ t，炉排技术，去工业化设计。建设烟气处理工艺：SNCR＋半干＋干法＋活性炭喷射＋袋除＋SCR＋湿法＋GGH | 财政部第二批政府和社会资本合作（PPP）示范项目，严格排放标准（欧盟 2010） |
| 上海市城投老港 | 一期 $4\times750$ t/d，中温中压设计，装机 $2\times30$ kW，二期 $8\times750$ t/d，次高温次高压设计，装机 $3\times50$ kW。炉排炉，建设烟气处理工艺：SNCR＋半干＋干法＋活性炭喷射＋袋除＋SCR＋湿法＋GGH | 目前在建世界最大焚烧厂。预留三期。采用 BIM 三维设计，全过程数字化管控，全厂系统设备采用总线控制 |
| 佛山市瀚蓝南海绿电 | 一厂改扩建 $3\times500$ t/d，年处理垃圾 $6\times10^5$ t，炉排炉技术，年发电量 3.67 亿度是国内首个全数字化垃圾焚烧发电厂，建设烟气处理工艺：SNCR＋旋转喷雾半干＋干法＋活性炭喷射＋袋除（Superflex） | 2012 年被认定为国家"AAA"级无害化焚烧厂，国家住房和城乡建设部"市政公用科技示范工程" |
| 温州市伟明龙湾 | 设计日处理垃圾能力 1 800 t，炉排炉。一期 $2\times300$ t/d，2005 年 6 月投产。二期 $4\times300$ t/d，2016 年 9 月投产。建设烟气处理工艺：SNCR＋旋转喷雾半干＋干法＋活性炭喷射＋袋除＋SCR | 国家发改委"国家重点技术改造国债专项资金项目"；二期按照国家垃圾焚烧行业 AAA 级建设。集团为上市公司 |
| 南通市天楹海安 | 设计日处理垃圾能力 750 t，年处理垃圾 $2.475\times10^5$ t，炉排炉。总投资 2.685 亿元。装机 $2\times7.5$ MW。建设烟气处理工艺：SNCR＋旋转喷雾半干＋活性炭喷射＋袋除（Superflex） | 其集团公司为中国天楹股份有限公司，"2013 中国垃圾焚烧发电领军企业"，《江苏省"十二五"环保产业规划纲要》重点企业。集团公司 2016 年完成对欧洲 Urbaser 的收购 |

| 名称 | 规模、设备及烟气净化 | 特点 |
|------|----------------------|------|
| 江阴市光大江阴 | 设计日处理垃圾能力总共 2 200 t（一期 2×400 t/d，二期 1×400 t/d，三期 2×500 t/d），装机 1×12 kW+1×12 kW+1×25 MW。建设烟气处理工艺：SNCR＋旋转喷雾半干＋干法＋活性炭喷射＋高效袋除。企业国内首创长周期运行改造及水冷炉墙改造和烟气净化塔炉顶碱液喷入技术获得成功 | 光大国际连续 3 年获纳入全球顶尖的道琼斯可持续发展指数，连续 5 年纳入恒生可持续发展企业指数，获得《机构投资者》评选的"最受尊崇企业"殊荣和香港上市公会"企业管治卓越奖" |
| 北京市北控海淀 | 3×700 t/d，炉排炉。年发电量可达 2.6 亿度。烟气净化工艺：SDA 半干＋布袋除尘器＋烟气换热器（GGH）＋蒸汽加热器（SGH）＋脱硝（SCR） | 北京市海淀区循环经济产业园再生能源发电厂 PPP 项目，北京市重点项目 |
| 深圳市深能源盐田 | 日处理生活垃圾 450 t，2×225 t/d 焚烧炉，装机 1×6.5 MW汽轮发电机组。采用国产化的深能环保——SEGHERS 垃圾焚烧炉。烟气系统建设期引进欧洲STEINMÜLLER 技术，为半干＋高效布袋除尘技术。主厂区内建设了"驴友之家"休憩区，充分体现了"去工业化"的理念 | 2003 年 12 月建成投产。"倾斜往复阶梯垃圾焚烧炉及发电技术装备国产化项目"被国家经贸委评定为"国家资源节约与环境保护重大示范工程"。垃圾焚烧厂无害化等级 AAA 级评定 |

3）存在问题

目前，我国垃圾焚烧行业进入快速发展阶段，但在能源利用率、利益分配、运营和环保监控方面仍然存在一些问题。

（1）能源利用率不高　目前蒸汽轮机发电均采用朗肯循环系统。由于垃圾为低热值，又含有许多酸性物质，受高温腐蚀的限制，蒸汽系统参数选用中压中温，其发电效率维持在 23%～25% 的水平。国内研发的外置式过热器流化床锅炉机组可避免过热器高温腐蚀，采用次高压蒸汽参数，但由于没有供热系统，设计的热效率仍不高。

总体而言，能源转换效率的提高需要从多联产技术装备以及供给侧的结构改革着手。

（2）利益分配失衡　垃圾发电项目存在着潜在风险和收益不对等，学界称之为"邻避项目"。由此产生民众与政府、民众与项目方之间的对立和冲突，称之为"邻避冲突"。如 2015 年广东某地村民抗建垃圾焚烧厂事件以及 2016 年浙江某市垃圾焚烧项目群发事件导致项目中止或下马[12]。

对于垃圾发电项目的批量上马，在制度上缺乏一整套市场规范管理的模式。

在技术装备与管理上，往往沿袭燃煤小型火电设计规程、运行管理方式；再则管理人员、运行人员的培训水平差异等原因；缺乏完善的标准体系，实施的标准排放限值与国外存在较大差距。这些因素直接影响装备运行的性能指标，影响城镇化建设进程。

（3）生态环保监控　环境监控方面缺失。不少垃圾焚烧发电厂周边出现生态环境严重恶化的现象，导致大气环境、水体和土壤的生态污染，严重干扰城市、城镇居民的生活，影响居民的身体健康，引发多起群发性的民生问题。

### 6.1.3　总体规划

为了建设高标准清洁焚烧项目，2017年底，政府建立了符合我国国情的生活垃圾清洁焚烧标准和评价体系；到2020年底，全国设市城市垃圾焚烧处理能力占总处理的50%以上，全部达到清洁焚烧标准[13]。

以此为目标，"十三五"期间全国城镇生活垃圾无害化处理设施建设总投资约为2 518.4亿元。其中，无害化处理设施建设投资为1 699.3亿元，收运、转运体系建设投资为257.8亿元，餐厨垃圾专项工程投资为183.5亿元等。2020年城市生活垃圾处理处置目标如表6-4所示[14]。

表6-4　2020年城市生活垃圾处理处置目标

| 项目 | 无害处理率 | 覆盖度 | 焚烧处理能力 | 垃圾分类 |
|---|---|---|---|---|
| 单列市和省会城市 | 100% | 近零排放 | 50%<br>东部地区达60% | 垃圾回收率35%以上；基本建立餐厨垃圾回收和再生利用体系 |
| 其他设市 | 95% | | | |
| 县城（建成区）、镇 | 80%、70% | 无害化处理全覆盖 | | |
| 主要任务 | 全国规划新增生活垃圾无害化处理能力约$5.1\times10^5$ t/d（包含"十二五"续建$1.29\times10^5$ t/d） | | | |
| 投资估算 | 全国城镇生活垃圾无害化处理设施建设总投资约为2 518.4亿元 | | | |

说明：摘自"十三五"全国城镇生活垃圾无害化处理设施建设规划。

## 6.2　垃圾焚烧发电"近零排放"

目前，垃圾焚烧炉主要有炉排炉、循环流化床（CFB）和回转窑焚烧炉。在生活垃圾焚烧领域炉排炉居多，其次为CFB，回转窑焚烧炉几乎没有，回转窑主要在危险废弃物焚烧及水泥窑协同处置领域得到应用。虽然这两类设备的运行各有特色，但固体废弃物发电项目的环保评审关键在于三个指标，即清洁燃烧、焚烧产生污染物的"近零排放"处理和投资回报率。

## 6.2.1 烟气超低排放

垃圾焚烧发电工程排放的烟气中的主要污染物为颗粒物、酸性气体（HCl、HF 和 SO$_x$ 等）、重金属及二噁英类物质等，必须进行净化处理。2014 年 9 月，国家发改委、环保部、国家能源局联合印发《煤电节能减排升级与改造行动计划（2014—2020 年)》，超低排放（6% 基准氧条件下，NO$_x$≤50 mg/Nm$^3$，SO$_2$≤35 mg/Nm$^3$，粉尘≤10 mg/Nm$^3$）的呼声越来越高，实施超低排放逐步成为一种方向和目标，特别是经济发达及严控区，地方政府纷纷鼓励要求垃圾焚烧等行业实施超低排放改造。

### 6.2.1.1 标准与实施

在垃圾焚烧发电产业高速发展的同时，垃圾焚烧所产生的烟气排放问题受到人们的高度重视。我国垃圾焚烧发电烟气排放标准中对污染物的要求也越来越严格。

1）垃圾焚烧相关标准

标准是实践的准绳，与相关法规一起，构建了我国现有的焚烧标准体系（见表 6-5）。自 2016 年 1 月 1 日起生活垃圾焚烧炉执行环境保护部和国家质量监督检验检疫总局最新发布的标准——《生活垃圾焚烧污染控制标准》（GB 18485—2014）。

**表 6-5 垃圾焚烧相关法律法规**

| 标准、法规 | 名称 | 实施时间 | 备注 |
| --- | --- | --- | --- |
| GB 30485—2013 | 水泥窑协同处置固体废物污染控制标准 | 2014 年 3 月 1 日 | 利用现有设备协助处置 |
| GB 18485—2014 | 生活垃圾焚烧污染控制标准 | 2014 年 7 月 1 日 | 指导建设项目污染控制 |
| RISN-TG018—2015 | 生活垃圾流化床焚烧厂评价技术导则 | | 评定 CFB 焚烧厂等级 |
| RISN-TG016—2014 | 生活垃圾流化床焚烧工程技术导则 | 2014 年 5 月 | 首部 CFB 焚烧指导手册 |
| CJJ/T 137—2010 | 生活垃圾焚烧厂评价标准 | 2010 年颁布 | |
| CJJ/T 212—2015 | 生活垃圾焚烧厂运行监管标准 | 2015 年 9 月 | |
| 建城[2016]227 号 | 国家危险废物名录(2016 版)关于进一步加强城市生活垃圾焚烧处理工作的意见 | 2016 年 10 月 | 飞灰被认定为危险废物(772-002-18) |

（续表）

| 标准、法规 | 名称 | 实施时间 | 备注 |
|---|---|---|---|
| 全国人民代表大会常务委员会 | 中华人民共和国固体废物污染环境防治法 | 2016 年 11 月 7 日修订版 | 适用于固体废物污染环境的防治 |
| 发改环资〔2016〕2851 号 | "十三五"全国城镇生活垃圾无害化处理设施建设规划 | 2016 年 12 月 31 日 | 规划期限：2016—2020 年 |
| RISN-TG022—2016 | 生活垃圾清洁焚烧指南 | 2016 年 12 月颁布 | 建立生活垃圾清洁焚烧评价指标体系 |
| DL/T 1842—2018 | 垃圾发电厂运行指标评价规范 | 2018 年 4 月 3 日发布 | 2018 年 7 月 1 日实施国家能源局 |
| DL/T 1843—2018 | 垃圾发电厂危险源辨识和评价规范 | 2018 年 4 月 3 日发布 | 2018 年 7 月 1 日实施国家能源局 |

《生活垃圾焚烧污染控制标准》(GB 18485—2014)适用于生活垃圾焚烧厂、工业窑炉协同处置生活垃圾的情况。当掺加生活垃圾的质量超过入炉(窑)物料总质量的30%时,其污染控制按照该标准执行。

2)垃圾焚烧排放标准比较

我国标准(GB 18485—2014)与欧盟标准比较接近(见表 6-6)[15],在基准氧11%、大气温度 273.16 K、压力为 101.325 kPa 条件下有着相同的颗粒物、氮氧化物、二氧化硫、氯化氢、汞及其化合物、镉、铊及其化合物(锑、砷、铅、铬、钴、铜、锰、镍及其化合物)、二噁英类、一氧化碳 9 类排放限值;缺少对烟气中未燃尽的气态有机物以及HF 的限值,以及标准中没有明确容量小于 300 t/d 的生活垃圾焚烧设施的排放限值,乃至农村垃圾小规模焚烧设施大气排放无标准可依[16]。

表 6-6　中国垃圾焚烧污染物排放限值　　　　　单位:mg/m³

| 污染物名称 | GB 18485—2014 | | EU 2000/76/EC | |
|---|---|---|---|---|
| | 日均值 | 小时均值 | 日均值 | 半小时均值 |
| 烟尘/(mg/Nm³) | 20 | 30 | 10 | 30 |
| 氯化氢(HCl)/(mg/Nm³) | 50 | 60 | 10 | 60 |
| 氟化氢(HF)/(mg/Nm³) | — | — | 1 | 4 |
| 二氧化硫(SO₂)/(mg/Nm³) | 80 | 100 | 50 | 200 |
| 氮氧化物(NOₓ)/(mg/Nm³) | 250 | 300 | 200 | 400 |
| 总有机碳(TOC)/(mg/Nm³) | — | — | 10 | 20 |

（续表）

| 污染物名称 | GB 18485—2014 | | EU 2000/76/EC | |
|---|---|---|---|---|
| | 日均值 | 小时均值 | 日均值 | 半小时均值 |
| 一氧化碳(CO)/(mg/Nm³) | 80 | 100 | 50 | 100 |
| 汞(Hg)/(mg/Nm³) | 0.05 | | 0.05 | |
| 镉＋铊(Cd＋Tl)/(mg/Nm³) | 0.1 | | 0.05 | |
| 铅(Pb)等其他重金属/(mg/Nm³) | 1.0 | | 0.5 | |
| 二噁英类/(ng TEQ/Nm³)① | 0.1 | | 0.1 | |

① TEQ 是 toxic equivalent quantity 的缩写,意思是毒性当量。

针对不同类型的垃圾焚烧厂,美国标准分别设定为大于 250 t/d,35～250 t/d,小于 35 t/d 三种规模。

对于二噁英类的排放,中国和欧盟采用毒性当量浓度,即各二噁英类同类物浓度折算为相当于 2,3,7,8-四氯代二苯并-对-二噁英毒性的等价浓度,毒性当量浓度为实测浓度与该异构体的毒性当量因子的乘积。

3) 焚烧烟气净化技术路线

生活垃圾焚烧烟气的净化技术随排放限值的要求而改变。烟气净化技术的主流工艺如下:干法/半干法脱硫＋喷注活性炭＋布袋除尘;静电除尘因会合成二噁英,在焚烧行业限制使用,我们国家标准也不例外。有的在前端增加 SNCR,有的在末端增加湿式脱硫塔配置 GGH/SGH 系统的 SCR。烟气净化的技术趋势是加强干法的应用比例,尤其是高效干法的应用,有很多优势。其除尘、脱硫、脱硝和除汞的技术演化可参阅本书第 2 章"燃煤烟气除尘技术"和第 3 章"燃煤烟气脱硫、脱硝、除汞与超低排放技术"的内容。

目前较多生活垃圾焚烧工程案例烟气净化工艺采用"半干法＋干法"净化工艺,该工艺无废水污染物产生,广泛应用于垃圾焚烧领域。随着环保要求的提升,湿法工艺在大型焚烧项目上获得应用,如上海老港、杭州九峰、宁波鄞州等项目。湿法同时存在投资大,增加废水处置成本,需要额外占地等问题。

实现酸性气体的超净排放,可引入新型"高效干法",即 Bicar 高效干法。

传统干法工艺对污染物的去除效率不高,为了有效控制酸性气态污染物的排放,必须增加固态吸收剂在烟气中的停留时间,保持良好的湍流度,使吸收剂的比表面积足够大。为实现酸性气体"超净"排放,干法净化工艺为高效干法,所用的吸收剂为 $NaHCO_3$ 粉末,属于领先技术。干法净化工艺的组合形式一般为吸收剂通过干法工艺反应塔(或烟道)喷射,并辅以后续的膜材料高效除尘器。喷入 $NaHCO_3$ 粉末的目的在于去除烟气中的酸性气体,使得 HCl 和 $SO_x$ 排放浓度严格达到超净的要求(小于 5 mg/Nm$^3$),甚至更低。

NaHCO$_3$ 遇热(对于工程现场应用,建议 170℃以上)分解,产生多孔颗粒,极大提高了脱酸效率,这种称为"爆米花"效应的化学过程是小苏打实现高效而达到超净的基本原理。

#### 6.2.1.2　除尘脱硫脱硝

目前,国内垃圾焚烧烟气净化工艺一般选用 SNCR(效率为 30%～50%)＋半干法/干法脱酸＋活性炭吸附＋布袋除尘＋选择性催化还原(SCR)。工程采用 V$_2$O$_5$-WO$_3$/TiO$_2$ 脱硝催化剂。

1) 除灰

固体污染物有炉渣和飞灰。每吨生活垃圾焚烧后约产生 20% 炉渣。飞灰因含有大量重金属和二噁英类物质被列为危险废弃物,需要特殊填埋处置。

中国生活垃圾焚烧行业普遍采用先进的"膜"技术,通过表面过滤实现"超低排放"(20 mg/Nm$^3$)和"超净排放"(5 mg/Nm$^3$)[17]。

该领域最新成果是美国开发的低排/低阻技术,该技术可实现的过滤效率如表 6-7 所示。

表 6-7　颗粒度与过滤效率

| 颗粒度/μm | 过滤效率/% | 颗粒度/μm | 过滤效率/% |
|---|---|---|---|
| 0.10～0.12 | 99.715 515 | 0.35～0.45 | 99.999 825 |
| 0.12～0.15 | 99.827 156 | 0.45～0.60 | 100.000 000 |
| 0.15～0.20 | 99.937 851 | 0.60～0.75 | 100.000 000 |
| 0.20～0.25 | 99.985 558 | 0.75～1.00 | 100.000 000 |
| 0.25～0.35 | 99.996 895 | | |

2) 协同脱污技术

从技术经济角度上讲,通过单一设备脱除某种污染物以满足国家或地方日益趋严的排放标准在技术上虽然可行,但是可能比通过两个或多个环节/设备以合理分担协同脱污的方式来实现要付出更多的代价,因此,可以通过开发协同脱污技术实现污染物的达标排放,并实现经济、稳定的运行。

(1) 脱除 NO$_x$、二噁英　国外一些公司在功能滤材上有所突破,除了捕集粉尘外,可以应用在低温(180℃)脱硝及脱二噁英一体化中,并取得商业运行。

在无额外添加活性炭的前提下,滤必达(Remedia®)技术可将二噁英从 10 ng TEQ/Nm$^3$ 脱除至 0.1 ng TEQ/Nm$^3$。

目前 SNCR 技术无法达到足够低的 $NO_x$ 和 $NH_3$ 排放水平,欲满足最新 $NO_x$ 和 $NH_3$ 的排放限值成本较高。对此,欧盟正在审查关于垃圾焚烧的 BREF 文件,将其中 $NO_x$ 和 $NH_3$ 的排放限制确定为关键的环境考量因子。

一般而言,现有设施的 SCR 反应塔投资成本较大。由于占地面积、净空高度、引风机容量以及其他因素的影响,现有设施进行 SCR 改造的投资比初建 SCR 投资要高出 30%～50%。

戈尔公司凭借催化过滤领域 15 年以上的经验,开发出一种降低 $NO_x$ 和 $NH_3$ 排放的全新方法。脱硝催化滤袋将用于颗粒物去除的外层滤袋与用于 $NO_x$ 和 $NH_3$ 减排的含催化剂内层滤袋结合在一起。外层透气膜过滤器直接位于最初进气上游位置,因而可以防止颗粒物接触催化剂表面。与 SCR 内部不同的是,气体都能紧贴着密集填充的催化剂颗粒流过[18]。

开发的脱硝布袋($Gore^®$/SCR)技术使得除尘、脱硝实现一体化,高效脱除 $NO_x$、控制 $NH_3$ 逃逸和控制烟尘(见图 6-5)。对于布置在布袋除尘器后的 SCR,因烟温低,需要 GGH 或 SGH 加热到适当烟气温度。由于使用换热器需消耗热能,为节约运行成本,通常仅将烟气温度提升至可允许的最低运行温度。最低运行温度由 SCR 反应器入口 $SO_3$ 浓度决定。$SO_3$ 浓度为烟气中原有 $SO_3$ 和部分 $SO_2$ 氧化为 $SO_3$ 的浓度之和。经脱酸系统后,烟气中仅剩余极少量 $SO_3$ 和一定量 $SO_2$,所以可视为最低运行温度仅由 $SO_2$ 氧化生成的 $SO_3$ 浓度决定,进而认为直接由 SCR 入口处烟气中的 $SO_2$ 浓度决定(见表 6-8)[19]。

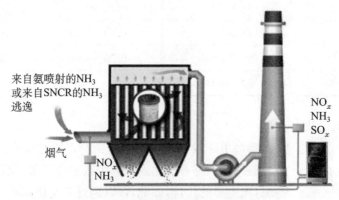

图 6-5 高效脱硝布袋工艺示意图

表 6-8 $SO_2$ 浓度与最低运行温度的关系

| $SO_2$ 浓度/(mg/Nm³) | 0 | 5 | 10 | 15 | 20 | 30～50 |
|---|---|---|---|---|---|---|
| 最低运行温度/℃ | 180～200 | 200～210 | 215 | 220 | 225 | 230 |

例如,北京高安屯 $3 \times 600$ t/d 焚烧炉烟气净化工程,烟气净化采用"SNCR+半干法(Ca(OH)$_2$ 浆液)+干法(NaHCO$_3$)+活性炭喷射+袋式除尘器+SCR"的净化工艺。SCR 系统采用 V$_2$O$_5$ - WO$_3$/TiO$_2$ 蜂窝催化剂,每条焚烧线配置一台反应器,催化剂运行温度为 235℃ 左右。

温州龙湾伟明环保工程烟气净化工艺过程为"SNCR+半干/干法脱酸+活性炭喷射+布袋除尘(膜过滤 GORE)+SCR"。SCR 脱硝运行温度为 200℃ 左右。

催化剂中温下运行与低温下运行工程的应用情况如表 6-9 和表 6-10 所示。

表 6-9　催化剂在中温与低温运行下的应用比较

| 名称 | 中温 | 低温 | 备注 |
|---|---|---|---|
| 烟气运行温度/℃ | 200~260 | 180~200 | |
| 烟气/烟气换热器 GGH | 需要 | 不需要 | |
| 蒸汽/烟气换热器 SGH | 需要 | 需要 | |
| 热能消耗 | 大 | 小 | |
| 热再生 | 在 SO$_2$ 浓度允许范围内,不需要 | 必须使用 | 阶段性使用 |
| 脱酸要求 | 低 | 高 | |
| 催化剂体积 | 少 | 多 | 温度及其他参数要求 |

表 6-10　项目参数比较

| 名称 | 北京高安屯生活垃圾烟气净化工程 | 浙江永强生活垃圾焚烧烟气净化工程 |
|---|---|---|
| 烟气流量/(Nm³/h) | 142 490(湿基,6.2%O$_2$) | |
| | 162 220(湿基,8%O$_2$) | 100 000(湿基,8%O$_2$) |
| 运行温度/℃ | 235 | 180 |
| 入口 NO$_x$ 浓度/(mg/Nm³) | 300(干基,11%O$_2$) | 150(干基,11%O$_2$) |
| 出口 NO$_x$ 浓度/(mg/Nm³) | 80(干基,11%O$_2$) | 90(干基,11%O$_2$) |
| 脱硝效率/% | 73.3 | 40 |
| 催化剂体积(单台 SCR)/m³ | 22.03 | 24.62 |

(2) 脱硫、除汞协调技术　美国[20]研发了一种模块化脱硫除汞技术(GORE/SPC)。根据设计,模块安装在湿式脱硫塔顶部,借助模块内的催化成分,使 SO$_2$ 转化为 SO$_3$,在饱和水蒸气的环境下反应为硫酸,并下落到浆池脱酸。它具有高的脱硫、

除汞效率,其产品已经投放在电厂和污泥垃圾焚烧炉上。

### 6.2.1.3　二噁英脱除技术

垃圾焚烧发电已成为当前国内外垃圾处理"减量化、无害化、资源化"的最重要途径。但是在垃圾焚烧过程中易产生大量的二噁英和呋喃,而二噁英是目前世界上最具毒性的有机物之一,在极小剂量下对动物即具有致命的毒性。因此,垃圾焚烧过程中二噁英的控制已成为发展垃圾焚烧技术迫切需要解决的问题。

1) 二噁英

二噁英是多氯代二苯并-对-二噁英(PCDD)和多氯代二苯并呋喃(PCDF)的统称。这一类分子毒性随附加元素的不同而不同,2,3,7,8-四氯代二噁英毒性最强。它的毒性是砒霜(三氧化二砷)的 $900\sim1\ 000$ 倍[21]。

二噁英分子式为

其中 1,2,3,4,6,7,8,9 位中的氢原子被氯原子取代,成为氯代二苯并二噁英。因氯原子取代个数不同及取代位置不同,形成结构和性质都很相似的包含众多同类物或异构体的两大类有机化合物。二噁英包括 210 种化合物,这类物质非常稳定(705℃),极难溶于水,是无色无味的脂溶性物质。在含有氯离子、一氧化碳、二氧化碳和水分子的烟气降温(300~400℃)区间,会重新化合成二噁英分子。

2) 二噁英产生

无论采用炉排炉还是循环硫化床,焚烧过程不可避免地会产生二噁英污染。

二噁英是一种典型的性质稳定的持久性有机污染物(POP),具有致癌、致畸、致突变的"三致"危害,不仅是《关于持久性有机污染物的斯德哥尔摩公约》最早一批需在全球范围严控的 POP,也被世界卫生组织列为"引起重大公共卫生关注的 10 种化学品"之一。城市垃圾焚烧产生的二噁英占排放总量的 $10\%\sim40\%$,是最主要的污染源之一。

形成二噁英的最主要方式是飞灰表面异相催化反应。在 $250\sim500$℃温度条件下,二噁英既可由前驱物的催化反应合成,又可以通过 De-nove 反应使飞灰中的残碳与氢、氯、氧等原子结合逐步生成[22]。

国外研究人员对原生垃圾样品中二噁英的含量进行研究,发现城市生活垃圾中二噁英含量为 $6\sim50$ ng I-TEQ①/kg。对应于中国的垃圾条件,有些研究者认为此数

---

① I-TEQ,国际毒性当量。

值应为 11 ～ 255 ng I-TEQ/kg。垃圾焚烧炉烟气中二噁英的平均浓度为 14.47 ng I-TEQ/Nm³,大大超过 0.1 ng I-TEQ/Nm³ 的排放标准[23]。

3) 控制措施及常态达标技术路径

常态达标是政府的实际要求和企业不断追求的最佳状态,即企业二噁英排放值能在任何时间和情况下都达到环保标准的相关要求。近年来,中国大气污染的整治督查已成为政府工作的重要任务,环保部门频繁抽查暗访各地涉及排污的工厂,尤其是加强"飞行检查",其实就是为了确保常态达标。

(1) 更加全面和严格的监督体系　环保部原六大区域环保督查中心"升级"为督察局。督察局的一大新增职能是承担中央环保督察相关工作,进一步强化督政,这也意味着中央环保督察将成为常态。生态环境部向媒体通报 2018 年 1—10 月,全国共下达处罚决定书 145 167 份,罚没款金额为 118.295 亿元。

(2) 多部环境法与环境保护方案正式开始实行　据统计,短短两年时间我国已出台了 25 部与环境保护相关的法律法规。2018 年 1 月 1 日我国开始推行第一部专门体现"绿色税制"的《中华人民共和国环境保护税法》,环保税实行的是定额税率,即多排多缴,少排少缴。环保税负的差异,最终将带来产品价格、生产规模等差异,倒逼企业转型升级。

(3) 国家标准极大程度提高了对二噁英等污染物排放的控制要求　环境保护部和国家质量监督检验检疫总局联合发布了最新一版《生活垃圾焚烧污染控制标准》(GB 18485—2014),其中大大提高了对二噁英等污染物排放的控制要求。在生活垃圾焚烧炉排放烟气中,二噁英类的污染物限值由旧标准的 1.0 ng TEQ/Nm³ 降低为 0.1 ng TEQ/Nm³。

4) 主管部门对生活垃圾焚烧厂进行日常监督性监测

环保部门将采取随机方式对生活垃圾焚烧厂进行日常监督性监测,对焚烧炉渣热灼减率与烟气中颗粒物、二氧化硫、氮氧化物、氯化氢、重金属类污染物和一氧化碳的监测应每季度至少开展 1 次,对烟气中二噁英类的监督性监测应每年至少开展 1 次。

浙江大学热能所于 2018 年宣布开发了世界上首款二噁英在线监测仪,目前在完善中。但行业中二噁英污染物的检测不能实现在线检测,一般采用高分辨率气相色谱/高分辨率质谱法(HRGC/HRMS),包括样品采集、提取浓缩、钝化、色谱分析、数据处理等,检测频率为 1～2 次/年。

为此对垃圾焚烧系统采用如下控制措施:

(1) 垃圾入炉前分类。减少入炉塑料类物质,剔除厨余及金属,控制入炉垃圾的含氯量。

(2) 控制焚烧条件,实施垃圾焚烧"3T"原则。基于燃烧温度大于 850℃条件下,合理控制助燃空气的风量、温度和注入位置,加强炉内湍流度,延长焚烧烟气在炉内的停留时间(大于 2 s),可以有效降低炉内二噁英的生成。

(3)吸附催化作用。用活性炭吸附法去除二噁英,或者喷白云石[主要是 $CaMg(CO_3)_2$]150 kg/t(垃圾),灰中二噁英可减少 94%。硫化物除了可以固定 $Cl^-$ 外,还可以与炉内飞灰中催化二噁英生成的 $CuO$ 等物质反应,降低二噁英生成。

按照统计,每处理1 t 生活垃圾需要消耗约 0.3 kg 活性炭。要达到二噁英排放国家标准 0.1 ng I-TEQ/Nm$^3$,约需要喷射活性炭 0.5 kg/t(垃圾)。

5)二噁英处理新技术

在二噁英催化降解技术中,应用最为成熟的有美国戈尔公司的滤必达技术[24](见图 6-6)和荷兰皇家壳牌公司的 SDDS 技术。催化剂活性温度在 200℃左右,克服传统高温 SCR 催化剂活性需要 350℃温度的弊端。

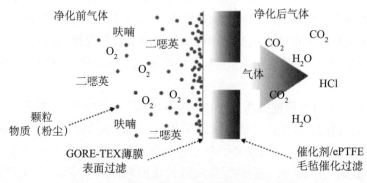

图 6-6 滤必达滤袋的二噁英催化氧化分解

(1)技术核心:分离及化学催化 美国戈尔公司首创的独特控制二噁英工艺由膨体聚四氟乙烯(ePTFE)构成的戈尔薄膜与催化基料复合而成,通过催化过滤和表面过滤相结合解决垃圾焚烧中的二噁英控制。薄膜能够将微细颗粒拦截在过滤器表面,当清灰时,粉尘会从滤袋表面掉落并被收集到袋式除尘器的灰斗中,气态二噁英类物质穿过戈尔薄膜进入催化底料,在催化剂作用下二噁英即刻发生氧化分解反应,分解为极微量的 $CO_2$、$H_2O$ 与 HCl,确保过滤后的气体无毒无害,达到环保标准[25]。

目前针对二噁英处理手段可分为前处理技术、过程控制减排技术与尾气处理技术三大类。其中,前处理技术理论上本应是最佳治本的科学方法,可是由于目前受到工程设备实践中的各种限制,较难实现。而过程控制减排二噁英也由于需要对燃烧条件、燃烧温度、燃烧时间、燃烧时的氧气浓度以及添加抑制生成剂的控制,使得其难以真正在生产中落实减排效果。此外,“喷炭技术”难以实现二噁英类有害物质彻底减排。

在尾气处理技术中二噁英末端控制法因其具有"Police Filter"功能而广泛采用，这些方法主要包括活性炭吸附法、选择性催化分解法(SCR)以及滤必达催化过滤系统。活性炭吸附技术是目前我国企业最常用的方法之一，而在实际应用中因受到活性炭品质、面积、喷射均匀程度和在管道内停留时间及烟气温度的制约，不仅二噁英去除效率大打折扣，关键难以做到"常态达标"。不仅如此，二噁英也只是从烟气中进入活性炭孔隙，实际上并未彻底分解[18]。

滤必达催化过滤系统因能实现常态达标获得全世界广泛使用，在中国上海、杭州、太原、长春、北京等重点焚烧工程已使用该技术，有的已超过6年，仍在使用，实现PCDD/F二噁英"常态达标"。

除了滤必达技术外，处于研究或中试阶段的技术有光催化技术、电子束分解技术、等离子技术、催化分解技术。

(2)滤必达技术应用案例　杭州生活垃圾焚烧厂——针对GB 18485—2014标准的颁布，由大型国有环保企业在杭州投资的国内第一批现代化垃圾焚烧厂在行业内第一个引进了滤必达催化滤袋，并分别于2013年、2014年完成更换，在没有增加额外设备的情况下，该厂当年PCDD/F二噁英指标均低于0.1 ng TEQ/Nm³欧标，不再需要喷射活性炭，这家生活垃圾焚烧厂也因此成为PCDD/F的"蓝色焚烧厂"样板工程。

6) 二噁英排放行业标准及检测标准

2001年11月12日，国家环境保护总局与国家质量监督检验检疫总局联合发布《危险废物焚烧污染控制标准》(GB 19484—2001)，规定了二噁英排放限值为0.5 ng TEQ/m³。2014年GB 18484征求意见稿规定了二噁英排放限值为0.1 ng TEQ/m³。

2008年12月31日，环境保护部发布《环境空气和废气二噁英类的测定同位素稀释高分辨气相色谱-高分辨质谱法》(HJ/T 77)。

2012年6月27日，环境保护部与国家质量监督检验检疫总局联合发布《钢铁烧结、球团工业大气污染物排放标准》(GB 28662—2012)，规定烧结及球团工业建设项目的大气二噁英排放限值为0.5 ng TEQ/m³。

2012年6月27日，环境保护部和国家质量监督检验检疫总局联合发布《炼钢工业大气污染物排放标准》(GB 28664—2012)，规定炼钢工业建设项目的大气二噁英排放限值定为0.5 ng TEQ/m³。

2014年5月16日，环境保护部和国家质量监督检验检疫总局联合发布《生活垃圾焚烧污染控制标准》(GB 18485—2014)，将烟气中二噁英类物质的排放限值由1.0 ng TEQ/m³修订为0.1 ng TEQ/m³。

2017年12月28日，环境保护部发布《环境二噁英类监测技术规范》。

以上标准都规定了二噁英指标每年监测一次。

7）二噁英污染防治政策及环境二噁英监测要求

2007年4月,我国颁布了《中华人民共和国履行〈关于持久性有机污染物的斯德哥尔摩公约〉国家实施计划》。

2008年《关于进一步加强生物质发电项目环境影响评价管理工作的通知》(环发〔2008〕82号文)中要求垃圾焚烧厂对环境空气和土壤二噁英进行监测。并且规定在国家尚未制定二噁英环境质量标准前,对二噁英环境质量影响的评价参照日本年均浓度标准($0.6 \mathrm{pg\ TEQ/m^3}$)评价。

2010年10月19日环境保护部等九部委联合发布了《关于加强二噁英污染防治的指导意见》。

2015年12月24日,环境保护部发布《重点行业二噁英污染防治技术政策》。

## 6.2.2 危废焚烧行业烟气超净排放工艺新趋势

目前在危废行业普遍的工艺路线是急冷塔后采用干法加布袋除尘,后置湿法工艺。该工艺复杂且无法实现危废行业超净排放的趋势。双布袋(催化)工艺实现高效干法在危废领域取代湿法工艺。在青岛、上海等地已有落地项目。

长期以来,危废焚烧行业普遍使用湿法工艺实现烟气的"净化",但湿法产生废液,后续处理形成环保风险,有些湿塔因设计等不到位,改造超低排放投资大,运行成本高。

1）双布袋(催化布袋)双Bicar干法系统

该系统流程简单,系统可靠,并实现"超低排放"效果,尤其可实现二噁英"常态达标"。图6-7所示为新型干法双布袋系统在危废焚烧行业的应用。

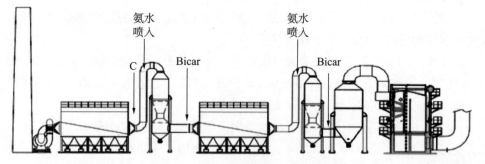

图6-7 新型干法双布袋系统在危废焚烧行业的应用

干法净化工艺为高效干法,利于酸性气体"超净"排放。所用的吸收剂为小苏打($NaHCO_3$)粉末。干法净化的工艺组合形式一般为吸收剂通过干法工艺反应塔(管道)喷射(见图 6-8),并辅以后续的膜材料高效除尘器。喷入 $NaHCO_3$ 粉末的目的在于去除烟气中的酸性气体,使得 HCl 和 $SO_x$ 排放浓度严格达到超净的要求(小于 $5\ mg/Nm^3$),甚至更低。

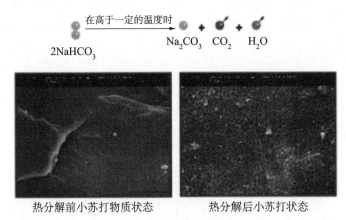

在高于一定的温度时

$2NaHCO_3 \longrightarrow Na_2CO_3 + CO_2 + H_2O$

热分解前小苏打物质状态　　　热分解后小苏打状态

**图 6-8　小苏打的"爆米花"效应**

$NaHCO_3$ 遇热分解,产生多孔颗粒,极大提高脱酸效率,这种称为"爆米花"效应的化学过程是小苏打实现高效而达到超净的基本原理。在该机理具体工程实践中,磨粉机的应用使系统经济性获得提升。

2) 案例

上海市行政区域内首个医疗废物、危险废物和一般工业固废处置中心分别于 2013 年和 2014 年直接更换了滤必达催化滤袋装置。在不停炉及不需要改造设备的情况下,当年 PCDD/F 二噁英指标均低于 $0.1\ ng\ TEQ/Nm^3$(欧标),粉尘排放协同达到 $10\ mg/Nm^3$(欧标)。

该项目因二噁英严格达到欧标,于 2015 年获得中国环保部与世界银行的嘉奖。据不完全统计,该中心也是目前全球最大的医废集中焚烧处置中心。

## 6.2.3　对重金属的控制技术

国家生态环境部已颁布指令限制有毒有害废物焚烧烟气中重金属的排放。

该指令中规定了 10 种金属被认为有毒有害或可致癌。其中的可致癌金属包括砷、铍、镉和铬;其中的有毒有害金属包括锑、钠、铅、汞、银和铊。由于这些金属元素本身所固有的特性,它们在焚烧过程中并没有破坏。

由此,重金属污染物必然随烟气从焚烧炉排出或存在于焚烧残渣中,从炉底排出;受某些操作参数如助燃空气流速及气流分配方式的影响,一部分重金属随烟气流从焚烧炉排出。也就是说,受金属种类本身特性及焚烧炉操作条件的影响,重金属污染物在焚烧炉中蒸发后以气态的形式存在于烟气中,也可以固态的形式附着在颗粒物上随烟气排出。这些重金属污染物进入烟气之后,受多种因素的影响,气态形式的一部分可能发生凝聚从而被净化设备捕集,也可能由于净化设备能力不足等原因没有被捕集而排入大气,也可能以气态的形式穿过净化设备并在排放过程中发生凝聚。

重金属污染物排放的可能性都存在,焚烧炉烟气污染物排放途径如图 6-9 所示。

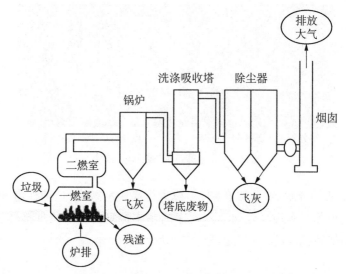

**图 6-9 焚烧炉烟气污染物排放途径[26]**

1)重金属存在形式

重金属污染物在烟气中的存在形式与相应金属成分的蒸发点(挥发温度)有密切关系。由于汞和砷的挥发温度很低,因此,这两种重金属污染物的净化较困难。

重金属及其化合物的凝聚方式主要有两种。其一为均质凝聚,其二为非均质凝聚,这两种凝聚过程在飞灰和吸收剂表面完成以形成新的固体颗粒物。研究表明,均质凝聚过程可"双向"进行,即可在亚微米级的细小颗粒物和粒径约为 10 $\mu m$ 的较大颗粒物表面完成均质凝聚过程;而非均质凝聚过程则主要在亚微米级的颗粒物表面完成,这是由于细小的颗粒物具有较大的比表面积。因此,烟气中亚微米级的细小颗粒物比粒径较大的颗粒物所含的挥发性重金属量高得多,即挥发性重金属成分大部分存在于亚微米级的细小颗粒物上。典型的焚烧炉尾气净化系统最初设计成以去除飞灰为目的,这样的设计极易导致含有大量金属污染物的细小颗粒物排入大气。由于这个原因,在烟气排入大气之前利用净化设备高效捕集亚微米级的颗粒物就显得极为重要。

砷和汞受到特别的关注。这两种物质以气态的形式存在于烟气净化系统内的烟气流中,在焚烧炉内更是如此。

最近的研究表明,某些物理的或化学的因素可能使砷的挥发性减弱。该研究还表明,随着焚烧炉内温度的增加,砷的挥发性增强,这与热力学理论是吻合的。这项研究还发现,气态形式的砷占其总量的60%。还有几组测试数据表明,在焚烧残渣中含有较多的砷。

汞具有极强的挥发性。这一性质决定了汞在焚烧过程中必将以气态的形式存在于烟气中直至从烟囱排入大气为止。然而,一些研究人员认为,汞可能以其他形式(非单质)存在于烟气中,如亚汞(一价汞,$Hg^+$)或氯化汞($HgCl_2$)。这些汞的化合物成分可在较低的温度条件下发生凝聚,甚至以氧化汞($HgO$)的形式存在,而$HgO$在较高的温度条件下仍呈固态。

2)汞处理工艺

为了减少汞的排放,可在低温条件下采用干法吸收并辅之以下列工艺:采用石灰或石灰浆液吸收剂;使烟气的温度降至300°F(149℃);GORE/SPC技术,汞净化器;布袋除尘器;添加活性炭吸附剂。

活性炭和活性粉煤灰对$HgO$的形成具有催化作用,即使在较高的温度下也可完成催化反应。该催化反应过程一般发生在570～930°F(299～499℃)的温度范围内。这样,以气态形式存在的单质汞转化为固态的化合物。尽管如此,由于亚微米级的颗粒物中还含有大量的汞及其他种类的重金属,高效膜法布袋除尘器仍是不可缺少的净化设备。

最新开发出了吸附性高分子催化剂(GORE/SPC)技术(见图6-10)。该催化剂

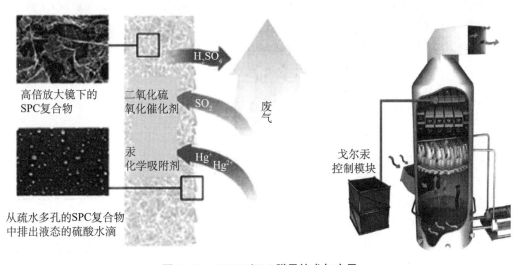

**图6-10　GORE/SPC脱汞技术与应用**

是通过化学反应,以稳定的汞化合物固化汞,从气流中有效吸附元素汞和氧化汞的一种特殊物质。这种物质具有极强的汞储存能力,从而延长模块的使用时间。

SPC的研发针对气相吸附,可在苛刻的环境下运行:如含有酸性气体的水分饱和的低温气流中。疏水结构不仅能避免被液体充斥,而且该物质也将二氧化硫转化为硫酸,该排放控制系统是一项协同效应。持续产生的酸性有助于防止模块受到残留的灰尘或洗涤器遗留物的影响。

此外,在气流中,GORE/SPC不受三氧化硫的影响,避免了传统的汞吸附剂的渗入问题。

安装在特定收集系统末端的离散堆叠模块具有抗腐蚀性,在无须任何调整、更新或替换的情况下就可以持续多年吸附汞。此外,它还可产生消除二氧化硫的协同效应,减少对洗涤器更换的需求。

3）SPC技术特点

无须注入吸附剂:不影响飞灰性质。不影响颗粒排放。

无须使用氧化剂:空气预热器无腐蚀情况。无WWT系统并发问题。

零排放技术:无须增压风机。可靠的适用性解决方案。

对煤的变化或负载变化不敏感。

不受三氧化硫的影响。

二氧化硫协同精细控制效应。

模块化分析:可脱除20%～90%以上的汞。

4）案例

美国东部某550 MW燃煤电厂由AECOM技改工程总承包,2016年春季调试,实现汞排放小于1 $\mu g/m^3$。长期稳定运行。通常入口汞浓度为5～10 $\mu g/m^3$。预计使用寿命10年。

SPC脱汞技术可应用于燃煤火电机组上。有关脱汞内容参见本书第3.4节"脱汞研究"。

### 6.2.4 渗滤液处理

垃圾焚烧发电厂产生的废水主要是垃圾渗滤液,该废水主要来自垃圾坑,是垃圾发酵腐烂后由垃圾内水分排出造成的,含有较多难降解有机物,如果处理不当,将严重污染周围环境。由于垃圾焚烧发电厂产生的渗滤液的高负荷和复杂性,对处理工艺提出了特殊的要求。

#### 6.2.4.1 简述

垃圾焚烧厂渗滤液是一种成分极其复杂的污染物。其主要特点:污染物成分复杂多变、水质变化大,有机污染物浓度（COD等）、氨氮、重金属离子和盐含量均很高

（见表 6‐11）。

表 6‐11　渗滤液及排放标准

| 水质指标 | 渗滤液 | 出水标准 |
|---|---|---|
| pH 值 | 4～5 | 6.5～8.5 |
| $\rho(SS)/(mg/L)$ | 9 000 | ≤30 |
| 色度/度 | 800 | ≤30 |
| $\rho(COD)/(mg/L)$ | 50 000 | ≤60 |
| $\rho(BOD_5)/(mg/L)$ | 25 000 | ≤30 |
| $\rho(NH_3-N)/(mg/L)$ | 600 | ≤10 |
| $\rho(TP)/(mg/L)$ | 15 | |

1）几种处理方法

垃圾渗滤液是高毒性的有机废水，其处理方法主要有物化法、生物法以及两者组合工艺。常规的处理工艺难以同时满足工程项目可行性和经济性的要求（见表 6‐12）。有关水处理膜技术应用请参阅第 5 章"火电厂节水和废污水处理"的内容。

表 6‐12　国内外填埋场应用的渗滤液处理技术

| 处理技术 | 优点 | 缺点 |
|---|---|---|
| 与市政污水联合处理 | 简便 | 重金属难以处理，不易生物降解的化合物比例大 |
| 回灌技术 | 操作简单，费用廉价 | 在垃圾层的厌氧消化作用下积累大量酸，氨氮浓度增高，后续处理难，且恶臭气体挥发、产气量增多 |
| 生物处理技术 | 可靠、简易和高效，对 $BOD_5/COD_{Cr}>$ 0.5 的早期垃圾渗滤液的有机物去除效果显著 | $NH_3-N$ 浓度增大，生物降解难的有机物成为有机污染物主要部分 |
| 物化处理技术 | 能除去垃圾渗滤液中的部分污染物，提高可生化性，减轻后续工艺的负担 | 处理成本偏高，不适用处理水量较大的垃圾渗滤液 |
| 蒸发技术（如燃烧、热泵、闪蒸、强制循环） | 属于物理分离过程，对水质水量变化适应性强，对水质 BOD、COD、SS、DS 及进料温度的变化不敏感，产生浓缩液少，可焚烧、回灌或固化处理 | 能达标，但经济性较差，还有 20%～25% 的浓缩液。活性炭吸附和化学氧化工成本过高 |
| 负压低温蒸发 | 与生物处理＋反渗透工艺比，水质好，冷凝水中盐度、胶体含量低；余热利用降能耗，可有效控制系统结垢和腐蚀 | 对负压低温蒸发机理和垃圾渗滤液零排放缺少研究 |

2）生物法

生物法是废水处理中最常用的一种方法,运行费用相对较低,处理效率高,不会出现化学污泥等造成二次污染。其工艺有厌氧生物处理和好氧生物处理。硝化(好氧)和反硝化(缺氧)生物处理在渗滤液处理中得到越来越多的应用,通过硝化与反硝化进行生物处理可以通过生物降解去除 COD、BOD 和 $NH_3-N$。

目前常用的工艺技术为"厌氧＋膜生物反应器(MBR)＋纳滤＋反渗透(RO)＋浓缩液处理系统"(见图6-11)。渗滤液处理系统主要由5部分组成:调节池、厌氧反应器、MBR、RO 和离子交换系统。

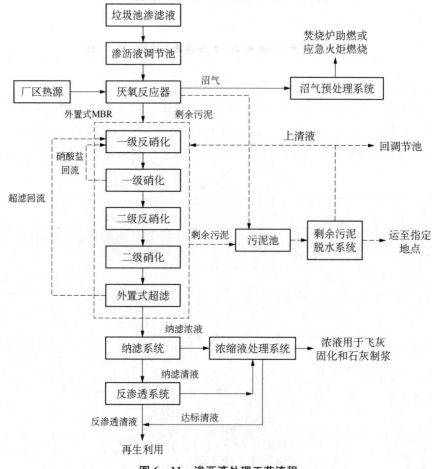

图 6-11 渗沥液处理工艺流程

3）一种渗滤液深度处理的探索

"厌氧-好氧"生物处理后的垃圾渗滤液,大部分易降解有机物被去除,而剩余的难降解有机物需进行物化深度处理。如臭氧法,优化工艺参数改变废水毒性,可在较短的反应时间内破坏芳环结构或共轭双键结构,使这部分有机物的浓度快速降低。此外,pH 值对去除效果的影响较臭氧投量显著,pH=10.5 时的 COD 降解速率常数约为 pH=4 时的 5.8 倍;pH=10.5 时,间接氧化去除的 COD 占总 COD 去除量的 26.7%[27]。

### 6.2.4.2　垃圾渗滤液零排放

目前,垃圾渗滤液处理采用"预处理＋厌氧反应器(UASB)＋膜生物反应器(MBR)＋纳滤膜(NF)＋反渗透膜(RO)"处理工艺,可以达到《城市污水再生利用工业用水水质标准》(GB/T 19923—2005)中循环冷却水系统补充水水质标准后在厂内回用,实现零排放。

广东某垃圾焚烧发电厂废水零排放工艺采用"升流式厌氧污泥床(UASB)＋膜生物反应器(MBR)＋纳滤(NF)"组合工艺(见图 6-12)。

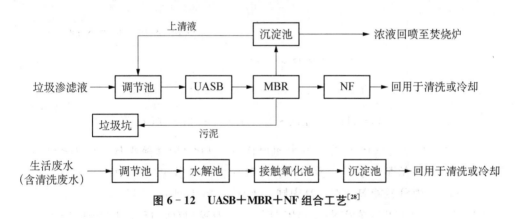

**图 6-12　UASB＋MBR＋NF 组合工艺[28]**

垃圾渗滤液 BOD/COD>0.4,可生化性好。UASB 反应器将其分解气固液,提高 COD 容积负荷。MBR 包括硝化池、反硝化池和超滤(UF)系统。在硝化池中,采用新颖的高效内循环射流曝气系统,氧利用率高达 25%,通过高活性好氧微生物作用,降解大部分有机物。

当垃圾渗滤液中 $NH_3$-N 质量浓度高达 1 200 mg/L 时,会影响微生物的活性。MBR 通过超滤膜分离净化水和菌体,污泥回流可使 MBR 中的微生物达到 15 g/L 以上。MBR 出水 $NH_3$-N 基本达标,部分难降解物可用 NF 深度分解,确保 COD 达标排放。

垃圾渗滤液经该工艺处理后,水质指标可达到《城市污水再生利用城市杂用水水质》(GB/T 18920—2002)和《城市污水再生利用工业用水水质》(GB/T 19923—2005),经消毒后可回用于清洗或冷却。

由于该污水中存有大量的阻垢剂和无机盐,普通的混凝过滤法难以见效,采用

UF(陶瓷膜)+NF 组合工艺中(见图 6-13),UF 可除去大部分悬浮物,防止 NF 受污染。NF 可除去部分无机盐,改善循环补给水水质。

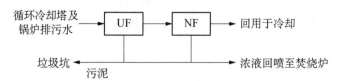

**图 6-13 循环冷却塔及锅炉排污水处理工艺流程**

1)处理效果及工艺特点

各处理单元污染物处理效果如表 6-13 所示。

**表 6-13 各处理单元污染物去除效果**

| 工艺单元 | 项目 | COD | $BOD_5$ | $NH_3 - N$ |
| --- | --- | --- | --- | --- |
| UASB | 进水/(mg/L) | 50 000 | 25 000 | 1 200.0 |
| | 出水/(mg/L) | 20 000 | 10 000 | |
| | 去除率/% | 60.0 | 60.0 | |
| MBR | 进水/(mg/L) | 20 000 | 10 000 | 1 200.0 |
| | 出水/(mg/L) | 700 | 160 | 12.0 |
| | 去除率/% | 96.5 | 98.4 | 99.0 |
| NF | 进水/(mg/L) | 700 | 160 | 12.0 |
| | 出水/(mg/L) | 70 | 16 | 8.4 |
| | 去除率/% | 90.0 | 90.0 | 30.0 |

UASB+MBR+NF 工艺优点如下:

(1)组合工艺抗冲击负荷能力强,对 $NH_3 - N$ 的去除率高。

(2)UASB 反应器在低动力成本下有效降低垃圾渗滤液高浓度的有机物,降低后续处理系统的运行成本。

(3)MBR 是生化反应器和膜分离相结合的高效废水处理系统,用膜分离替代常规的二沉池,出水无悬浮物和细菌,使反应器内微生物从 3~5 g/L 提高到 15 g/L 以上,提高了生化反应效率。

(4)使用国内陶瓷 UF 膜,增加了元件的堆填密度和使用的稳定性。UF 循环回路中特设颗粒分离装置,避免杂质的累积,防止通道堵塞。

(5)采用多级 NF 处理方式深度处理,有效解决浓缩液处理问题。

2）有效性

某垃圾焚烧发电厂平均每天产生废水约为 396 t，经 UASB＋MBR＋NF 组合工艺处理后，其中 316 t 达到 GB/T 18920—2002 和 GB/T 19923—2005 的规定，经消毒后回用于清洗或冷却，产生的 80 t 浓液和污泥分别送至焚烧炉和垃圾坑。

（1）环境效益　该垃圾焚烧发电厂将废水处理后回用，每年向周围水体减少排放 $BOD_5$ 1 850.01 t、COD 3 700.99 t 和 $NH_3$－N 98.76 t 等。

（2）经济效益　该垃圾焚烧发电厂年处理垃圾 $5×10^8$ t，按 95 元/吨计算，垃圾补贴费收入 4 750.00 万元/年；本项目年发电量约为 $1.39×10^8$ 度，年上网电量（按年发电量的 75％计算）为 10 417.571 度，按上网电价 0.55 元/度计算，上网售电收入 5 729.66 万元/年。合计收益为 10 479.66 万元/年。

由于本项目实现废水零排放，则每年减少取水量 $1.153×10^5$ t 和排水量 $1.445×10^5$ t，少交纳取水费 5.77 万元/年，不用交纳废水排污费 526.71 万元/年（根据《排污费征收标准及计算方法》计算），这两部分费用合计 532.48 万元/年。

综上所述，该垃圾焚烧发电厂废水零排放产生的环境效益和经济效益巨大。

### 6.2.4.3 负压低温蒸发工艺

研究者[29]采用水平-竖直管多效混合式蒸发垃圾渗滤液处理工艺，将大于 80％的渗滤液水分在水平管降膜多效蒸发器内负压蒸发，浓缩后的渗滤液在竖管降膜蒸发器内结晶；水平管降膜蒸发的小温差传热特性保证了在 5～10℃温差范围内布置多个蒸发器，实现对热量的重复利用和有效降低机械蒸汽压缩的电耗。

工程实例新工艺处理参数：渗滤液处理量 100 t/d，加热蒸汽压力 0.5 MPa，温度 140℃。

采用多效混合式蒸发系统，即 3 效竖管降膜蒸发器，2 效水平管降膜蒸发器（蒸汽温度为 60℃），1 效水平管降膜蒸发温度为 55℃。蒸汽耗量为 0.062 5 t（汽）/t（渗滤液），MVC 电耗为 7.5 度/吨（渗滤液）。处理成本可以由 88 元/吨（渗滤液）降低到 11.5 元/吨（渗滤液）。

### 6.2.4.4 垃圾电厂零排放案例

从技术层面上实现垃圾渗滤液零排放就是最大限度地实现生活垃圾焚烧产生的废水循环利用。国内实现生活垃圾焚烧电厂废水零排放的案例比较多。

1）设计要点

工程设计遵循 GB 18485—2014 生活垃圾焚烧污染控制标准，相对于 2001 版标准提出焚烧炉启动、停炉、故障或非正常工况等时段的污染物排放控制要求；还提高了排放烟气中颗粒物、二氧化硫、氮氧化物、氯化氢、重金属及其化合物、二噁英类等污染物排放控制要求；增加了对垃圾渗滤液处理和排放的要求，规定垃圾焚烧厂产生的渗滤液需送至相应的处理设施自行处理，经处理后满足 GB 16889—2008 生活垃圾填埋场污染控制标准中表 2 标准的要求,方可直接排放。

2)"零排放"实施

成都市某环保发电厂日处理城市生活垃圾 2 400 t,年处理垃圾量约为 $8.0 \times 10^5$ t,配置 4 台 600 t/d 机械炉排炉,4 台中温中压卧式余热锅炉,2 台 25 MW 凝汽式汽轮发电机组。采用日立造船公司的 INOVA 式 L 形炉排。

平均每天生产耗水约为 6 000 t,垃圾渗滤液处理站规模为 850 t/d。渗滤液处理工艺流程如图 6-14 所示。

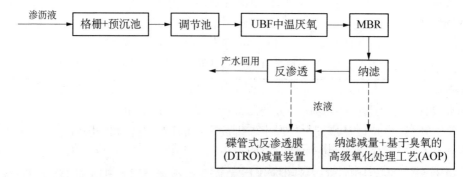

图 6-14 渗滤液处理工艺流程

最终出水满足《城市污水再生利用工业用水水质》(GB/T 19923—2005)标准中循环冷却水系统补充水水质标准。

国内许多垃圾焚烧发电项目"零排放"的瓶颈在于处理设施的膜系统产生的浓缩液不能完全消纳。其浓缩液约占垃圾渗滤液处理设施规模的 30%。

若浓缩液全回喷焚烧炉,则会导致燃烧物的热损失,减少发电量,腐蚀焚烧设备,间接增加运行成本近 200 元/吨。

若纳滤浓缩液再经一级纳滤浓缩,产生的二次纳滤浓液由混凝沉淀＋高级氧化＋生物活性炭吸附工艺进行彻底处理;反渗透浓液经 DTRO 减量化系统再浓缩处理后,可再浓缩 60%～70%,产生的最终反渗透浓液量大幅度减少。最终浓液回喷焚烧炉消纳[30]。

余热锅炉排放烟气净化系统工艺流程如图 6-15 所示。设计的污染物排放浓度执行欧盟 2000(EU2000/76/EC)污染物控制标准(见表 6-14)。

工程采用国际先进的智能燃烧控制系统(ACC)优化控制炉膛温度和过剩空气系数,焚烧炉燃烧室由碳化硅耐火材料构成。

飞灰为危险废弃物,采用水泥固化＋重金属高分子螯合固化相结合的方式进行稳定化处理。飞灰经稳定化处理后满足 GB 16889—2008 中要求后填埋处置。

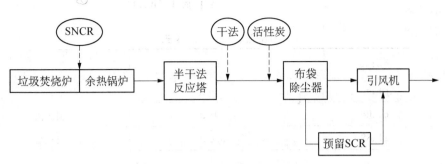

图 6‑15 烟气净化系统工艺流程

表 6‑14 烟气污染物排放浓度限值

| 污染物指标 | 设计排放标准 | 污染物指标 | 设计排放标准 |
| --- | --- | --- | --- |
| 颗粒物(烟尘)/(mg/Nm³) | 10 | HCl/(mg/Nm³) | 10 |
| $SO_2$/(mg/Nm³) | 50 | 二噁英/(ng/Nm³) | 0.1 |
| $NO_x$/(mg/Nm³) | 200 | | |

3) 效果

基本能保证本项目烟气污染物"近零排放"。该烟气处理系统采用 SNCR＋半干法＋干法＋活性炭吸附＋布袋＋SCR 工艺,污染物排放浓度执行欧盟 2000 (EU2000/76/EC)污染物控制标准。

实现了渗滤液"零排放"。处理系统设计采用厌氧＋MBR＋NF/RO＋纳滤浓缩液 AOP 工艺＋反渗透浓缩液 DTRO 减量化处理工艺,产生的少量最终浓缩液回喷焚烧炉进行消纳。

飞灰采用水泥固化＋重金属高分子螯合固化相结合的方式进行稳定化处理。

## 6.2.5 固体残存物处置

焚烧底灰、飞灰、空气污染控制残留物(APC)占投入到垃圾发电厂垃圾总量的 25%左右。飞灰则是非常危险的有害物质。

国外垃圾焚烧飞灰主要处置方法有安全填埋法、固化与稳定化法、熔融法以及其他处理方法(化学浸提法、电磁分离法)等。

### 6.2.5.1 简述

20 世纪 80 年代,为了有效抑制垃圾焚烧烟气产生二噁英等二次污染,热解气化工艺获得进一步发展和应用。在系统配置的样式上呈现出多样化。气化装备如下:炉排气化炉、水平回转窑气化炉、流化床气化炉;熔融炉有立式和卧式等,垃圾处理容量逐渐增大。

瑞士每年处理垃圾量 $3.55 \times 10^6$ t,底渣 $8 \times 10^5$ t、飞灰 $8 \times 10^8$ t。40%飞灰经过酸洗后采用电化学技术进行重金属铜、锌、铅和镉等回收处理。日本处理飞灰采用熔融、水泥、化学药剂、分离萃取等固化稳定措施,充作填料、路堤的填充料,混凝土或沥青骨料,熔渣作为修路材料,水泥固化物在稳定后填埋处置[31]。

用于处置固体废弃物的电弧等离子体技术是近年研发成功的应用技术。

20 世纪 90 年代,等离子体技术应用于垃圾处理。它将一切垃圾分解成原子状态,所有有害、有毒的废弃物以及病菌、病毒全部无害化处理。

研究认为,对于垃圾转换能源或降低污染物排放的种种工艺,电弧等离子体技术被证明是行之有效的方式。美日等国在处理垃圾方面已取得一定的业绩。

近年来,等离子体处理生活垃圾的技术也逐渐成为国内外的研究热点,但装备制造仍处在商业化的门槛阶段。

国内等离子体废弃物处理技术研发始于 20 世纪 70 年代,直到 90 年代垃圾“围城”现象越趋严重,等离子体技术逐渐进入民用的时代。因投资大、技术含量高,故多用于销毁多氯联苯(PCB)、POP、废农药、垃圾飞灰和医疗垃圾等危险废弃物。

中科院力学所成功研发等离子体 MSW 气化发电技术,建成了三条完整的等离子体技术处理危险废物的生产线:在实验室建成了一条 3 t/d 的等离子体技术处理模拟医疗垃圾的实验线,还与企业合作建成两条工业规模(5~10 t/d)的等离子体技术处理危险废物的生产线。

### 6.2.5.2 灰渣处理

生活垃圾焚烧的固体废物主要包括焚烧炉渣和焚烧飞灰。焚烧炉渣属于一般工业固体废物,可以作为建材原料,实现零排放,具有技术和经济可行性。对于焚烧飞灰,实现零排放则有一定的难度。至今为止,国内对灰渣处理技术进行了研究和探索,并取得了一定的突破。

1) 热解气化＋灰渣熔融

热解气化＋灰渣熔融被认为是 21 世纪二噁英类零排放的气化熔融焚烧技术。该技术将其热解气化和灰渣熔融两个过程结合为一体。垃圾在欠氧还原性气氛、温度为 450~600℃下进行热分解、气化,避免有价金属氧化,使铜和铁等金属不易转化为促进二噁英生成的催化剂;含碳量高的灰渣将在 1 300℃以上的高温下熔融燃烧,遏制二噁英类的形成,实现灰渣无害化、高温消毒再生利用。

外热回转窑式热解气化技术首发于德国西门子公司,后经日本引进消化改进,最大单台炉处理能力提高到 600 t/d。目前比较成熟的垃圾气化熔融焚烧装备有外热回转窑式和流化床式。几种气化熔融焚烧技术特点如表 6-15 所示。

表 6-15　几种气化熔融焚烧技术特点[32]

| 研发企业 | 技术特征 | 工艺流程 | 备注 |
|---|---|---|---|
| 德国西门子公司 | 外热回转窑式 | 垃圾进入 500℃ 气化炉,可燃气+空气进入熔融炉,1 300℃ 烟气流过空气预热器、余热锅炉,进急冷塔,降温至 200℃ 净化排放 | 最大规模 250 t/d,实测二噁英排放在 0.01 ng/Nm³ 以下 |
| 石川岛播磨重工(IHI) | 外热回转窑式 | 垃圾机械粉碎,气化炉中低温热气干燥,出口排气分别供熔融炉二次燃烧室和热风炉,垃圾干燥后在气化炉中热解气化。分选气化残渣有价金属,其余进入熔融炉,熔渣水淬。高温烟气进余热锅炉、急冷塔等 | 最大规模 200 t/d,实测二噁英排放在 0.01 ng/Nm³ 以下 |
| 日本荏原公司 | 流化床气化炉 | 垃圾入 500~600℃ 流化床,欠氧 $\alpha=0.1$~$0.3$,气化物+助燃油+空气在立式旋风炉 1 300℃ 温度下燃烧,灰渣熔融,高温烟气经过陶瓷预热器和蒸汽过热器,先后加热空气到 700℃、过热蒸汽 500℃(10 MPa)。随后急冷净化处理 | 烟气中不含 HCl 等腐蚀物,无高温腐蚀。三机公司装置仅结构有差异,增加脱硝 |
| 日本神户制钢 | 流化床气化炉 | 垃圾在温度 600℃、$\alpha=0.2$ 流化床内气化,在立式旋风炉 1 300℃、$\alpha=1.3$ 下二次燃烧,后置空气预热器、余热锅炉等 | 引风机后设再加热器加热烟气以脱硝 |
| 三菱重工 | 流化床气化炉 | 流化床分左右两室,室中再设隔板分大小床。垃圾粗碎后先进 400℃ 小床干燥气化,95% 氯进入气相,未熔化有价金属及大的不燃物排出分选。其含碳残留物进大流化床(850~900℃)燃烧,余热发电。小床产物进立式旋风炉,熔融处理;高温烟气进余热锅炉 | 发电效率 30%。砂为床料。MSW 热值至少大于等于 6 000 kJ/kg,安全热值为 8 000 kJ/kg |
| 川崎重工 | 流化床气化炉 | 垃圾粉碎后进气化炉(550~600℃),HCl 被钠、钾和钙等反应固化,残留物在熔融炉中二次燃烧。其特色为卧式旋风炉,其余配置基本相同 | 发电效率可达 26%,要求垃圾热值 6 500 kJ/kg 以上 |

2) 高温灰渣熔融

炉排、流化床焚烧炉的垃圾减容、减量尽管已很多,但其飞灰量还是分别占总量的 3%~5% 和 10%~15%。由于含有有毒污染物,对环境危害很大,长期被要求按照危险物品处置。这种被动的处置措施不但占地耗资,而且还存在泄漏渗透、污染地下水的危险。

国内将成熟的燃煤液态排渣的熔融技术应用于处置有毒危险品,有液体排渣法(主要为立式、卧式旋风炉)等。

20 世纪 90 年代初上海发电设备成套设计研究院、上海交大和天津化工厂等单位在处理六价铬废弃物项目中,利用立式旋风炉进行熔融玻璃化处理试验,取得明显效果。

哈工大研究者利用一台 75 t/h 卧式旋风炉处理垃圾焚烧飞灰,采用煤粉＋20%～40%飞灰作为燃料,废热供余热发电,运行成本低。试验证明:熔融技术能分解飞灰中 99.9%以上的二噁英。急冷熔渣、静电除尘器及排放尾气的二噁英含量分别为 1～2 ng TEQ/kg、25～26 ng TEQ/kg 和 0.033 ng TEQ/kg;废弃物中的重金属浸出毒性远低于国家环保标准值[33]。

3) 等离子体电弧熔融技术

垃圾焚烧飞灰和空气污染控制残留物中含有高浓度的重金属和危险有机物二噁英及呋喃,如何处理这些高危险性环境污染物,等离子体成为市场应用的选项[34]。

(1) 原理　等离子体是气体电离后形成的由电子、离子、原子、分子或自由基等极活泼粒子所组成的集合体。依据温度划分为冷、热两种。前者可在室温状态下激发,分解气态的有害有机物。而热等离子体则具有极高的温度和能量密度,可以通过多种方式激发,如交、直流电弧放电、射频放电、常压下的微波放电,以及激光诱导的等离子体等。

(2) 热等离子体　优点:它以极高的能量密度、温度(1 600℃左右)和极快速的反应时间,实现污染物零排放,垃圾资源循环利用,垃圾减量高,减容达 99.7%。

应用的范围非常宽广,包括固、液、气等各种危险垃圾;彻底分解各种有机物为小分子可燃气,占地面积小,处理量大,且快速启停。

电能加热,不需要氧化剂,相比常规热处理过程产烟量少;加入玻璃前驱物,与垃圾熔融为玻璃态物质,包封有害物质,回收废金属。

缺点:以电力为能源,耗量大,成本高。

(3) 热等离子体发生器应用现状　采用热解和气化组合方式处理固体物质或污泥处理后的残余物,一般应用非转移弧热等离子体炬或射频电感耦合放电热解或气化有害有机垃圾,消纳生产过程(布袋除尘器、电除尘器等)中捕获的粉尘。热等离子体技术是一种非常有前景的替代性选择。

## 6.2.6　污泥处理技术

随着我国经济的不断发展和城镇化进程的不断加快,城市的人口密度也越来越大,导致污水的排放量与日俱增,随之产生的污泥产量日益增加。据统计,我国城市每年的污泥产量约为 $3 \times 10^7$ t(含水率约 80%),并且还会有大幅增加的趋势。故污泥处理处置的前景相当广阔,但任重而道远。如何经济安全地处理污泥成为如何保护好大自然的一大严峻考验,越来越受到社会各界的广泛关注,这大大推动了污泥处理处置技术的发展。

### 6.2.6.1　城市污泥＋垃圾焚烧

城市污泥的处理处置方法有填埋、堆肥、焚烧等工艺。近年来,国家对污泥的直接填埋和堆肥的要求越来越严格。由于堆肥产品的安全及销路问题,堆肥工艺也受到制约,并且污泥含水率太高,直接填埋会影响填埋容积的利用效率和堆体的稳定性。由于污泥焚烧工艺能实现污泥彻底的减量化和无害化,因此得到越来越广泛的应用。

1) 简述

城市市政污泥含水量高、热值低。通常污泥被抛弃或填埋处理,或者农用、焚烧。各国在兼顾生态环保和节能效益的平衡,采用不同的污泥处理方式(见图 6-16)。

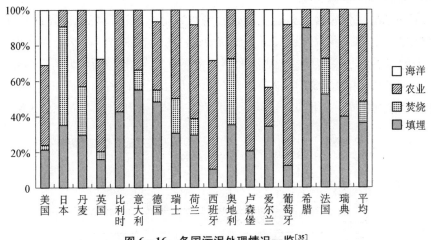

图 6-16　各国污泥处理情况一览[35]

自 20 世纪中叶,鼓泡床焚烧炉成为主要的污泥燃烧装置,通常使用高温空气(约500℃)、河沙子作为流化介质。在不添加煤或辅助油的情况下,污泥应用基低位热量大于 2 730 kJ/kg,相对含水量控制在 62% 以下,可维持炉膛温度,达到热平衡。

污泥焚烧后,可减量到 25%,减容到 5%~10%。但初期投资及运行费用高,消耗大量能源,还必须有效处理痕量的二噁英和粉尘。

污泥焚烧技术中干化预处理最为棘手,它必须将污泥的含水量由 80% 降低至焚烧允许值。

某污泥干化焚烧项目 2×200 t/d 的污泥干化线采用卧式薄层干化机、鼓泡式流化床、高温空气预热器等设备,以 400℃ 空气作为流化介质,余热锅炉产生的蒸汽(1.1 MPa、184℃)为干化机的热媒[36]。污泥焚烧系统还采用干法+湿法工艺处理污泥焚烧烟气,即焚烧烟气经电除尘器/布袋除尘器、干式喷注活性炭、碳酸氢钠和湿法烟气脱硫净化系统,执行《生活垃圾焚烧污染控制标准》和《城镇污水厂污泥处理技术规程》,实现烟气、污水的达标排放。

生物污泥与黑液混烧是制浆造纸厂污泥处理的一种新的工艺。混合液先在炉内干燥成含水 10%~15% 的棉花样黑灰,纤细的颗粒被热解,与空气发生氧化及聚合反应。混合物完全燃烧程度与炉温、燃烧时间、混合液浓度、喷液量及粒度、空气分布流场等因素紧密关联。通过焚烧,生物质污泥被资源化利用。

市政下水污泥一般含水率为 $80\%$,其余的 $20\%$ 中含有机物($60\%\sim70\%$)、重金属、有毒物质和病原体等,其中有机物成分复杂,易产生异臭;干化后的污泥比重基本接近褐煤,但不同的城市污水处理对其物理性质变化较大。如好氧颗粒污泥的直径为 $0.2\sim0.8$ mm,比重为 $1.03\sim1.4$ t/m³,干基高位热值为 $2\,582\sim17\,081$ kJ/kg,故焚烧处理是优先的选项[37]。

污泥中某些重金属含量非常高,如铅、铜和锌。若能通过焚烧富集这些重金属,对回收资源、减少对环境污染,其意义显而易见。为此在一台熔融炉上对污泥样本进行过程观察,用体积分数为 $7\%$ 的硝酸和蒸馏水吸收气态的重金属,为防止烟温太高某些元素以气态形式排出,将吸收液冷却至 $0℃$,然后由无水硫酸铜干燥烟气。在不同温度下捕集重金属样本。由图 6-17 可见各元素在不同温度下气态与固态的比例。

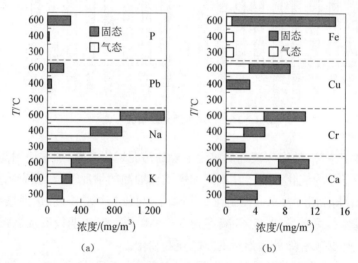

图 6-17　金属及其化合物在不同温度下气固的分布[38]

除了烟气带出的高熔点和高沸点元素(钙、铁、铬)外,根据金属从气态转变为液体或固体的温度不同,可将金属分为 4 类:

A 类,温度高于 600℃时,金属有锌、镉和磷;

B 类,温度高于 400℃时,金属有铅和铜;

C 类,温度高于 300℃时,金属有钠和镁;

D 类,温度为 $300\sim400℃$ 时,金属有砷。

2) 污泥的处理处置技术

据统计[39],我国城市污泥的年产量约为 $3\times10^7$ t(含水率约 $80\%$)。常见的污泥处理处置的方式有好氧发酵(堆肥)、厌氧消化、干化、焚烧、土地利用、卫生填埋和综合利用等。

(1) 好氧发酵　好氧发酵指在一定的水分、C/N 值和通风等条件下通过人工控制,利用污泥中的微生物促进污泥里可生物降解的有机物向稳定的腐殖质转化的过程,达到实现污泥减量化、无害化、稳定化的效果。影响堆肥生物降解过程的因素有很多,对于好氧堆肥工艺来说,堆体温度、水分、供氧量是最主要的,其他的还有有机质含量、C/N 值、pH 值、颗粒度等。

(2) 厌氧消化　厌氧消化指在厌氧条件下,由兼性菌和厌氧菌将污泥中可生物降解的有机物转化为沼气,从而达到减量化和稳定化的一种污泥处理工艺,具有显著的污泥稳定化效果和能量回收的高效特点。国内由于诸多原因,污泥厌氧消化技术及设备的研发进展缓慢。

(3) 干化　干化是为了大幅降低污泥的含水率,便于后续焚烧或运输的必要处理技术。早在 20 世纪 40 年代,欧美等国采用了间接加热转盘式干化技术可使污泥的含水率降至 30%～40%。90 年代以后,污泥干化技术得到了迅猛发展,在污泥处理处置方面占有重要地位。目前,Burch Bio wave 微波干法技术能使污泥含水率低至 10%左右。

### 6.2.6.2　城镇污泥处理

城镇污泥处理的要求如下:

(1) 工业污水厂污泥重金属含量过高,不宜与垃圾混烧,特别是镍和铬等因其不易挥发,燃烧后留存于灰飞中将产生二次污染。

(2) 混烧半干污泥时,混烧比例 15%(污泥和垃圾比例)已经达到控制二噁英产生的温度极限,高比例混烧不利于控制二噁英的产生。

(3) 污泥运输路程短。

浙江省某公司污泥处理量为 1 000 t/d,垃圾处理量为 800 t/d,项目总投资 49 780 万元,装备 3 台额定蒸发量为 60 t/h 的 CFB 垃圾焚烧炉及 2 台 12 MW 的抽凝式汽轮发电机组,直接运行费用为 140～200 元/立方米(污泥)(污泥的含水率 80%)[40]。

一般情况下污泥垃圾的投资与运行成本如表 6-16 所示。

表 6-16　一般情况下污泥垃圾的投资与运行成本

| | 设备配置(污泥含水率80%) | 投资成本/(万元/吨) | 运行成本/(万元/吨) |
|---|---|---|---|
| 1 | 国产储存仓、干化机、输送和给料设备 | 10～15 | |
| 2 | 干化设备采用进口设备 | 30～40 | |
| 3 | 干化污泥与生活垃圾混合焚烧,采用国产空心桨叶式干化机(不同干化含固率) | | 100～180(电耗 55～60 度/吨,其中不含折旧) |

处理效果:将含水率80%的污泥干化为含水率40%,最后焚烧形成干渣,干态污泥比煤容易燃烧。其中控制掺烧煤比例不大于20%,用煤量177 kg/t(污泥、垃圾),消石灰4.95 kg/t(污泥、垃圾)。污泥处置费为140~200元/立方米(污泥)。垃圾、污泥协同焚烧发电上网电价约为0.66元/度(标杆电价+0.2元/度)。

### 6.2.7 综合治理案例

随着我国经济的快速发展,人民生活水平的不断提高,垃圾成分高热值增加,垃圾焚烧发电厂成为城市新建垃圾处理设施的主要选择方式。全国各地很多城市加快垃圾焚烧发电项目的建设工作,力争实现城市生活垃圾的"全焚烧、零填埋"。

1)"全焚烧、零填埋"

苏州静脉园垃圾综合处理项目走出了一条由传统的、单一的填埋处置形式转变为"填埋为主、焚烧为辅"的处置格局,使苏州市生活垃圾基本实现"全焚烧、零填埋"[41]。图6-18为固体废弃物科技园区项目各系统耦合图。

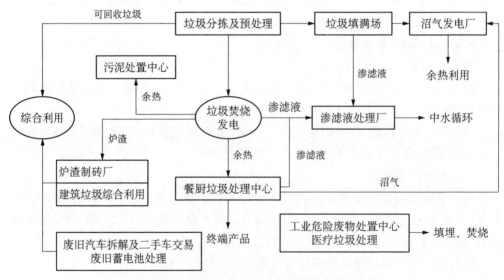

**图6-18 固体废弃物科技园区项目各系统耦合图**

项目由授权公司负责,采用BOT形式,政府职能部门监督,数据在线公布(见表6-17),定期检测。项目一期为3×350 t/d炉排焚烧炉,2×9 MW/h凝汽式汽轮发电机组;二期垃圾处理能力为1 000 t/d,三期为1 550 t/d,预留处理能力为500 t/d。烟气净化措施为半干法脱硫加布袋除尘、活性炭吸附的烟气治理技术。项目先后建设沼气发电站、危险废弃物安全处置中心、垃圾渗滤液处置等。累计2014年处理生活垃圾约为$7.62×10^6$ t,上网电量约为$1.94×10^9$ kW·h,相当于节约标煤约1.12×

$10^6$ t,减排二氧化碳 $2.55 \times 10^6$ t。

表 6-17　主要烟气排放指标(2014 年)

| 内容 | 新国标/(mg/Nm³) | 实际排放/(mg/Nm³) | 排放总量/(t/a)(一期、二期、三期) | 欧盟 2000 标准/(mg/Nm³) |
|---|---|---|---|---|
| 烟尘 | 20 | 5.69 | 16.01 | 10 |
| HCl | 50 | 4.16 | 15.12 | 10 |
| $SO_x$ | 80 | 12.96 | 70.78 | 60 |
| $NO_x$ | 250 | 143.07 | 470.66 | 200 |
| 二噁英(ng TEQ/m³) | 0.1 | 0.017 | 0.126 1 g/a | 0.1 |

2) 收益

项目基期每吨垃圾处理费为 90 元。后按住建部调整的城市垃圾处理收费标准计取。上网电价部分执行有关标准,一期工程为 0.575 元/度,二、三期工程为 0.636元/度。

综合项目各子项的整合实施,供热用户,达到了优于各子项单独实施规模的经济效益。

## 6.3　垃圾气化洁净技术

垃圾气化技术是指采用气化的方法,在高温状态下将垃圾气化熔融和分解,垃圾中的有机物可以转化为合成气(主要为 CO 和 $H_2$),而无机物则可以转化为玻璃体灰渣。垃圾气化是一种清洁利用的技术,主要有直接气化、熔融气化、RDF 混气化、煤混气化、垃圾气化产燃气等方式。

### 6.3.1　热解气化法

垃圾热解气化是指在无氧或缺氧的条件下,垃圾中有机组分的大分子发生断裂,产生小分子气体、焦油和残渣的过程。

#### 6.3.1.1　背景

20 世纪 70 年代,热解气化焚烧垃圾发电技术在北美取得应用和发展,主要处理市政固态垃圾(MSW)和工业废弃物,最大处理容量为 90~100 t/d[42]。

常规的焚烧工艺装备在垃圾焚烧处理中暴露出许多环保和安全运行的问题,尤其是氯化物对设备的腐蚀和气固相排放物的二次污染。

根据垃圾的特性,研究者将一个垃圾焚烧中的热解气化和燃烧燃尽过程分解成两个独立的、可控过程,即热解气化过程属中低温、欠氧燃烧过程;将气化炉发生的气固相物质送入高温过氧的燃烧室进行燃尽。这样的技术处理改变了炉内化学反应的环境条件,使垃圾在还原性气氛下进行气固相物质的交换,在过氧高温环境下彻底地燃尽碳组分,并利用急冷处理和净化处理,达到清洁焚烧垃圾的目的。

20世纪80年代西方国家着手城市垃圾"热解气化"的研究,逐步形成技术比较成熟和设备成套的市场。

控气型热分解垃圾处理(CAO)技术的实践表明,MSW的热解气化处理收到垃圾减量化、无害化和资源化的积极效果。

瑞士最先提出比较完善的热分选气化技术,于1992年在意大利米兰北部建立了示范厂。1998年在德国法兰克福南部卡兹鲁克建成热分选气化垃圾处理厂商业运行。而后被一些国家引用热分选气化技术建厂。

1999年,日本川崎重工引进热分选气化技术,在东京千叶县建成示范厂,至今已投运多台,并应用于城市垃圾焚烧市场的设备改造。

显然,人们认识到社会经济发展与生态环境、能源之间有着密切联系。城市生活垃圾(生物质)气化热裂解技术是一项可实现产业化的选项,成为在环境和能源条件约束下可持续发展之路。近年来,国内MSW的热值也有了显著的增加,从以前的平均热值3 349 kJ/kg上升到5 860 kJ/kg。城市生活垃圾中有较多的有机物,最适于应用气化热解处理技术。

国内一些热解气化技术应用情况如表6-18所示。

表6-18　国内热解气化技术应用情况

| 建设单位 | 热解气化技术 | 设备 | 备注 |
| --- | --- | --- | --- |
| 深圳龙岗 | 加拿大CAO工艺 | 3×100 t/d | 1999年底建成,300~500 kW·h/t(垃圾),厂用电占15%~20%,7~10年回收投资 |
| 深圳道斯公司 | 美国Basic抛式炉排炉 | 2×200 t/d | 南海市2002年后建设 |
| 东莞摩街 | 回转窑炉 | 2×150 t/d | 2002年后 |
| 深圳汉氏环保 | LXRF立式热解气化炉 | 2×100 t/d | 于2002年后建设 |
| 绍兴绍弘科技 | 无氧低温热裂解装置 | 100~200 t/d | 2016年投运(最早在上海金山示范) |
| 南京林业大学 | 生物质气化多联产 | 500 kW | 2016年 |

中国林业研究院研究者在流态化气化炉665~712℃温度范围内进行MSW的气化热解试验,实验条件:粉碎颗粒不大于5 mm,含水率6%,干基热值18 893 kJ/kg,

炉内停留时间 13 s；经过干燥处理的垃圾可产出 $6\,500 \sim 7\,500$ kJ/m³ 的可燃气体，MSW 气化比生物质容易，其灰渣结构疏松。

数据分析表明，在热解过程中，垃圾产生的炭和凝结产物与生物质相比，大致分别为生物质的 70% 和 60%；在气化过程中温度对 CO 和 $CO_2$ 的含量影响不大，其 CO 波动范围为 $6.99\% \sim 7.54\%$，$CO_2$ 为 $14.14\% \sim 15.85\%$；但对 $CH_4$ 和 $C_mH_n$ 的影响较明显；当温度达 550℃时，气体带明显的汽油味，含有较多(约 6%)的烃类物质。

### 6.3.1.2　原理

各国政府和相关企业都在寻觅垃圾处理的近零污染排放的出路，文献[43]中对国内外垃圾干馏、气化热解焚烧技术做了比较详细的介绍。

1) 气化热裂解反应条件

生物质热裂解是指生物质在完全没有氧或缺氧条件下热降解，大分子团裂解为小分子(见图 6-19)，最终生成生物油、木炭和可燃气体的过程。产出物的比例取决于热裂解工艺和反应条件：低温慢速热裂解(小于 500℃)，产物以木炭为主；中温闪速热裂解(500～650℃)，产物以生物油为主；高温快速热裂解(700～1 100℃)，产物以气体为主。

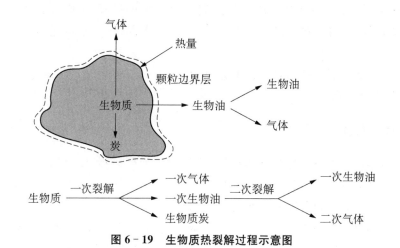

图 6-19　生物质热裂解过程示意图

生物质热裂解液化一般在中温(500～650℃)、高加热速率($10^4 \sim 10^5$℃/s)和极短气体停留时间(小于 2 s)的条件下，将生物质直接热解，产物经快速冷却可使中间液态产物分子在进一步断裂生成气体之前冷凝，从而得到高产量的生物油。在合适的反应条件下，可获得原生物质 80%～85% 的能量，生物油产率可达 70%(质量分数)以上[44]。

众所周知，燃料燃烧过程可分解为干燥、气化、燃烧和燃尽阶段。在追求燃烧效率的驱动下,干燥、气化段逐渐形成相对独立的控制手段,使气化热解技术的研究向纵深方向发展。

2) 乏氧气化技术

为了使焚烧炉适应垃圾的特质,在焚烧炉燃烧室及炉排设计时特别留意物料的干燥和气化过程。

(1) 焚烧气化技术　国外的焚烧炉要求垃圾的热值控制在 1 700 kcal/kg[①] 以上,而我国的垃圾热值太低。为了解决垃圾的着火,调整炉膛结构,加长干燥气化段、降低该区域的过剩空气系数,提高炉内高温烟气回流,自动控制垃圾气化段的风量,甚至投助燃油保证机组运行。

(2) 少氧干馏技术应用　为了清洁焚烧城镇生活垃圾以及危险品,国内引进少氧干馏焚烧技术和焚烧炉。

该系统采用自控两级燃烧方式,配 A/B 两个静态干馏气化炉,固定装料,24 h 连续交替运行。干馏炉温度控制在 850℃,产出的合成气在二次燃烧炉内燃尽,温度控制在 850～1 150℃。若燃烧温度不足,则配油喷嘴助燃。它每天可处理几十吨生活垃圾或危险物品,输出热能。这种装备的大气排放污染物基本达标,焚烧残渣的热灼率小于 3%,但仍存在黏稠带强烈刺激臭味的冷却物体,难以处理。据资料介绍,设备投资的单价为 20～40 万元/吨(有害垃圾),测算运行费为 120～160 元/吨[45]。

先进的 MSW 气化技术包括生物法、低中温气化和高温气化熔融技术。该技术已经为业内研发的热点。

### 6.3.2　低温气化法

与高温热解相比,在低温加热条件下,有机物分子有足够时间在其最弱的键处断裂,重新结合为热稳定性固体,因此固体燃料产率增加,而挥发分产率相对减少。

#### 6.3.2.1　城市生活垃圾常压低温热裂解

常压低温(小于 500℃)热裂解技术是新一代的更简捷、更经济、更容易实现垃圾转化为能源产业化的技术。曾应用在上海金山 100 t/d 生活垃圾气化处理示范装置,成功处理了数千吨生活垃圾,其工艺技术的合理性和成熟性得到了充分的证明[46]。

1) 装置特点

(1) 垃圾处理前无须分拣(除大尺寸物件外);模仿人体肠胃的"蠕动"方式,传送并消化生活垃圾。

---

① 1 kcal＝4.18 kJ。

（2）工艺反应温度在常压低中温度区间。

（3）投运过程中不产生废气、废液和废物等污染物,属近零/零排放。

该装置开启了国内垃圾循环经济的先河,突破了生物质从"碳水"转化为"碳氢"的工程化瓶颈。

2）系统配置与示范

由图 6-20 可见,系统的生产流程简洁明了。合成气经水激冷液化,裂化油气水自动分离。产生的合成气供反应器内垃圾转换反应所需热源。多余的合成气可供内燃机发电或管道供气,产出的电能供生产用或上网;收集的生物油可做一般燃料或为高级油品深加工;碳粉可做工业原料;当垃圾能源站配置微电网,可纳入区域分布能源系统,既能上网又可独岛运行。

其经济指标:1 t MSW 可产可燃气 100～120 m³、裂化油 10～30 kg、碳粉 100～150 kg。

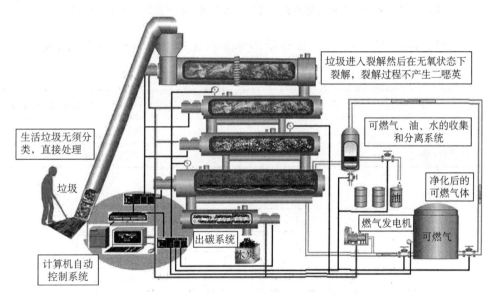

图 6-20　城市生活垃圾无氧裂解工艺流程

3）零排放效果

系统采用低温气化技术,没有废气排放,不产生废气污染物;没有水污染。垃圾水分以及反应产生的水供合成气冷却冷凝,排出水进入循环水池,自然曝气、沉淀;生产过程实现人机操控下连续运行,并全程监控。残余渣无毒。垃圾中的废金属光泽依旧,便于富集处理;其余非金属物体可做路基建材。

### 6.3.2.2　生物质气化多联产转化技术

南京林业大学的生物质木片气化多联产转化技术装置与燃气发电机(500 kW)系统如图 6‐21 所示。它颠覆了以往将秸秆、稻壳、林业剩余物等生物质废料直接燃烧发电、单一产出的模式,实现了"一技多产"和"零排放""零污染"[47]。除产出电能、热水外,最重要产品是活性炭(工业用炭、机制烧烤炭或碳基肥料)和木醋活性肥料。

图 6‐21　生物质木片气化多联产转化技术装置与燃气发电机(500 kW)系统

木片与稻壳的组分如表 6‐19 所示,生物质气化多联产系统如图 6‐22 所示。

表 6‐19　木片与稻壳的组分

| 原料 | 热值/(kJ/kg) | 灰分/% | 挥发分含量/% | 固定碳含量/% |
|---|---|---|---|---|
| 生物质炭(木片原料) | 30 188(7 222 kcal/kg) | 8.44 | 9.76 | 81.80 |
| 生物质炭(稻壳原料) | 18 497(4 425 kcal/kg) | 45.35 | 5.21 | 49.44 |

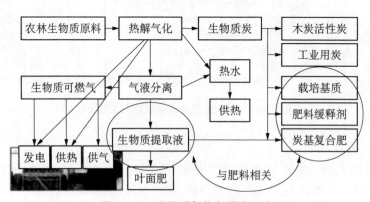

图 6‐22　生物质气化多联产系统

生物质气化多联产经济指标如表 6‐20 所示。

表 6-20　生物质气化多联产经济指标

| 名称 | 可发电/kW·h | 产木炭/t | 提取液/t | 备注 |
|------|------------|---------|---------|------|
| 木片 | 900 | 0.2 | 0.2 | 无须外热源,无三废;相对直接焚烧,减 |
| 稻壳 | 700 | 0.3 | 0.15 | 少 $CO_2$ 和污染物 |

#### 6.3.2.3　生物法

除了最简单的厌氧堆肥处理外,几种生物转换法受到市场的极大关注。

1) 干法厌氧

厌氧反应具有单位容积产气量高、耗水量少、处理量大、沼渣即可作为肥料等优点。研究者预先剔除 MSW 中的难生物降解的部分,利用丰富微生物种群的混合接种物,进行生物处理,加快了启动和反应;利用垃圾渗滤液回灌缓解过程中出现的酸抑制现象,起到二次接种的作用,使之成为生物质废弃物处理中比较热门的工艺选项。

研究表明,1 kg 有机垃圾(TS)大约可产燃气 0.3 $m^3$,甲烷含量高[48]。

2) 酶处理垃圾

酶处理垃圾是一种生物处理法。它将未分类的生活垃圾与容器中的水和酶制剂混合,经化学反应将有机物降解为沼液,待细菌消化沼液产生沼气;残余物为可回收塑料和金属,还有部分转化成燃料[6]。

3) 沼气发电

填埋气利用潜力很大。其项目收入来自发电和 CDM 减排收入。除供热、内燃机发电外,还可作为动力燃料等。我国第一家杭州天子岭垃圾填埋气体发电厂建于 1998 年,年发电量为 $1.53 \times 10^7$ kW·h;同年投运的上海老港填埋气发电项目年发电量为 $1.1 \times 10^8$ kW·h,年产值达 7 000 万元。

### 6.3.3　高温热分选技术

气化熔融技术充分结合了气化技术和灰渣熔融技术的优点,使二噁英趋于零排放、酸性气体和重金属被最大限度脱除,实现高效的垃圾能源转化。

热分选气化技术[49-50]有效销毁二噁英和呋喃,降低污染物排放量。系统设备紧凑、经济、模块化,利于发展物流的循环经济。

1) 工艺原理

热分选气化技术是一种两步法熔融气化技术。该技术将垃圾中的有机成分气化和无机成分熔融进行结合,完全燃烧气化垃圾中可燃成分的同时,熔融焚烧后的无机灰渣,并回收灰渣中的有价金属、熔融渣等物质。

　　热分选气化技术先将垃圾进行压缩,再置于400～600℃的脱气通道进行加热热解,生成可燃气体,并随垃圾一起进入高温气化炉进行进一步气化和熔渣。垃圾在热分选气化炉1200～2000℃的高温下进行反应,有机成分在还原性气氛下被彻底分解成以CO及$H_2$为主的合成气,无机物则被高温熔化成熔融状态,并在后续工艺中被急冷形成玻璃体渣。整个过程将垃圾热解气化过程和熔融过程置于两个相对独立的设备中进行,再将这两个设备有机地结合为一个整体,形成了一个完整的垃圾气化熔融工艺。

　　不需做任何预处理的垃圾置入密闭室,由高压力机将垃圾气密压紧成柱状形,在加热干燥区产生脱气反应,经1 h多时间后送入高温反应器,碳水化合物和碳粒在高温(2 000℃)下进行氧化反应,经过至少2 s时间,将所有大分子团物质粉碎成小分子合成气体。气化物在水激冷却下阻止氯化烃再生,经多次清洗去污或浓缩转化成有高附加值的能源或化工原料;垃圾中的金属和无机物被不同高温熔化,水冷却后在气密水槽内自然分离,并回收处理。垃圾中的水分和气化反应产生的水供工艺过程的冷却水使用。图6-23所示为热分选气化装置系统。

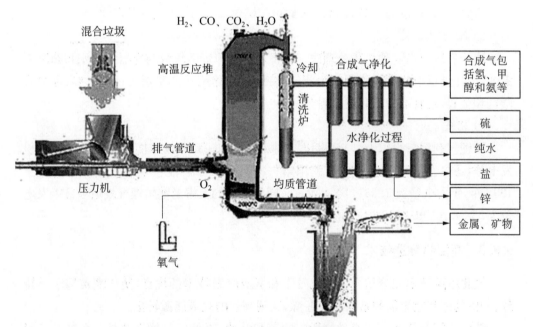

**图6-23　热分选气化装置系统**

2) 示范应用

　　热分选气化技术在世界范围内的应用已有1个实验厂和8个运行工厂,目前还有多个项目处于前期研究阶段,热分选气化技术情况如表6-21所示[51]。

表6-21　热分选气化技术情况

| 项目所在地 | 处理物料 | 规模 | 项目状况 | 备注 |
|---|---|---|---|---|
| 意大利米兰北部 | 城市垃圾等 | 4 t/h | 1992—1998年 | 供应内燃机 |
| 德国卡尔斯鲁厄 | 城市垃圾 | 3×10 t/h | 1999年建成投产 | 蒸汽轮机和区域供热 |
| 日本千叶 | 城市垃圾、煤泥 | 2×150 t/d | 1999年建成投产 | 合成气送到千叶钢铁厂和燃机发电 |
| 日本陆奥 | 城市垃圾 | 2×70 t/d | 2003年建成投产 | 供应内燃机 |
| 日本大阪 | 废塑料和工业污泥 | 95 t/d | 2004年建成投产 | 供应锅炉 |
| 日本仓敷 | 城市垃圾、工业垃圾及其他废物 | 3×555 t/d | 2004年建成投产 | 合成气输出 |
| 日本长崎 | 城市垃圾及其他废物 | 3×100 t/d | 2005年建成投产 | 供应内燃机 |
| 日本德岛 | 城市垃圾 | 2×60 t/d | 2005年建成投产 | 供应内燃机 |
| 日本崎玉 | 城市垃圾和工业垃圾 | 2×450 t/d | 2006年建成投产 | 供应锅炉 |

## 6.3.4　等离子气化技术

等离子气化技术的原理即利用等离子体的高温高能，在气化剂的辅助作用下，将垃圾废物进行高温气化和熔融，垃圾中的有机物气化形成以 CO 和 $H_2$ 为主的合成气，而无机物则熔融后急冷形成无害的玻璃体渣。

### 6.3.4.1　简述

垃圾焚烧无害化的效果及其经济性是垃圾焚烧需要解决的基本问题。集成等离子、气化技术使垃圾转化清洁燃料的理念是一种有价值的选择。

通过等离子火炬为气化炉提供热源，具有热强度高（约5 500℃）、操作相对简单等特点。它完全区别于焚烧热解方式，几乎能将碳基废物中的有机物完全转化成合成气（主要为 CO、$H_2$ 和 $CH_4$），彻底摧毁二噁英和呋喃等有害物质；无机物熔融为无害玻璃体灰渣。

美国西屋公司早在20世纪60年代就开始建造等离子火炬，等离子气化炉内的操作温度为1 200～1 500℃（炉上部900～1 000℃，下部1 600～1 700℃）。至今已有多台设备成功应用，包括发电、生产乙醇等。

该系统由几个应用成熟的子系统组成,包括合成气净化、煤气化下游加工系统、热回收、水激冷洗涤和烟气净化系统。

等离子气化炉的高温和固体废物彻底气化,摆脱了垃圾焚烧炉温度低、酸腐蚀以及产生二噁英的约束。等离子炉与焚烧炉相比较,就一套 1 000 t/d 垃圾处理规模电厂而言,扣除厂用电 20%,前者可多发送电 150%。

1) 优点

采用等离子气化技术处理固体废物的设备是等离子气化炉。第三代"熔融气化"技术范畴的等离子气化炉(见图 6-24)处理固体废物具有显著的优势。

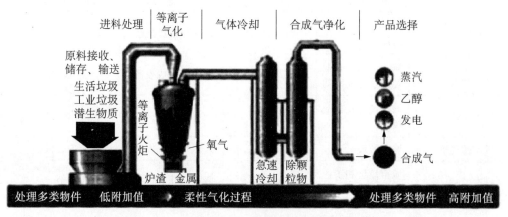

**图 6-24 美国西屋公司等离子垃圾气化处理系统**

(1)炉内温度高,无害化效果显著 灰渣回熔,包括砷、钡、镉、铬、铅、汞、硒、银,测试结果都远低于毒性特征溶出程序标准值,有的未检出。日本两家企业 2008 年的检测报告如表 6-22 所示。

**表 6-22 等离子气化垃圾炉的烟气排放限值与实测值**

| 参数 | 200 t/d 城市垃圾处理厂 | | 20 t/d 城市垃圾和 4 t/d 废水污泥处理厂 | |
|---|---|---|---|---|
| | 上限 | 数据 | 上限 | 数据 |
| 烟灰/(mg/m³) | 40 | <10 | 20 | 16~17 |
| 二氧化硫/ppm | 120 | <2 | 60 | <5 |
| 氮氧化物/(mg/m³) | 150 | 79~130 | 150 | 69~84 |
| 氯化氢/(mg/m³) | 200 | 6~31 | 100 | 86~93 |
| 二噁英总量/(ng TEQ/m³) | 0.01 | 0.002 0~0.009 4 | 0.05 | 0.000 4~0.002 6 |

（2）碳排放低　按生产1 000度电产出的$CO_2$排放比较，天然气发电碳排放为基数1，焚烧炉为2.63，煤炭发电为2.0；等离子气化处理为1.34。

（3）适宜处理各类固体废弃物，尤其是危险废物　炉内高温可使固体废物中的无机成分（灰分等）被熔化而形成无害的液态玻璃体排渣，减少填埋，更加环保，也更具资源化利用价值。

（4）安全性、经济性　等离子气化炉为常压固定式气化炉，操作安全；等离子火炬为电加热设备，开启和停车方便；布置紧凑，占地小；效率高，有经济竞争能力。

2）不足处

固体废物中的无机成分（灰分等）含量越高，等离子炉耗电量也越多，而焚烧炉灰渣无须熔融。若将飞灰熔融热折合用电量，则每吨飞灰用电700～900度，处置成本为800～1 000元/吨。所以，等离子气化炉的处理对象重点集中在各类危险废物上[52]。

3）装备

目前，国外主要有3家企业拥有商业化的等离子垃圾气化技术：美国西屋等离子公司（WPC，已被加拿大Alter NRG公司收购）、德国Bellwether公司和加拿大的普拉斯科（Plasco）能源集团公司。美国、德国、加拿大的等离子气化工艺如图6-24、图6-25和图6-26所示。

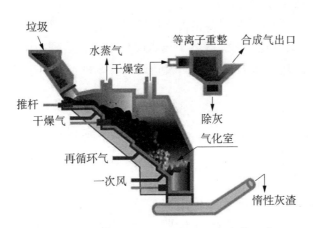

图6-25　德国Bellwether公司IMG气化工艺

国内城市生活垃圾处理以焚烧为主，常规气化技术尚未得到推广，仅少量的城市生活垃圾处理使用气化焚烧技术，而气化熔融技术尚未推广，等离子气化技术还处在研究阶段。

中科院力学所建立小规模的垃圾等离子气化试验装置；广州能源所等开展100 kW直流电弧等离子系统；复旦大学提出水蒸气作为有机废物的气化介质的等离

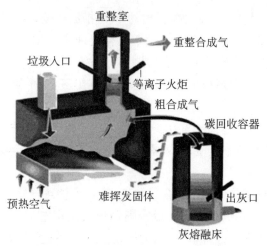

**图 6 - 26   加拿大 Plasco 公司等离子气化工艺**

子气化技术,控制蒸汽和废物量比调节合成气中 $H_2$ 和 CO 的比例;西南物理研究院消化吸收研制了 $30\sim300\ kW$ 等级的直流非转移弧等离子火炬并进行中试;浙江大学设计双阳直流热等离子体熔融用于处理垃圾飞灰等。上海也建立了处理 $30\ t/d$ 医疗废物和焚烧飞灰的等离子气化中试装置。

### 6.3.4.2   实绩

等离子体(plasma)技术最早是由美国科学家 Langmuir 于 1929 年在研究低气压下汞蒸气中放电现象时提出的。等离子技术应用于污染治理的研究开始于 20 世纪 70 年代。90 年代,美国、加拿大、德国等发达国家将该技术应用于废物处理并取得了不俗的业绩。

1) 废气排放

在废气排放方面,等离子气化技术的优势主要体现在该技术二噁英和呋喃的排放浓度比一般垃圾焚烧技术小,能够满足世界范围内最严格的环保排放标准要求。

研究表明,二噁英的生成需要 3 个必要条件:①反应催化剂($FeCl_3$ 和 $CuCl_2$ 等);②氯源[聚氯乙烯(PVC)、氯气和 HCl 等]、苯环前体物;③适当的反应温度(主要生成温度区间为 $250\sim550℃$)。二噁英生成过程受温度影响情况如图 6 - 27 所示。

等离子气化技术能够有效防止和控制二噁英的生成和排放,主要基于以下措施:①垃圾气化反应温度高达 $1\ 600℃$ 以上,生成气在 $1\ 200℃$ 以上温度区间停留时间一般超过 $2\ s$,足以使二噁英完全分解;②采用欠氧燃烧,生成以 CO 和 $H_2$ 为主的合成气,二噁英在还原性气氛下的分解速率大于合成速率,可防止二噁英再次生成;③高温合成气在气化炉出口处被水激冷至 $90℃$,避开二噁英再生成的区间温度;④合成气净化洗涤中除去 $Cl^-$,去除二噁英再生的条件。

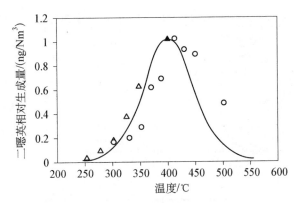

图 6-27　二噁英生成量-温度曲线图

通过以上 4 个主要措施,等离子气化技术可以完全破坏和分解二噁英,同时避免二噁英的二次生成,可满足最严格的环保排放要求。

表 6-23[51] 为采用等离子垃圾气化技术在日本建设的两个垃圾气化发电厂的废气排放情况。从表 6-23 可以看出,采用等离子气化技术,其实际尾气排放中的 $SO_x$、$NO_x$ 和二噁英均低于环保排放标准,特别是二噁英的排放低于最严格环保排放标准的 1/10,结果表明,等离子气化技术具有优异的废气排放指标。

表 6-23　等离子垃圾气化发电厂的废气排放情况

| 参数 | 歌志内市 | | 美滨三方 | | 各国排放标准 | | | |
| --- | --- | --- | --- | --- | --- | --- | --- | --- |
| | 上限 | 实际操作数据 | 上限 | 实际操作数据 | 中国标准 GB 18485—2014 | 美国标准 | 德国标准 | 荷兰标准 |
| $SO_2$/(mg/Nm³) | 120 ppmV | <2 ppmV | 60 ppmV | <5 ppmV | 80 | 50 | 50 | 40 |
| 氮氧化物/(mg/Nm³) | 150 | 79～130 | 150 | 69～84 | 250 | 200 | 200 | 70 |
| 二噁英总量/(ng TEQ/Nm³) | 0.01 | 0.002～0.009 4 | 0.05 | 0.000 4～0.002 6 | 0.1 | 0.14～0.21 | 0.1 | 0.1 |

2) 固体废物排放

等离子气化技术的另一主要优势在于其排放的废固灰渣为玻璃体,为非重金属浸出性的灰渣,无毒无害,可以进一步综合利用。

日本的等离子垃圾气化工厂对其排出的固体灰渣进行了重金属浸出实验检测,结果如表 6-24 所示。由表可知,能满足重金属非浸出性要求。

表 6-24　等离子垃圾气化发电厂的熔渣重金属浸出检测结果　　单位：mg/L

| 检测项 | 检出上限 | 实测值 | TCLP 上限 |
|---|---|---|---|
| 砷 | 0.001 | 0.002 3 | 5.0 |
| 钡 | 0.000 5 | 0.42 | 100.0 |
| 镉 | 0.000 5 | ND | 1.0 |
| 铬 | 0.005 | 0.029 | 5.0 |
| 铅 | 0.001 | 0.001 | 5.0 |
| 汞 | 0.000 01 | ND | 0.2 |
| 硒 | 0.01 | ND | 1.0 |
| 银 | 0.000 1 | ND | 5.0 |

说明：TCLP 为毒性特征溶出程序，ND 为未检出。

3）应用情况

等离子气化技术目前已在美国、日本、英国等少数发达国家建立了一定规模的示范工厂，我国上海也建立了一套日处理 30 t 的医疗废物和焚烧飞灰的等离子气化中试装置。

美国西屋公司等离子气化技术是目前世界上发展最好的等离子垃圾气化技术，其示范和中试装置已在美国和日本成功运行，目前正逐渐在全世界范围内推广应用，美国西屋公司等离子气化技术应用情况如表 6-25 所示。

表 6-25　美国西屋公司等离子气化技术应用情况

| 项目所在地 | 处理物料 | 规模/（t/d） | 项目状况 | 备注 |
|---|---|---|---|---|
| 美国宾夕法尼亚州麦迪逊市 | 城市垃圾、工业垃圾、有毒有害危险废物等 | 48 | 1984 年建成投产 | 主要进行试验研究 |
| 日本美滨三方 | 城市固体垃圾和废水、污泥 | 20+4 | 2002 年建成投产 | 合成气燃烧供热烘干污水、污泥 |
| 日本歌志内市 | 城市固体垃圾和汽车粉碎残渣 | 220 | 2003 年建成投产 | 发电 |
| 印度普恩 | 危险垃圾 | 68 | 2009 年建成投产 | 发电 |
| 印度那格浦尔 | 危险垃圾 | 68 | 2011 年建成投产 | 发电 |
| 英国提斯古 | 城市垃圾 | 2×1 000 | 2014 年投运 | 发电 |
| 中国武汉 | 生物质 | 100 | 2013 年建成投产 | 生产液体燃料 |

（续表）

| 项目所在地 | 处理物料 | 规模/(t/d) | 项目状况 | 备注 |
|---|---|---|---|---|
| 中国上海 | 医疗废物和飞灰 | 30 | 2014 年 1 月试运行 | 发电 |
| 中国贵州毕节 | 城市垃圾 | 600 | 2014 年开工建设 | 发电 |

2008 年底，加拿大决定建造北美地区规模最大的气化垃圾焚烧发电厂，采用 Plasco 公司的等离子气化技术，整个项目投资 1.25 亿美元，处理规模 400 t/d，每吨城市生活垃圾的处理价格预计低于 60 美元，发电量可达 21 MW，可满足 19 000 户当地居民每日所需。

德国 Bellwether 公司等离子气化技术采用气化熔融＋等离子重整工艺（IMG），主要包含进料、干燥、气化和灰渣玻璃化 4 个步骤。德国 Bellwether 公司在罗马尼亚建设了 1 个城市生活垃圾等离子气化技术的示范项目，2008 年 11 月投产，最大处理量为 12 t/h，气化效率为 80%～85%，发电量为 1.4 MW，等离子能耗为 400 kW，污染物排放满足环保排放要求。Bellwether 公司目前正在世界各地推广其等离子垃圾气化技术。

国内城市生活垃圾处理以焚烧为主，城市垃圾常规气化技术在我国尚未得到推广，我国仅部分地区的城市垃圾处理使用了较先进的气化焚烧技术，并且垃圾处理量有限，并未得到大规模的工业应用。

### 6.3.4.3　经济性

对于等离子气化技术的应用，研究者利用净现值法（$NPV=0$ 时）探讨城市生活垃圾等离子体辅助热解气化发电的经济性[53]。

项目净现值计算：$NPV=$ 未来报酬总现值－建设投资总额。

$$NPV = \sum_{t=1}^{n} \frac{NFC(t)}{(1+K)^t} - I \tag{6-1}$$

式中，$NPV$ 为净现值；$NFC(t)$ 为第 $t$ 年的现金净流量；$K$ 为折现率；$I$ 为初始投资额；$n$ 为项目预计使用年限。

以 1 000 t/d 城市生活垃圾等离子体热解气化发电厂为例，当垃圾处理价为 212 元/吨时收支平衡，投资额和电价对垃圾处理价格的影响较大，要比一般的垃圾焚烧发电厂的垃圾处理费高 1.4～3.0 倍[54]。

对于 2 台炉排炉（2×500 t/d）、2 台余热锅炉，并带 1×22 MW 汽轮发电机组的垃圾电厂而言，若用等离子气化炉则还需要增加 2 台后燃尽炉，投资增加 20%。换言之，垃圾处理的费用要比炉排炉贵 100 元/吨[52]。

#### 6.3.4.4 问题

等离子气化技术具有效率高、安全、无二次污染的特点,我国在等离子垃圾气化方面的研究起步较晚,但技术先进,发展迅速,工业化应用目前仍处于前期阶段,存在的主要问题如下。

1) 垃圾收集与分类

国外等离子气化技术的应用经验表明,通过有效的垃圾收集与分类,提高垃圾热值,是采用等离子气化技术处理垃圾的一项重要保障措施,但我国在这方面做得还远远不够。能否有效进行垃圾收集与分类,提高垃圾热值,对于等离子气化技术的应用和发展将有重要的影响。

2) 技术的成熟度和可靠性

日本已投产的项目经过一系列的技术改造和优化后,运行才稳定。据调查,武汉的 100 t/d 生物质的气化装置和上海的 30 t/d 医疗废物和飞灰装置受多因素影响,前者尚不能长周期连续稳定运行,后者主要处理医疗废物和飞灰的试验研究。

3) 项目的经济性

同等规模下,垃圾气化发电项目的总投资是垃圾焚烧发电项目的 1.5～2.5 倍。虽然垃圾气化技术能量利用效率较高,但操作成本相应较高,导致项目的经济性差于垃圾焚烧发电项目。

## 6.4 能值分析与评价

随着世界经济的快速发展和生态环境日益恶化,"垃圾围城"的现象在经济中等收入的发展中国家已经常态化。目前我国处理低热值城市生活垃圾的焚烧发电技术存在较大分歧,形成所谓"主烧派"与"反烧派"。客观地分析,这种学术上的争论有利于促进技术进步。

### 6.4.1 简述

能值分析理论是美国著名生态学家 H. T. Odum 在能量生态学、系统生态学、生态工程学及经济生态学的发展基础上提出的。能值分析理论以能值为量纲,突破了传统能量分析方法中存在的能质壁垒,实现了不同质能量的区别对待和统一评价。

1) 多学科交叉与合作

我国城市生活垃圾包括农林固体废弃物资源,已经纳入我国总体能源体系框架内统筹规划。从低碳经济发展角度,应以社会经济效益、能源规划效益、环境效益三个维度,科学地评价建设项目"能源—经济—环境模型"的有效性和合理性[55]。

从宏观经济角度来看,固体废弃物质能属于能源经济学的一个重要分支;从分子微观来看,垃圾的生物质能是生命结构的基础能量,不同的键能构建不同的大分子团。而固体废弃物的气化热解技术正是破解大分子团裂解为小分子的密码。

从垃圾处理技术与装备的发展趋势观察,早期简单的填埋、堆肥、焚烧转化为无害化卫生填埋、焚烧清洁处理乃至垃圾气化转换清洁能源技术的研发和示范。

在垃圾发电的多学科理论交集、实践中均取得了丰硕成果。固体废弃物发电技术正沿着垃圾"零排放"目标稳步展开。

2）垃圾处理-发电模式创新

近年来,云计算、物联网、人工智能等信息化前沿科技方兴未艾,不仅改变着社会,也改变着企业。在这样一个飞速发展的"大数据时代",应寻求垃圾处理-发电模式的创新。

（1）垃圾处理处置方式　国内一些地区从固体废弃物单一处理处置的方式已转向以科技园区综合处理固体废弃物的"静脉模式"。消纳城市垃圾,输出电能、热能和附加值增加的物品。

（2）电站建筑样式变化　建设智慧型垃圾焚烧电厂,迎接数字化技术时代。我国深圳东部某垃圾焚烧厂建筑设计方案打破了矩形布局工业设施的传统惯例,采用巨大的圆形结构全部涵盖相关的辅助建筑设施。整个 66 000 $m^2$ 的巨大圆形屋顶约有三分之二覆盖太阳能光伏板,可满足建筑设施所需的能耗供应。

（3）"互联网＋电源"的发展方向　垃圾发电是地区稳定的能源,可以结合光伏发电、风能发电等间断能源,发挥地区分布能源站的功能。

3）垃圾焚烧发电趋向清洁发电

大量垃圾焚烧发电厂的投运暴露了技术的局限性、设备低能和环保指标的超标问题。特别是以环保作为国策指导当前垃圾资源化工作以来,垃圾清洁发电成为实践的主要内容,严格控制污染物排放限值,运用多种高效气化技术消除垃圾焚烧发电严重污染的痼疾。

垃圾清洁发电产业化的最重要条件在于其性价比,通过城市生活垃圾的收集、运输、垃圾发电等环节,评价其生命周期中增加附加值的要素,引导建构城市生活垃圾转换清洁资源的产业链。

## 6.4.2　垃圾焚烧技术的评价

消纳城市垃圾,不同处理方法有不同的效果。从系统能量流分析,高温热解技术需要补充大量能量,维持垃圾的正常处理。

低温热裂解技术以少量的能量维持垃圾的"三化"处理。对于处理低热值垃圾而言,低温热裂解技术就显得更为经济、合理。

环保、清洁的垃圾无害化处理实现经济、高效的资源转换,架构分布能源体系是建成垃圾资源产业链的保证。首先要做好垃圾发电项目的环境影响评价。

1) 性能评价

减量化：城市生活垃圾焚烧处理的减量缩容最为明显。

无害化：城市生活垃圾的"三废"处理不构成对环境的危害。

资源化：将垃圾转化为有用的资源，物尽其用。

2) 投资评价

基于全生命周期成本(life cycle cost，LCC)计算，包括产品设计、制造、采购、设备运行成本、维修保养和废弃物处置成本等，可用效能指标、借款偿还期与动态投资回收期对项目进行评价。

根据 LCC 理论，在费用时间价值的基础上分析垃圾焚烧发电成本，可以得到：购置成本与运维成本约占项目 LCC 成本的 90%。垃圾电站运行工时增加，项目的 LCC、总收益和利润均以不同幅度增长，其中总收益的涨幅最大；而 LCC 的成本结构则发生明显变化，项目的借款偿还期和动态投资回收期总体上均缩短(见图 6-28)。

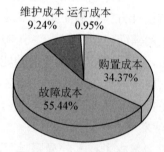

维护成本 9.24%　运行成本 0.95%

购置成本 34.37%

故障成本 55.44%

**图 6-28　LCC 的成本分布**

例如，$2\times300$ t/d$+1\times12$ MW 垃圾电站在设计运行工时下，其 LCC 为 54 435 万元，总收益为 65 927 万元，项目利润为 15 477 万元，效能指标为 1.211，项目借款偿还期为 7 年，动态投资回收期为 13 年[56]。

3) 社会评价

社会评价侧重于分析工程建设的社会影响、社会风险和项目的可持续性。两者缺一不可。项目社会影响评价的主要分析包括四个方面，即利益相关者、社会影响、社会风险和可持续性。作为公益性的环保项目，更应该把项目周边居民的民生与利益反馈的评价作为项目决策的依据[57]。

通过上述四方面的分析为项目提供决策依据、规避社会风险、实现项目目标、优化项目设计和提高项目社会效益。

垃圾焚烧发电项目的环境影响评价主要侧重于垃圾焚烧项目建设对大气、地下水、水环境、土壤和生态环境的影响，确定风险的等级，提出风险防控的措施。

然而,"邻避冲突"反映着环评项目对环境、社会影响没有得到客观、公正的评价和足够的重视,尤其是管理部门忽视了利益相关者的诉求,必须统筹兼顾。

4) 能值指标评价

能值理论以能值为量纲,将事件万物放置在同一评价体系下,判别不同质能值的高下。表 6-26 所示为基本能值指标符号与定义。

表 6-26　基本能值指标符号与定义

| 指标 | 表达式 | 含　义 |
|------|--------|--------|
| $EIR$(能值投资率) | $F/(N+R)$ | 从系统外购进的经济投入能值与当地免费获得的环境资源能值用量的比率 |
| $EYR$(能值产出率) | $Y/F$ | 系统产出能值量与系统生成过程中人类社会经济投入能值量之比 |
| $ELR$(环境负荷率) | $(F+N)/R$ | 系统不可更新能源投入能值总量与可更新能源投入总量之比 |
| $ESI$(能值可持续指标) | $EYR/ELR$ | 系统能值产出率与环境负荷率之比 |

说明:$R$—自然环境投入的再生能源能值;$N$—自然环境投入的非再生能源能值;$F$—人类经济社会的反馈投入能值;$Y$—产出能值。

能值分析理论拓展了系统边界,将资源投入和环境支持,以及对环境-经济整体系统的消耗(含能量、物质、劳务、资金)和全部利润(人与自然资源贡献)转化为同一标准——太阳能值,实现了不同质能量的区别对待和统一评价,克服了现有的评价体系存在重成本结构分析而轻排污影响分析的缺陷[58]。

太阳能值转换率是单位能量或物质所含有的太阳能值量(单位为 sej/J, sej 表示太阳能值)。能值/货币比率是单位货币相当的能量值,由一个国家年能值总量除以当年的国民生产总值得出。

图 6-29 示出垃圾基本能值指标分析。

### 6.4.3　案例分析

以生活垃圾焚烧发电工程为例,进行能值分析[59-60]。

某市生活垃圾目前的日产量已达 2 300 t,而且每年还以 4%～5%的速度增加。垃圾的平均热值比以前提高,满足焚烧发电要求最低热值 5 000 kJ/kg。2001 年城市生活垃圾采样分析数据统计如表 6-27 所示,垃圾焚烧发电能值分析如表 6-28 所示,垃圾焚烧发电能值指标如表 6-29 所示。

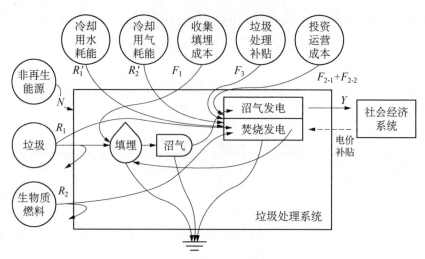

图 6-29 垃圾基本能值指标分析

表 6-27 城市生活垃圾采样分析数据统计

| 分析项目 | 水/% | % | | | | | | | 灰土/% | 实测低位热值/(4.18 kJ/kg) | 计算低位热值/(4.18 kJ/kg) |
| --- | --- | --- | --- | --- | --- | --- | --- | --- | --- | --- | --- |
| | | S | C | H | N | Cl | O | Σ | | | |
| 平均 | 41.78 | 0.12 | 17.50 | 1.37 | 0.49 | 0.26 | 9.47 | 29.21 | 29.08 | 1 374 | 1 396 |

说明：入厂垃圾平均金属含量 0.58%。

表 6-28 垃圾焚烧发电能值分析

| 项目 | 基本数据 | 能值转换率/(sej/J) | 太阳能值/sej |
| --- | --- | --- | --- |
| 垃圾/kg | $3.65 \times 10^8$ | $3.34 \times 10^{11}$ | $1.21 \times 10^{20}$ |
| 年均投资/美元 | $1.53 \times 10^7$ | $4 \times 10^{12}$ | $7.28 \times 10^{18}$ |
| 年均运行费用/美元 | $2.44 \times 10^4$ | $4 \times 10^{12}$ | $8.04 \times 10^{17}$ |
| 水/kg | $1.24 \times 10^8$ | $6.07 \times 10^4$ | $1.76 \times 10^{17}$ |
| 空气/kg | $6.305 \times 10^8$ | 1 500 | $6.60 \times 10^{15}$ |
| 电力/kW·h | $1.44 \times 10^4$ | $1.59 \times 10^5$ | $8.23 \times 10^{16}$ |

表 6-29 垃圾焚烧发电能值指标

| 项目 | EYR | EIR/% | ELR | ESI/% |
| --- | --- | --- | --- | --- |
| 垃圾焚烧发电能值指标 | 0.1 | 6.67 | 693 | 0.014 |

从表 6-28 和表 6-29 可以看出，该系统的能值产出率较高；由于该系统未考虑

对产生的灰、金属等的利用,故其环境负荷率也相对较高。

垃圾焚烧发电生态工程是依据生态系统中物种共生与循环再生原理、结构与功能协调原则,结合系统最优化方法设计的分层多级利用物质的生产工艺系统。

生活垃圾经过分选,分类无机物、有机物、可燃物和可回收物。可采用最佳的处理工艺实现物尽其用的循环经济。

这样就形成了以焚烧发电为核心的垃圾处理产业生态工程(见图6-30),达到环境效益与经济效益、社会效益的统一。

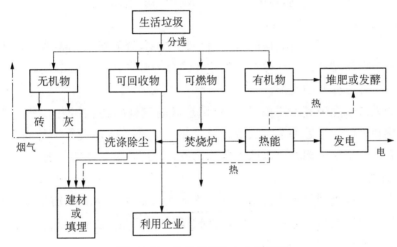

**图6-30 垃圾焚烧发电生态工程**

## 6.4.4 小结

从热能经济学角度分析,我国城市生活垃圾资源的热量少、焚烧处理量大,大多垃圾的平均热量仅在4 000 kJ/kg左右。在现有中压中温蒸汽参数的发电机组上利用这种低能发电显然是不经济的,需要辅助燃油助燃稳燃,燃烧热效率低下;垃圾处理量越大,辅助用电越多,厂用电率高,发电成本高。

从环境生态学角度观察,消纳垃圾是主业,而且必须解决垃圾的二次污染。

从运行角度看,为了减少垃圾稳燃耗油,常用煤取而代之。可是,在多补贴利益的驱动下,导致多掺煤、多发电的不良倾向,再则垃圾热值与掺煤比的监督不力,成了典型的低效、高污染的小火电。

多年来,国内外研究者对垃圾组分、消纳机理和污染排放物的再处理方法进行探索,有机垃圾的生化处理和固体废弃物的热解气化、等离子处理技术脱颖而出。

一些专家认为等离子处理技术将成为垃圾资源化最有希望的技术品种。但是,从我国在生物质转化为能源的进程中发现:低热值固体废弃物用超高温处理不太合理。因为不同技术投资、能耗差异很大,有的还会造成二次污染。气化多联产综合利用是一种高效、无害、资源化的最好办法。为此建议如下。

1)制订低碳经济下的多目标

(1)优化现有垃圾焚烧发电技术和系统;最大限度地降低项目建设投资、运行成本,挖掘垃圾资源化的潜力,提高资源利用率,成为真正意义上的绿电产业。

(2)为有效实现污染物近零排放的目标,又能达到设备运营的经济承受能力,利用能源经济学理论统筹规划,热电并举,增加副产品的附加值。

2)技术多样化适应市场需求

大城市的垃圾处理有着规模的效应,宜城建规划、统筹布局。规划并开展区域性绿化小区与零污染排放的气化热解能源站相结合的试点。中小城市垃圾的处理更重视规模投资与环境容量的匹配。

我国的人口密度极其不均衡,许多城镇地区的垃圾问题也相当突出。建设中小容量的气化热裂解垃圾处理装备大有用武之地。它兼备处理农作物等固体废弃物,以消除废弃秸秆烧荒的现象。以此一并纳入垃圾处理政策的支持范围。

3)政策与投资

城市生活垃圾处理属社会公益事业。在各级政府指导下开展市场化操作,放权简政,投资向新技术、新工艺项目倾斜,共同处理目前存在的诸多社会民生问题,共同为建设美丽家园树立坚定的信心。

总之,垃圾综合处理是一个全民整治生态环境的运动,是垃圾处理技术进步和社会精神文明的体现,又是资源回收利用的集散地,变"邻避效应"为"邻利效益",实现共享发展。

## 参考文献

[1] 叶岚,陈奇星.城市生活垃圾处理的政策分析与路径选择——以上海实践为例[J].上海行政学院学报,2017,18(2):69-77.

[2] 凌江,温雪峰.生活垃圾焚烧与近零排放的技术抉择[J].环境保护,2014,42(19):21-24.

[3] 刘畅,梁东花,陈冰.国外经验对我国农村垃圾处理的启示[J].小城镇建设,2016,8:23-27.

[4] 刘抒悦.美国城市生活垃圾处理现状及对我国的启示[J].环境与可持续发展,2017,42(3):84-86.

[5] 张瑞娜,陈善平,王娟.日本生活垃圾焚烧处理现状和发展[J].中国城市环境卫生,2012,1:36-40.

［6］张荐辕. 诺维信将在英供酶液化生活垃圾助产沼气［EB/OL］. 中国生物技术信息网, 2016 - 07 - 14. http://www. biotech. org. cn/information/142234.

［7］马素. 探访维也纳垃圾焚烧站［J］. 生命世界, 2015, 8:42 - 47.

［8］智妍咨询集团. 2016—2022 年中国生活垃圾市场研究及未来前景预测报告［R］. 智妍咨询, 2016.

［9］张益. 我国生活垃圾焚烧处理技术回顾与展望［J］. 环境保护, 2016, 44(13):20 - 26.

［10］何品晶, 章骅, 吕凡, 等. 村镇生活垃圾处理模式及技术路线探讨［J］. 农业环境科学学报, 2014, 33(3):409 - 414.

［11］经典工程, 为"美丽中国"增添绿色地标——中国恩菲垃圾焚烧发电经典工程综述［J］. 有色冶金节能, 2017, 33(3):62 - 64.

［12］吕书鹏, 王琼. 地方政府邻避项目决策困境与出路——基于"风险-利益"感知的视角［J］. 中国行政管理, 2017, 4:113 - 118.

［13］住房城乡建设部, 国家发展改革委, 国土资源部, 等. 关于进一步加强城市生活垃圾焚烧处理工作的意见(建城〔2016〕227 号). 2016 - 10 - 22.

［14］国家发展改革委, 住房城乡建设部. 关于印发《"十三五"全国城镇生活垃圾无害化处理设施建设规划》的通知(发改环资〔2016〕2851 号). 2016 - 12 - 31.

［15］刘汝杰, 戴仪, 屠健. 国内外垃圾焚烧排放标准比较［J］. 电站系统工程, 2017, 33(1):21 - 23.

［16］岑超平, 陈雄波, 韩琪, 等. 对农村生活垃圾小规模焚烧的思考［J］. 环境保护, 2016, 44(21):42 - 44.

［17］孙宏. 表面过滤技术在垃圾焚烧发电厂烟气脱酸、脱硫净化中的作用［C］. 加快我国火电厂烟气脱硫产业化发展研讨会论文集, 成都, 2006.

［18］孙宏. 生活垃圾焚烧过程中二噁英的生成及控制［J］. 环境卫生工程, 2006, 14(2):12 - 14.

［19］吴爽, 康君波. $V_2O_5$—$WO_3/TiO_2$ 催化剂在垃圾焚烧 SCR 工程中的应用［J］. 中国高新技术企业, 2017, 3:81 - 85.

［20］粘竺耕, 张良嘉, 边德明, 等. 戴奥辛处理技术探讨［J］. 工业污染防治杂志, 2004, 23(4):160 - 179.

［21］姚穆. 燃煤、垃圾焚烧高温尾气过滤需要考虑的关键问题［J］. 西安工程大学学报, 2017, 31(1):1 - 4.

［22］徐旭, 严建华, 岑可法. 垃圾焚烧过程二噁英的生成机理及相关理论模型［J］. 能源工程, 2004, 4:42 - 45.

［23］梁东东, 李大江, 郭持皓, 等. 垃圾焚烧烟气中二噁英脱除技术应用现状［J］. 中国资源综合利用, 2016, 34(10):41 - 46.

［24］胡斌, 刘小峰, 孙宏. 滤必达滤袋——一种去除二噁英的新技术［J］. 中国环保产业, 2010, 10:35 - 36.

［25］孙宏. 戈尔滤必达二噁英催化过滤技术在现代化焚烧工程上的应用［J］. 发电设备, 2004,

18(6):343 - 345.

[26] 岳优敏.过滤在生活垃圾焚烧中对重金属的控制作用[J].中国环保产业,2006,6:28 -
    29.

[27] 穆永杰,叶杰旭,孙德智.臭氧氧化法深度处理生活垃圾焚烧厂沥滤液[J].环境工程学报,
    2013,7(4):1535 - 1540.

[28] 彭海君.垃圾焚烧发电厂废水零排放工艺及其环境经济效益分析[J].环境污染与防治,
    2010,32(4):90 - 92.

[29] 章晓,杨洛鹏,贺兰海.混合式蒸发在垃圾渗滤液零排放中的应用[J].中国环保产业,
    2016,7:38 - 41.

[30] 汪洋,杨光明,廖发明,等.浅析垃圾焚烧发电厂"零排放"设计——以成都市万兴环保发
    电厂为例[J].环境卫生工程,2017,25(2):65 - 67.

[31] 苏蓉.生活垃圾焚烧飞灰的处理[J].广州化工,2016,44(24):104 - 106.

[32] 王华.城市生活垃圾气化熔融焚烧技术[J].有色金属,2003,55(z1):104 - 107.

[33] 别如山.垃圾焚烧飞灰旋风炉高温熔融处理技术[J].电站系统工程,2010,26(4):9 - 11.

[34] 柴寿明,王建伟,陈立波,等.热等离子体危险垃圾处理技术研究进展[J].现代制造技术与
    装备,2016,10:4 - 10.

[35] 孙先进.生物污泥用碱炉焚烧处理方案[J].中华纸业,2008,29(14):79 - 82.

[36] 祝初梅,田辉,赵娟.某污泥干化焚烧项目的烟气净化工艺[J].中国资源综合利用,2013,
    31(4):25 - 27.

[37] 刘沪滨.市政下水污泥焚烧处置装置[J].应用能源技术,2009,9:13 - 14.

[38] 韩军,徐厚明,姚洪,等.污泥焚烧中重金属和碱性金属气固转变区域[J].华中科技大学学
    报(自然科学版),2006,6:106 - 107.

[39] 张露露,罗佳文,石明岩.城市污泥处理处置的研究进展[J].广州建筑,2015,43(5):2 - 5.

[40] 欧丽,邓新异,左燕君,等.江西省城镇污水厂污泥掺烧垃圾焚烧发电技术的研究[J].江西
    科学,2016,34(6):864 - 866.

[41] 国家发改委发布 PPP 典型案例:苏州市吴中静脉园垃圾焚烧发电项目[EB/OL].北极星
    环保网,2015 - 07 - 30. http://huanbao.bjx.com.cn/news/20150730/647546.shtml.

[42] 赵中友.城市生活垃圾处理产业化的难点与政策建议[J].节能与环保,2004,4:11 - 13.

[43] 陶邦彦.热电工程与环保[M].北京:中国电力出版社,2009.

[44] 栾敬德,刘荣厚,武敬德,等.生物质快速热裂解制取生物油的研究[J].农机化研究,2006,
    12:206 - 210.

[45] 陶邦彦,徐洪海,杭鹏志,等.生物质、固废弃物的气化、热解、焚烧技术及其装备[J].动力
    工程,2002,10:1990 - 1994.

[46] 陶邦彦,潘卫国,陈鸽飞.城市生活垃圾无氧热裂解转化技术的展望[J].发电设备,2015,
    29(3):231 - 233.

[47] 周建斌,周秉亮,马欢欢,等.生物质气化多联产技术的集成创新与应用[J].林业工程学

报,2016,1(2):1-8.

[48] 高鑫,刘辉,范兴广.生物质垃圾干法厌氧消化研究[J].能源与环境,2016,3:13-14.

[49] 热分选气化(THERMOSELECT)介绍[EB/OL].瑞士热分选煤气化集团公司,2013-07-01. https://www.docin.com/p-672630803.html.

[50] 杨成凡,许国森.第三代垃圾变能源的技术——"热解气化(thermo select)"技术[C].2007年中国科学技术协会年会论文集,武汉,2007.

[51] 梁永煌,魏涛.垃圾气化技术的应用现状及发展趋势[J].中国环保产业,2016,3:47-54.

[52] 黄耕.等离子气化技术在固体废物处理中的应用[J].中国环保产业,2015,5:29-32.

[53] 麦伟仪,唐兰,赵矿美,等.城市生活垃圾等离子体辅助热解气化发电经济性分析[J].可再生能源,2016,34(5):771-779.

[54] 王希,张春飞,王晓亮,等.城市生活垃圾等离子气化技术研究进展[J].现代化工,2012,32(12):20-24.

[55] 许珊,范德成,王韶华,等.基于"能源-经济-环境(3E)模型"的能源结构合理度分析[J].经济经纬,2012,4:131-135.

[56] 叶学民,王丰,彭波,等.垃圾焚烧电站的全寿命周期成本研究[J].电力科学与工程,2014,30(12):1-6.

[57] 邓旭.垃圾焚烧发电项目的社会影响评价研究——以G市垃圾焚烧发电项目为例[J].四川环境,2017,36(2):86-90.

[58] 王灵梅,倪维斗,李政,等.基于能值的不同煤基发电系统的可持续性评价[J].中国电机工程学报,2006,26(13):98-102.

[59] 郝艳红,王灵梅,邱丽霞.生活垃圾焚烧发电工程的能值分析[J].电站系统工程,2006,22(6):25-26.

[60] 张军,沈碧瑶,侯瑞,等.高热值城市生活垃圾归类分流处置的能值分析[J].环境工程学报,2016,10(10):5943-5950.

# 索　引